Chancen erneuerbarer Energieträger

Springer-Verlag Berlin Heidelberg GmbH

M. Mohr   A. Ziegelmann   H. Unger

Chancen erneuerbarer Energieträger

Mögliche Beiträge und Beschäftigungseffekte

Mit 46 Abbildungen und 18 Tabellen

Dr.-Ing. Markus Mohr
Dipl.-Ing. Arko Ziegelmann
Prof. Dr.-Ing. Hermann Unger

Ruhr-Universität Bochum
Universitätsstraße 150
D-44801 Bochum

Redaktionelle Bearbeitung: Yvonne Thalheim, Köln

ISBN 978-3-642-63594-6

Die Deutsche Bibliothek - CIP-Einheitsaufnahme

Mohr, Markus: Chancen erneuerbarer Energieträger: mögliche Beiträge und Beschäftigungseffekte / Markus Mohr ; Arko Ziegelmann; Hermann Unger. Redaktion: Yvonne Thalheim. - Berlin; Heidelberg; New York; Barcelona; Hong Kong; London; Mailand; Paris; Singapur; Tokio: Springer, 1999
ISBN 978-3-642-63594-6   ISBN 978-3-642-58438-1 (eBook)
DOI 10.1007/978-3-642-58438-1

Dieses Werk ist urheberrechtlich geschützt. Die dadurch begründeten Rechte, insbesondere die der Übersetzung, des Nachdrucks, des Vortrags, der Entnahme von Abbildungen und Tabellen, der Funksendung, der Mikroverfilmung oder der Vervielfältigung auf anderen Wegen und der Speicherung in Datenverarbeitungsanlagen, bleiben, auch bei nur auszugsweiser Verwertung, vorbehalten. Eine Vervielfältigung dieses Werkes oder von Teilen dieses Werkes ist auch im Einzelfall nur in den Grenzen der gesetzlichen Bestimmungen des Urheberrechtsgesetzes der Bundesrepublik Deutschland vom 9. September 1965 in der jeweils geltenden Fassung zulässig. Sie ist grundsätzlich vergütungspflichtig. Zuwiderhandlungen unterliegen den Strafbestimmungen des Urheberrechtsgesetzes.

Die Wiedergabe von Gebrauchsnamen, Handelsnamen, Warenbezeichnungen usw. in diesem Werk berechtigt auch ohne besondere Kennzeichnung nicht zu der Annahme, daß solche Namen im Sinne der Warenzeichen- und Markenschutz-Gesetzgebung als frei zu betrachten wären und daher von jedermann benutzt werden dürften.

© Springer-Verlag Berlin Heidelberg 1999
Ursprünglich erschienen bei Springer-Verlag Berlin Heidelberg New York 1999
Softcover reprint of the hardcover 1st edition 1999
Umschlaggestaltung: de'blik, Berlin
Satz: Reproduktionsfertige Vorlage von Yvonne Thalheim, Köln

SPIN: 10688850   30/3136 - 5 4 3 2 1 0 - Gedruckt auf säurefreiem Papier

Inhaltsverzeichnis

1	**Einleitung**	1
2	**Theoretische Grundlagen und Randbedingungen**	5
	2.1 Potentiale erneuerbarer Energien	5
	2.1.1 Photovoltaische und solarthermische Energiewandlung	5
	2.1.2 Windenergie	18
	2.1.3 Energie aus Biomasse und organischen Reststoffen	19
	2.2 Erneuerbare Energien im Verbund	23
	2.2.1 Repräsentative Kommunen	24
	2.2.2 Kosten erneuerbarer Energieträger	30
	2.2.3 Kombination erneuerbarer Energieträger	32
	2.3 Finanzierungsinstrumentarien	35
	2.3.1 Kürzung der Steinkohlesubventionen	35
	2.3.2 Erhöhung der Stromtarife	37
	2.3.3 Erhebung einer Energiesteuer	39
	2.4 Modell zur Quantifizierung sektoriell disaggregierter Beschäftigungseffekte	42
	2.4.1 Charakterisierung des Modells	42
	2.4.2 Mathematisches Modell	44
3	**Kommunale Beiträge erneuerbarer Energien**	49
	3.1 Einzelpotentiale	49
	3.1.1 Solartechnisch nutzbare Flächen	49
	3.1.2 Deckungsgrade erneuerbarer Energieträger	51
	3.2 Erneuerbare Energien im Verbund	60
	3.2.1 Modellgemeinden	60
	3.2.2 Kosten	65
	3.2.3 Kombination erneuerbarer Energieträger	75
	3.3 Hochrechnung auf Nordrhein-Westfalen	82

4 Branchenspezifische Kapitalflüsse infolge eines Ausbaus neuer Energiesysteme in Nordrhein-Westfalen. 92

4.1 Positive Kapitalflüsse 92
    4.1.1 Entwicklung der Fertigungskapazitäten im Bereich regenerativer Energiesysteme 92
    4.1.2 Abschätzung der zukünftig möglichen Kostenreduktionen der betrachteten Energiesysteme 100
    4.1.3 Anzunehmende Kostenentwicklung verschiedener CO_2-Minderungsszenarien mit Berücksichtigung limitierender Randbedingungen 104
    4.1.4 Kostenstrukturen der regenerativen Energiesysteme 110
4.2 Negative Kapitalflüsse. 117
    4.2.1 Abschätzung der aufzubringenden Förderkosten 117
    4.2.2 Branchenspezifische Verteilung der negativen Kapitalflüsse 122
4.3 Zusätzliche Kapitalflüsse infolge einer Minderung der Primärenergieimporte 126
4.4 Bilanzierte Darstellung der branchenspezifischen Kapitalflüsse . 128

5 Sektorielle Beschäftigungseffekte eines Ausbaus neuer Energiesysteme in Nordrhein-Westfalen. 133

5.1 Nettobeschäftigungseffekte 134
5.2 Bruttobeschäftigungseffekte 141
5.3 Abschätzung der auf Nordrhein-Westfalen entfallenden Beschäftigungseffekte 144
5.4 Mögliche zukünftige Entwicklung der resultierenden Beschäftigungseffekte 148

6 Empfehlungen und Ausblick 151

Literatur 157

1 Einleitung

Je weiter die bundesdeutsche Wirtschaft von einem kräftigen Wachstum entfernt ist und je höher die durchschnittliche Arbeitslosenquote liegt, desto eher werden Entscheidungen auf verschiedensten Gebieten des Wirtschaftslebens mit Argumenten in bezug auf Beschäftigungseffekte in Verbindung gebracht. Auch im Bereich der energiepolitischen Diskussion spielen, angesichts der anhaltend hohen Arbeitslosigkeit, Arbeitsplatzargumente eine entscheidende Rolle.

So wurde gerade in jüngster Zeit, beispielsweise in den Diskussionen um die geplante Erschließung des Braunkohletagebergbaus Garzweiler II, auch beschäftigungspolitisch begründet [1]. Auch einem verstärkten Ausbau ressourcenschonender Energietechnologien, wie z.B. den dezentralen Energiesystemen zur Nutzung regenerativer Energieträger, wird nicht selten ein durchaus positiver Arbeitsmarkteffekt nachgesagt. Insbesondere in der Diskussion um die Verringerung klimarelevanter Spurengase in der Atmosphäre wird bezüglich eines verstärkten Einsatzes ressourcenschonender Energietechnologien mit z.T. beachtlichen ökonomischen Effekten in Hinsicht auf positive Arbeitsmarktauswirkungen argumentiert.

Dabei werden häufig jedoch ausschließlich die positiven Beschäftigungseffekte infolge der Systeminvestitionen bzw. der aufzubringenden Betriebskosten ausgewiesen, ohne die negativen Auswirkungen aufgrund unvermeidbarer Nachfragerückgänge in einzelnen Wirtschaftsbereichen zu berücksichtigen, welche aus der notwendigen Rückfinanzierung bislang unwirtschaftlicher Energiesysteme bzw. der Substitution fossiler durch regenerative Energieträger resultieren [2, 3]. Für eine realistische und im Rahmen politischer Entscheidungen belastbare Aussage sind diesbezüglich die gesamten volkswirtschaftlichen Auswirkungen möglichst detailliert zu erfassen und auszuweisen.

Es ist – unabhängig von der absoluten Höhe der Beschäftigungseffekte – davon auszugehen, daß eine Umstrukturierung der Energiewirtschaft in Richtung auf eine umweltverträgliche und nachhaltige Energienutzung und -versorgung Rückwirkungen nicht nur auf die gesamte Ökonomie, sondern insbesondere auf die Struktur eines Landes hat. So werden vor allem in den Sektoren aus dem Bereich der Fertigung neuer Energietechnologien und deren Vorleistungssektoren positive Auswirkungen nachzuweisen sein, während in den Bereichen der konventionellen Energiegestehung mit negativen Auswirkungen zu rechnen sein wird. Die Reorganisierung des Strommarktes ist schon wegen der am 29. April in Kraft getretenen Liberalisierung durch das neue Energiewirtschaftsgesetz [4] wahrscheinlich. Dabei werden sich die Techniken zur Nutzung erneuerbarer Energieträger aller Vorraussicht nach nur über sogenannte Umwelttarife (grüner Strom) am Markt etablieren können, wobei die absolute Bedeutung der erneuerbaren Energien, d.h. der potentielle Marktanteil an der Gesamtdeckung des Energiebedarfs, jedoch meist überschätzt wird. Da die Verwendung regenerativer Energieträger einen stark dezentralen Charakter aufweisen, ist es notwendig, lokal die energetischen Möglichkeiten zur Energieversorgung zu überprüfen.

Da Nordrhein-Westfalen im Bereich der Energiewirtschaft (einschl. Kohlebergbau) mit ca. 500 Mio. kWh und 172.000 Beschäftigten einen Anteil von ca. 20 % an dem Gesamtenergieverbrauch und rund 45 % an den Erwerbstätigen hat (Bundesgebiet West) und die nordrhein-westfälische Beschäftigungsquote im Sektor Kohlebergbau mit rund 93.500 Beschäftigten bei rund 73,5 % der in Westdeutschland in diesem Wirtschaftssektor beschäftigten Personen liegt (Datenbasis 30. Juni 1997) [5], kommt dem Land Nordrhein-Westfalen energietechnisch und arbeitspolitisch im Bereich der Energieversorgung eine bedeutende Rolle zu. Die anstehenden Energiekonsensgespräche werden somit das Land Nordrhein-Westfalen sowohl energetisch als auch arbeitsmarktpolitisch prägen.

Im Rahmen des globalen wie auch lokalen Entscheidungsprozesses über umwelt- und energiepolitische Maßnahmen müssen die vielfältigen Verpflechtungsbeziehungen und Randbedingungen der Nutzung erneuerbarer Energieträger für die relevanten politischen Körperschaften geklärt werden. Aus dieser Motivation heraus ist dieses Buch geschrieben worden. Es gibt den energiepolitischen und -wirtschaftlichen Entscheidungsträgern sowie Interessierten eine fundierte Diskussions- und Entscheidungsgrundlage über die Perspektiven und Chancen der Nutzung erneuerbarer Energiesysteme an die Hand und zeigt, in welchem Umfang ein Wandel in den Energiestrukturen auch mit Blick auf zukünftige Kostendegressionen eine doppelte Dividende aus positiven ökologischen und ökonomischen Effekten zugerechnet werden kann. Denn nur mit dem Wissen sowohl um die Möglichkeiten der erneuerbaren Energien als auch um detaillierte Folgereaktionen läßt sich eine fruchtbare und sachliche Diskussion über den Ausbau neuer Energiesysteme führen.

In der vorliegenden Abhandlung werden zunächst die theoretischen Grundlagen und Randbedingungen dargestellt. Nach einer kurzen Beschreibung der Bestimmungsgleichungen für die gemeindeweise Berechnung der Potentiale photovoltaischer und solarthermischer Energiewandlung, Windenergienutzung und Biomassekonversion wird die Theorie der Kopplung zwischen den erneuerbaren Energieträgern, auf deren Grundlage die Ausbaustufen eines wirtschaftlich-orientierten erneuerbaren Energie- und eines CO_2-Minderungsmixes erstellt werden, dargestellt und erörtert. Das heißt, daß neben der Herleitung der Bestimmungsvorschriften zur Ermittlung nominaler Kosten auf Grundlage der Annuitätenmethode (Spezialfall, sogenannte „Ewige Rente") die für erneuerbare Energieträger entsprechende Grenzkostentheorie diskutiert wird. Weiterhin werden als Randbedingungen zur Integration erneuerbarer Energieträger in die bestehende Energieversorgungsstruktur verschiedene Finanzierungsinstumentarien vorgestellt. Den Abschluß des Theoriekapitels bildet die Darstellung des Modells zur Quantifizierung sektoriell disaggregierter Beschäftigungseffekte, welches auf einer statischen Input-Output-Analyse aufbaut. Dieses Modell erlaubt es, nicht nur die direkten und – aufgrund von Vorlei-

1 Einleitung

stungslieferungen ausgelösten – indirekten Arbeitsmarkteffekte einer exogenen Nachfrageänderung, sondern auch die Veränderungen in der Beschäftigtenstruktur, d.h. die sektorielle Verteilung der resultierenden Beschäftigungseffekte, zu analysieren. Das zweite Kapitel richtet sich daher an denjenigen Leserkreis, der sich bereits vielfältig mit den Problemen um die Chancen erneuerbarer Energien auseinandergesetzt hat und der nochmals gezielt mit den einzelnen Modellen vertraut gemacht werden möchte.

Mit Kapitel 3 beginnt die Ergebnisdokumentation, die zur Erhöhung der Transparenz nochmals die wesentlichen Randbedingungen und Annahmen zumindest implizit darstellt und erörtert. Dabei werden im dritten Kapitel auf kommunaler Ebene zunächst die Einzelpotentiale in Relation zum Energieverbrauch diskutiert und diese für die Energiesysteme Photovoltaik, Solarthermie, Wind und Biomasse gemeindeweise kartiert. Für die Betrachtung des Verbundes erneuerbarer Energietechniken werden zunächst repräsentative synthetische Modellgemeinden unter energetischen und strukturellen Merkmalen mit Hilfe der Clusteranalyse bestimmt. Es werden nach der Optimierungskonzeption die Kosten eines „erneuerbaren Energiesystems" für die Modellgemeinden bestimmt und konkrete Empfehlungen zum Ausbau der Energiesysteme im Sinne einer geeigneten CO_2-Reduktion gegeben. Den Abschluß dieses Kapitels bildet eine Hochrechnung der Modellgemeindenergebnisse auf Nordrhein-Westfalen, die für die weiteren Betrachtungen eine zentrale Rolle spielt.

Kapitel 4 widmet sich den branchenspezifischen positiven und auch negativen Kapitalflüssen infolge eines Ausbaus „erneuerbarer Energiesysteme". Zum einen wird beispielsweise die Entwicklung der jährlich maximal möglichen Fertigungskapazitäten abgeschätzt, da davon auszugehen ist, daß die – vor allem bei höheren CO_2-Reduktionsgraden – vorgesehenen z.T. hohen Investitionen in solarthermische Kollektoren und photovoltaische Module infolge von Engpässen bei den Herstellungskapazitäten nicht umgesetzt werden können. Basierend auf der Annahme einer realistischen und einer maximal möglichen durchschnittlichen Steigerungsrate bezüglich der Fertigungskapazitäten werden 2 verschiedene Szenarien zum Ausbau neuer Energiesysteme in Nordrhein-Westfalen betrachtet. Zum anderen werden die möglichen Kostendegressionspotentiale der betrachteten regenerativen Energiesysteme abgeschätzt, die sich aufgrund einer gesteigerten Nachfrage und einem möglichen Übergang zur Serienfertigung einzelner Systemkomponenten ergeben könnten. Hierdurch wird es möglich, einen pessimistischen Kostenverlauf auf der Basis heutiger Kostenstrukturen und eine zukünftig mögliche optimistische Kostenentwicklung zu berücksichtigen. Um die negativen volkswirtschaftlichen Auswirkungen eines verstärkten Ausbaus neuer Energiesysteme auf der Basis regenerativer Energieträger in Teilbereichen der Wirtschaft zu berücksichtigen, werden auch die aufzubringenden Förderkosten bestimmt. Mit Hilfe eines „wirtschaftlichen Kostenanteils" läßt sich dabei eine Aussage über die Höhe des Betreiber- bzw. Zuschußanteils treffen. Da davon auszugehen ist, daß infolge der verstärkten Nutzung regenerativer Energieträger im Zuge des Ausbaus neuer Energiesysteme auf einen Teil der Importe fossiler Energieträger verzichtet werden kann, ist damit zu rechnen, daß –

mit steigender Tendenz – Kapital im Inland verbleiben wird. Auch diesem positiven Effekt wird Rechnung getragen, indem die jährlich regenerativ bereitgestellten Energiemengen mit den aktuellen Importquoten und -preisen bewertet und anschließend den sektoriell aufgeschlüsselten Nettokapitalflüssen zugeordnet werden.

Auf der zuvor dargestellten Basis werden im fünften Kapitel die bilanzierten Kapitalflüsse in Beschäftigungseffekte umgerechnet. Dabei werden die Arbeitsmarkteffekte zunächst getrennt nach Branchen als positive und negative Effekte ausgewiesen. Um die Beschäftigungseffekte besser einordnen zu können und um eine belastbare Diskussion zuzulassen, werden die Arbeitsmarktauswirkungen zudem nach dem „Ort" und der zugrundeliegenden „Ursache" ihres Auftretens bewertet. Das heißt, es wird analysiert, inwiefern die Beschäftigungseffekte im Inland bzw. im Ausland auftreten und inwieweit diese ursächlich dem verstärkten Ausbau der einzelnen Energiesysteme zugerechnet werden können. Über die Differenzierung der bilanzierten Nettobeschäftigungseffekte nach positiven und negativen Arbeitsmarktauswirkungen hinaus werden schließlich auch die positiven Bruttobeschäftigungseffekte branchenspezifisch ausgewiesen, um die mögliche Bedeutung einer verstärkten Nutzung regenerativer Energieträger bezüglich eines Strukturwandels insbesondere in Hinsicht auf das Bundesland Nordrhein-Westfalen aufzuzeigen. Hierzu wird eine Aufteilung der zunächst bundesweit quantifizierten Beschäftigungsauswirkungen in Arbeitsmarkteffekte für Nordrhein-Westfalen und für das übrige Bundesgebiet notwendig.

In Kapitel 6 schließlich werden die wichtigsten Aussagen im Rahmen einer Zusammenfassung aufgearbeitet und konkrete Empfehlungen gegeben. Dabei wird besonderer Wert auf eine einfache und verständliche Darstellung gelegt, um insbesondere politischen Entscheidungsträgern eine Diskussionsgrundlage bezüglich der volkswirtschaftlichen Auswirkungen eines verstärkten Einsatzes neuer Energiesysteme zu geben.

2 Theoretische Grundlagen und Randbedingungen

Dieses Kapitel beschäftigt sich mit den elementaren Grundgleichungen und den wesentlichen Randbedingungen einer Abschätzung der möglichen Beiträge Erneuerbarer Energieträger und deren volkswirtschaftlichen Auswirkungen, um die Chancen einer weitreichenden Solarenergienutzung auszuloten. Dabei ist das Kapitel so aufgebaut, daß Interessierte die dem Buch zugrundeliegenden theoretischen Ansätze nachvollziehen können, die Ergebnisse aber auch ohne das Durchlesen der nachfolgenden Seiten verständlich sind. Trotz der Komplexität einiger Ansätze wurde großer Wert auf Komprimierung gelegt, um flankierende Berechnungsgrundlagen nicht überzubewerten.

2.1
Potentiale erneuerbarer Energien

Der Integration erneuerbarer Energieträger in die bestehende Energieversorgungsstruktur sollte eine Analyse der Perspektiven der Solarenergienutzung vorausgehen, welche die möglichen Einzelbeiträge erneuerbarer Energieträger zur Energieversorgung quantifiziert und so einen „Energiekorridor" mit den Einzelräumen „photovoltaische und solarthermische Energiewandlung", „Konversion von Windenergie" sowie „Energiegestehung aus Biomasse und organischen Reststoffen" abbildet. Dabei ist eine gemeindeweise Untersuchung dieser Räume von Vorteil, um auf dieser Ebene die Informationsdichte im Bereich erneuerbarer Energieversorgung zu erhöhen und damit landesweit eine disaggregierte Diskussionsgrundlage zur Einbindung solarer Energiequellen in das existierende energiewirtschaftliche Konzept aufzubauen.

In diesem Kapitel werden die möglichen Beiträge aus den genannten Energiekonversionen ausgewiesen und diskutiert (vgl. dazu auch [6–9]). Dabei werden die erneuerbaren Energieträger in 3 Gruppen unterteilt, um so die primär- (direkte Sonnenenergie), sekundär- (durch die Sonne hervorgerufene Energie, z.B. Windenergie) und tertiärsolaren (gespeicherte Solarenergie, z.B. Biomasse) Bereiche voneinander abzugrenzen.

2.1.1
Photovoltaische und solarthermische Energiewandlung

Die Abschätzung der möglichen energetischen Beiträge von photovoltaischer und solarthermischer Energiewandlung wird neben den technischen Randbedingungen im wesentlichen durch den solaren Energieeintrag und die solartechnisch nutzbaren Flächen bestimmt. Solare Einstrahlung ist dabei schon häufig modelliert worden (vgl. z.B. [10–17]). Seit jüngster Zeit liegt für das Land Nordrhein-Westfalen auch ein Strahlungsatlas vor, der zur Auslegung solarer Anlagen wertvolle Informationen zum Solarstrahlungseintrag gibt (vgl. z.B. [18]). Daher wird nachfolgend der Aufbau der Gleichungen zur Bestimmung solartechnisch nutzbarer gebäudegebundenen sowie -ungebundenen Flächen beschrieben.

2.1.1.1
Solartechnisch nutzbare Flächen

Die Umwandlung des solaren Energieeintrags durch photovoltaische und solarthermische Energiesysteme oder durch den Anbau von Energiepflanzen ist – bedingt durch die geringe solare Strahlungsdichte – sehr flächenintensiv. Da weiterhin grundsätzlich nicht alle vorhandenen Flächen für die Installation von Kollektorsystemen oder für den Biomasseanbau geeignet sind, stellt die Größe „Fläche" eine für die Solartechnik wichtige Ressource dar, die insbesondere in Nordrhein-Westfalen mit Bedacht genutzt werden sollte.

In Bezug auf die erneuerbaren Energieträger wird deshalb dieser Ressourcenschonung eine erhöhte Aufmerksamkeit gewidmet. Als solartechnisch nutzbare Flächen kommen nur diejenigen in Betracht, auf denen prinzipiell solare Energiesysteme aufgestellt bzw. angebaut und sinnvoll genutzt, auf denen aber gleichzeitig die vorherigen Nutzungen ersatzlos und ohne Schaden verdrängt werden können. Im konkreten Fall bedeutet das, daß jede Fläche unter diesen Gesichtspunkten hinsichtlich ihrer solartechnischen Eignung überprüft wird.

Eine grundlegende Unterscheidungsmöglichkeit der Ressource „Fläche" bietet die Differenzierung zwischen jenen Flächen, welche in einem Zusammenhang mit der Bebauung stehen und solchen, die von der Bebauung unabhängig sind. Die erste Gruppe umfaßt dabei Flächen an Wohn- und Nichtwohngebäuden (z.B. Dach- und Wandflächen oder bei den Nichtwohngebäuden größere Parkplätze etc.), während der zweiten Gruppe im wesentlichen Landwirtschafts-, Betriebs- und Verkehrsflächen zugeordnet werden. Tabelle 2.1 gibt einen Überblick über die möglichen solartechnisch nutzbaren Flächenkategorien.

In der Kategorie Wohngebäude werden nach Tabelle 2.1 drei Flächenanteile betrachtet. Als nutzbare Potentialfläche an einem Wohngebäude kommen z.Z. allerdings nur die Dach- und Wandflächen in Betracht. Die Nutzung der Fensterflächen ist zwar prinzipiell z.B. durch lichtdurchlässige Photovoltaikmodule möglich, der Forschungsbedarf auf diesem Gebiet (höhere Lichttransparenz bei besseren Wirkungsgraden) ist aber momentan nicht zu unterschätzen. Eine Verwendung des Fensterflächenpotentials im Hinblick auf einen großtechnischen Einsatz erneuerbarer Energiesysteme wird hier daher ausgeklammert.

Entsprechend der Kategorie Wohngebäude wird bei den Nichtwohngebäuden die Dach-, Wand- und (Fenster)fläche betrachtet. Als weitere Potentialfläche steht zusätzlich die gebäudegebundene Fläche zur Verfügung, auf der beispielsweise kleinere Nahwärmesysteme, z.B. für eine Schwimmbadbeheizung, installiert werden können. Bei der Wohnbebauung wird unterstellt, daß die bebauungsunter-

2.1 Potentiale erneuerbarer Energien

Tabelle 2.1. Gliederung der möglichen solartechnisch nutzbaren Flächen

Gebäudegebundene Flächen	Wohngebäude inkl. Garagen und kleinen Vorbauten	Dachflächen	
		Wandflächen	
		(Fensterflächen)	
	Nichtwohngebäude	Dachflächen	
		Wandflächen	
		(Fensterflächen)	
		Bebauungsuntergeordnete Flächen	
Gebäudeungebundene Flächen	Landwirtschaftsfläche	Ackerland	
		Grünland	
		Heide	
		Mischnutzung	
		Brachland	
	Betriebsfläche	Lagerplatz	
		zur Erweiterung	
		unbenutzbar	
	Verkehrsfläche	Platz	
		Flugplatz	
	Flächen anderer Nutzung	Schutzfläche	
		Unland	

geordnete Fläche (z.B. Garten) aufgrund ihres hohen Erholungswertes nicht für eine Modul- oder Kollektorinstallation verfügbar ist.

In der Gruppe gebäudeungebundener Flächen lehnt sich die Zuordnung der Flächenpotentiale eng an das Nutzungsartenverzeichnis der Katasterbehörden an [19]. Die gebäudeunabhängigen Flächen werden zunächst nach ihrer Nutzung (Betriebs-, Verkehrs- und Landwirtschaftsfläche sowie Flächen anderer Nutzung) unterschieden und anschließend in einzelne Flächenanteile gegliedert. Diese Flächen dienen jedoch nur z.T. als solartechnische Potentialflächen, da eine voll-

2 Theoretische Grundlagen und Randbedingungen

ständige Verdrängung der bisherigen Nutzung zugunsten erneuerbarer Energieträger weder möglich noch vertretbar ist.

In den folgenden Kapiteln werden in Verbindung mit der solaren Einstrahlung solartechnisch nutzbare Flächen ausgewiesen, deren Eignung als Kollektorstandort diskutiert und verfügbare Nutzungsanteile angegeben. Dabei sind sowohl die Ausrichtung der Module (Neigung und Azimuthverdrehung gegen Süden) als auch die gegenseitige Abschattung (z.B. bei Wandflächen in Wohngebieten) über Qualitätsfaktoren, die für jede Potentialfläche einzeln bestimmt wurden, berücksichtigt worden.

Wohngebäude

Die Berechnung der Dachflächen an Wohngebäuden erfolgt über die Bestimmung der Wohngebäudegrundflächen, die Ermittlung der Wand- und Fensterflächen anhand des mittleren freien Umfangs, der mittleren Etagenhöhe und der mittleren Geschoßanzahl der Gebäude. Bei den Berechnungen wird auf verschiedene Statistiken des Landesamtes für Datenverarbeitung und Statistik Nordrhein-Westfalen hingewiesen [19–23], welche aber auch durch eigene Erhebungen ergänzt wurden.

Dachflächen

Die Wohngebäudedachfläche in einer Gemeinde bestimmt sich additiv aus der geneigten Dachfläche (z.B. Satteldach) und der Flachdachfläche. Da keine ausreichend detaillierten Angaben über die Häufigkeiten verschiedener Dachformen vorliegen, wurden anhand eigener Stichproben, die bei verschiedenen Bauämtern unterschiedlich dicht besiedelter Gemeinden in Nordrhein-Westfalen durchgeführt wurden, die Anteile der Sattel-, Walm-, Pult- und Flachdächer für die Wohngebäudekategorien Ein-, Zwei- und Mehrfamilienhaus ermittelt. Es zeigt sich, daß bei den geneigten Dächern die Dachform Satteldach dominiert. Andere geneigte Dachformen treten mit einer Häufigkeit von unter 2 % auf und werden bei der Berechnung der solartechnisch nutzbaren Fläche vernachlässigt. Die gesamte geneigte Dachfläche einer Gemeinde entspricht somit ungefähr der Satteldachfläche. Die relative Häufigkeit der Sattel- und Flachdächer in Nordrhein Westfalen zeigt gegenüber anderen Bundesländern nur geringe Abweichungen. Lediglich bei den Einfamilienhäusern ist im bevölkerungsreichsten Bundesland ein höherer Flachdachanteil zu verzeichnen.

Prinzipiell kann die Fläche von Satteldächern bei Vernachlässigung der Dachüberstände aus der Gebäudegrundfläche und dem Dachneigungswinkel berechnet werden. In der angesprochenen Stichprobenuntersuchung wurden ferner die mittleren Gebäudegrundflächen der verschiedenen Gebäudekategorien sowie die mittleren Dachneigungswinkel bestimmt. Dabei zeigt sich näherungsweise eine diskrete Verteilung der Dachneigungswinkel zwischen 30° und 50°, die mit unterschiedlicher Häufigkeit auftreten, aber für Ein-, Zwei- und Mehrfamilienhäuser in etwa gleich sind.

Die mittlere Wohngebäudegrundfläche sowie der mittlere Bebauungsgrad variieren dagegen innerhalb der unterschiedlichen Wohngebäudekategorien deutlich.

2.1 Potentiale erneuerbarer Energien

Dabei ist der mittlere Bebauungsgrad als arithmetischer Mittelwert über das Verhältnis der bebauten zur unbebauten Grundfläche definiert. Da aber die Abschätzung der kommunalen Wohngebäudedachfläche nur ungenau abgeschätzt werden kann, werden 2 redundante Wege eingeschlagen, um die entsprechende Dachfläche zu ermitteln. Im ersten Fall wurde dabei auf die Statistik der Flächenerhebung [19], im zweiten Fall auf die der Gebäude- und Wohnungszählung [20] zurückgegriffen.

Durch Multiplikation der mittleren Bebauungsgrade der Wohngebäudekategorien Ein-, Zwei- und Mehrfamilienhaus mit der Gebäude- und Freifläche (Wohnen) wurde über die Flächenerhebung die Wohngebäudegrundfläche einer Gemeinde als Summe über die 3 Gebäudekategorien berechnet. Die Berechnung der Wohngrundfläche einer Gemeinde über die Gebäude- und Wohnungszählung erfolgte durch Summation der Produkte von durchschnittlicher Grundfläche und Wohngebäudeanzahl in den Gemeinden über die Wohngebäudekategorien. Um Überschätzungen der Gebäudegrundfläche zu vermeiden, erfolgte eine konservative Abschätzung, in der jeweils die geringere Gebäudegrundfläche beider Varianten als Grundlage für die gemeindeweise Berechnung der Dachflächen verwendet wurde. Die gesamte Satteldachfläche der Wohngebäude einer Gemeinde ergibt sich aus der Summe der Satteldachflächen der Gebäudekategorien Ein-, Zwei- und Mehrfamilienhaus. Dabei wird die Gemeindesatteldachfläche einer Wohngebäudekategorie mit der Gemeindewohngebäudegrundfläche sowie den relativen Häufigkeiten für Satteldachhäuser ermittelt, wobei die diskreten Dachneigungen und deren Häufigkeitsverteilung berücksichtigt wurden.

Bei der Abschätzung des solartechnisch nutzbaren Anteils der Dachflächen bei Wohngebäuden ist zu beachten, daß Teile der Dachflächen bereits bebaut sind bzw. anderweitig genutzt werden. So sind beispielsweise Aufbauten wie Kamine, Antennen, Dachgärten oder -fenster von der theoretisch verfügbaren Dachfläche zu subtrahieren. Auch hier zeigt die Stichprobe keine nennenswerten Unterschiede des Nutzungsanteils zwischen den Gebäudekategorien der Wohnbebauung.

Neben bautechnisch bedingten Nutzungsbeschränkungen beeinflussen weiterhin meteorologische Parameter die Nutzbarkeit einer Dachfläche als Kollektorstandort bzw. reduzieren deren Energieertrag gegenüber einer „optimal exponierten" Kollektorfläche. Maßgebliche Größen sind hierbei der Satteldachflächenazimuth, der Dachneigungswinkel gegenüber der Horizontalebene sowie verschiedene Abschattungseffekte. Um die meteorologischen Parameter in die Flächenberechnung einzubeziehen, wird für alle folgenden Flächenberechnungen ein Qualitätsfaktor eingeführt, der ein Maß für die mögliche solartechnische Energieausbeute einer Grundfläche ist.

Es wird angenommen, daß technisch nutzbar jene Satteldachflächen sind, deren Flächenazimuth 45° um die Südrichtung streut. Bei einer Gleichverteilung der Gebäudeausrichtung sind somit lediglich 25 % der tatsächlichen Gemeindesatteldachflächen solartechnisch nutzbar.

Zur Berechnung des Qualitätsfaktors wurden die geneigten und mit den relativen Häufigkeiten auftretenden Satteldachneigungen der Gebäudekategorien Ein-, Zwei- und Mehrfamilienhäuser mit der stündlichen auf die Satteldachfläche orthogonal auftreffenden solaren Globalstrahlung multipliziert. Die Berücksichtigung der Streuung der Satteldachflächen von Südosten bis Südwesten erfolgte durch integrale Mittelung der Globalstrahlung. Die so gewonnenen Stundenmittelwerte des Energieeintrags auf die Gesamtheit sämtlicher solartechnisch nutzbarer Satteldachflächen einer Gemeinde wurden für die 8760 Stunden eines Jahres aufaddiert. Abschließend wurde diese Summe auf die jährliche Globalstrahlung auf eine horizontale Fläche und gesamte Grundfläche der mit der Häufigkeit auftretenden Satteldachhäuser bezogen.

Die tatsächlich zu nutzende Fläche wird durch einen erweiterten Qualitätsfaktor, der auch die Dachaufbauten und die Begehbarkeit über den mittleren solartechnisch nutzbaren Anteil berücksichtigt, beschrieben.

Flachdächer sind hinsichtlich der Kollektorausrichtung günstigere Standorte als Satteldächer. Durch die mögliche Aufständerung der Solarmodule ist eine optimale Ausrichtung nach Süden und ein optimaler Neigungswinkel der Module realisierbar. Eine Qualifizierung der Winkelstreuung wie bei den Satteldächern ist für Flachdächer daher nicht erforderlich. Allerdings zeigt sich bei einer Modulaufständerung ein Effekt der gegenseitigen Abschattung, welcher bei der Nutzung von Satteldächern nicht auftritt. Zu unterscheiden ist hierbei zwischen der Abschattung der direkten und diffusen Einstrahlung. Dabei stellt den entscheidenden Faktor der Solarmodulabschattung das Verhältnis von Aufständerungsabstand zu Modullänge dar.

Die Abschattung der direkten Strahlung eines Moduls kann aus dem Anstellungswinkel, dem in die Südebene projizierten Einfallswinkel der Sonne auf die Module und dem Verhältnis Modulabstand zu -länge berechnet und auf die Modullänge bezogen werden. Dabei ist der in die Südebene projizierte Einfallswinkel der Sonne auf die Module durch die Sonnenhöhe und den Sonnenazimuth bestimmt. Der Sonnenazimuth wird dabei durch geographische Breite, Deklination und Stundenwinkel beschrieben [24].

Aber auch die diffuse Strahlung erreicht die Module eines Kollektorfeldes nicht in dem Maße wie eine freistehende Fläche. Ausgehend von der Annahme, daß die diffuse Strahlung über das Himmelszelt isotrop verteilt ist, empfängt die Modulfläche eines Kollektorfeldes nur einen Ausschnitt der Diffusstrahlung im Vergleich zur freistehenden Fläche. Für die Albedo wird angenommen, daß diese für die Kollektoren innerhalb des Kollektorfeldes näherungsweise vernachlässigbar ist.

Auch für die solartechnische Ausnutzung des Flachdaches wurde ein Qualitätsfaktor, der das Verhältnis zwischen dem Energieeintrag auf die geneigte Modulfläche zu dem auf die Kollektorfeldgrundfläche widerspiegelt, entwickelt. Er ergibt sich für Flachdächer (und Kollektorfelder) als Produkt des mit Modulen belegten Grundflächenanteils und der Summe der stündlichen direkten Strahlung auf optimal geneigte Module, vermindert um den zeitabhängigen abgeschatteten Anteil der geneigten Modulfläche und der entsprechenden diffusen Strahlung, abzüglich des für die Module verdeckten Himmelausschnitts, bezogen auf die gesamte jährliche Einstrahlung auf eine horizontale Fläche. Dabei wird die Abschattung der Dächer durch benachbarte Gebäude unter der Annahme vernachlässigt, daß benachbarte

2.1 Potentiale erneuerbarer Energien

Gebäude aus baurechtlichen Gründen keine maßgeblichen Größenunterschiede aufweisen. Weiterhin wird unterstellt, daß die seitliche Einstrahlung auf die Solarmodule vernachlässigbar ist. Ferner bleiben Abschattungen durch Bewuchs (z.B. Bäume, Kletterpflanzen) ebenfalls unberücksichtigt.

Eine weitere Nutzungsbeschränkung, welche nicht direkt bei der Berechnung des Flächenpotentials erfaßt werden kann, ergibt sich durch den Denkmalschutz. Dieser erstreckt sich sowohl auf Gebäude als auch auf einzelne Baubereiche. Zur Erfassung der denkmalgeschützen Gebäude stehen 2 Publikationen des Ministeriums für Stadtentwicklung und Verkehr des Landes Nordrhein-Westfalen zur Verfügung, die entsprechende Statistiken beinhalten (z.B. [21, 22]). Daraus wird die Anzahl der denkmalgeschützten Gebäude näherungsweise abgeschätzt. Es wird angenommen, daß Nichtwohngebäude sowie Ein- und Zweifamilienhäuser nur in einem geringen Umfang denkmalgeschützt sind, so daß zur Abschätzung der denkmalgeschützten Gebäudefläche die der Mehrfamilienhäuser zugrunde gelegt werden. Mit Hilfe der Zahl denkmalgeschützter Gebäude in einer Gemeinde und der mittleren Wohngebäudedachfläche ergibt sich die von der Gemeindedachfläche zu subtrahierende Fläche.

Wandflächen

Neben den Dachflächen bieten auch Wandflächen der Wohnbebauung einen möglichen Modulstandort. Wie z.T. bei der Abschätzung der Dachflächen wurde auch bei den Wandflächen auf eine Stichprobenuntersuchung zurückgegriffen. Für die Abschätzung der Wandflächen wurden dabei sowohl der mittlere freie Umfang, die Etagenhöhe als auch die -anzahl ermittelt.

Die Berechnung der Wohngebäudewandflächen einer Gemeinde erfolgte als Summation über die Gebäudekategorien Ein-, Zwei- und Mehrfamilienhaus unter der Annahme, daß durchschnittlich eine Stirnseite unbebaut ist (beispielsweise Doppelhaus). Mit der Anzahl der Gebäude einer Gemeinde, dem mittleren freien Umfang des Gebäudes, der mittleren Etagenhöhe und -anzahl, der relativen Häufigkeit der Satteldachhäuser, der verschiedenen Dachneigungen und der Breite der Gebäude läßt sich die gesamte Wandfläche einer Gemeinde bestimmen.

Große Teile der Wandfläche sind bereits genutzt. So sind Fensterflächen, Vor- und Anbauten, Dachüberstände oder Pflanzenbewuchs generelle Nutzungshindernisse. Da statistische Daten über den Anteil der bereits genutzten Wandfläche nicht verfügbar sind, wurde erneut der Zugriff auf Stichprobenergebnisse erforderlich.

Die größte Einschränkung der nutzbaren Flächenanteile ergibt sich analog der Dachflächen durch die Ausrichtung der Wandflächen. Auch hierbei wird vorausgesetzt, daß nur diejenigen Flächen sinnvoll zu nutzen sind, deren Wandflächenazimuth ±45° um die Südrichtung streuen.

Abschattungseffekte an Wandflächen (z.B. durch benachbarte Gebäude, Bewuchs o.ä.) werden analog zu den Dachflächen durch einen Qualitätsfaktor berücksichtigt. Bei der Erfassung der Abschattungseffekte wurde wiederum zwischen Direkt- und Diffusstrahlung unterschieden. Die Abschattung gegenüber der direkten Strahlung beschreibt die abgeschattete Wandhöhe. Der abgeschattete

Wandanteil für den durch Satteldächer abgeschatteten Wandanteil errechnet sich für die Gebäudekategorien Ein-, Zwei- und Mehrfamilienhaus mit den verschiedenen Dachneigungen unter den Annahmen, daß benachbarte Grundstücke annähernd die gleiche Breite besitzen, der Gebäudeabstand groß genug ist und so der Dachfirst bei Satteldächern immer als Schattenkante auftritt und die seitliche Einstrahlung vernachlässigbar ist.

Bei der Berechnung des Qualitätsfaktors für die Wandfläche erfolgt der Bezug des möglichen solaren Energieeintrags nicht auf die benötigte Grundfläche, sondern auf die gesamte zur Verfügung stehende Wandfläche multipliziert mit der auf eine horizontale Fläche fallenden solaren Einstrahlung. Der Qualitätsfaktor errechnet sich über die Streuung des Wandazimuths und der darauf einfallenden um die durch die verschiedenen Abschattungsanteile verminderte Direktstrahlung, die ebenfalls eine Funktion des Wandflächenazimuths ist, für jede Wohngebäudekategorie und Stunde. Dabei ist die Abschattung durch die relative Häufigkeit von Satteldachgebäuden mit ihren verschiedenen Dachneigungswinkeln und ihrer entsprechenden Häufigkeit gegeben.

Obwohl die Abschattung von Wandflächen durch Vegetation größer ist als bei Dachflächen, wird dieser Effekt hier vernachlässigt. Hierbei ist zu bedenken, daß bereits die seitlich durch die Gebäude eingestrahlte Energie vernachlässigt wurde und somit keine unvertretbare Überschätzung des Wandflächenpotentials auftreten wird.

Bei der Abschätzung der solartechnisch nutzbaren Wandfläche einer Gemeinde wird der Anteil derjenigen Gebäude, die unter Denkmalschutz stehen, mit einbezogen. Die nicht nutzbare Wandfläche an denkmalgeschützen Gebäuden errechnet sich entsprechend zu der Reduzierung der Dachflächen bei einer mittleren geschätzten Gebäudewandfläche und der Anzahl der denkmalgeschützten Gebäude.

Fensterflächen

Fensterflächen sind i.d.R. nicht zur Kollektorinstallation geeignet. Gerade die südlich exponierte Fensterfläche trägt entscheidend zur Beleuchtung und Klimatisierung der Gebäude bei, so daß eine Kollektorinstallation negative Auswirkungen hätte. Neue Ansätze in der Kollektortechnik (z.B. transparente Dünnschichtzellen) könnten einen Kompromiß zwischen der aktiven Energiegewinnung durch Solarzellen und der passiven Solarenergienutzung (Einstrahlung der Sonne durch die Fensterflächen) ermöglichen. Allerdings wird hier aufgrund der geringen Effizienz und der hohen Kosten dieser Kollektorsysteme von einer Abschätzung des Beitrags dieser Systeme zur Energieversorgung abgesehen. Das Flächenpotential wurde dennoch ausgewiesen, da die Option auf eine spätere Abschätzung des passiven Solarenergiepotentials offen bleibt.

Die Abschätzung der theoretisch nutzbaren Fensterfläche orientiert sich an der Bestimmung des Wandflächenpotentials. Stichprobenuntersuchungen zur Ermittlung des durchschnittlichen Fensternutzungsgrades zeigen, daß die Fensterfläche mit ca. 80 % den Hauptanteil der bereits genutzten Wandfläche darstellt. Allerdings reduziert sich die Glasfläche um ca. weitere 30 %, da auch die Fensterrahmen,

Rolladenkästen und Beschläge zur Fensterfläche gezählt werden. Die solartechnisch nutzbare Fensterfläche errechnet sich somit über die solartechnisch nutzbare Wandfläche. Ebenso wie bei der Betrachtung der Wandflächen ergibt sich auch bei der Fensterfläche eine Reduktion des Potentials durch den Denkmalschutz.

Nichtwohngebäude

Neben den Dach-, Wand- und Fensterflächen an Wohnhäusern bieten auch die entsprechenden Flächen an Nichtwohngebäuden, wie beispielsweise Büro-, Landwirtschafts- oder Industriegebäude, die Möglichkeit, auf bzw. an ihnen Solarmodule und/oder -kollektoren zu installieren und zu nutzen. Darüber hinaus ergibt sich für die Kategorie der Nichtwohngebäude ein weiterer nutzbarer Flächenanteil. Dies sind bebauungsuntergeordnete Flächen, wie z.B. Park- oder Lagerplätze, welche bei der Wohnbebauung nicht zur Verfügung stehen.

Dachflächen

Analog zu Kapitel „Wohngebäude" werden nachfolgend die verschiedenen Flächenpotentiale diskutiert. Bei der Berechnung der Flächenanteile bei den Nichtwohngebäuden wird – anders als bei den Wohngebäuden – nicht auf die Statistik [19] zurückgegriffen, da für den Bereich der Nichtwohngebäude keine Totalerhebung vorliegt. Daher erfolgt eine Ermittlung der Dach-, Wand- und Fensterflächen durch die Ausweisung mittlerer Bebauungsgrade anhand der Statistik über die Baufertigstellungen und -abgänge in Nordrhein-Westfalen.

Seit 1983 führt das Landesamt für Datenverarbeitung und Statistik u.a. die Gebäudegrundflächen und die Grundstücksflächen der fertiggestellten Nichtwohngebäude. Dadurch wird die Bestimmung eines jährlich mittleren Bebauungsgrades der Neubauten ermöglicht, der das Verhältnis der neugebauten Nichtwohngebäudegrundfläche zur gesamten Grundstücksfläche darstellt. Durch Kombination der mittleren Bebauungsgrade mit der in der Flächenerhebung ausgewiesenen Gebäude- und Freifläche der Nichtwohngebäude wurde die Nichtwohngebäudegrundfläche abgeschätzt. Allerdings sind die Statistiken durch unterschiedliche Definitionen und Zuordnungen der Nichtwohngebäude nicht ohne weiteres kompatibel. Daher wurde zunächst eine Zuordnung der in den Statistiken Wohnungsbestand und Baufertigstellungen ausgewiesenen Gebäudekategorien der Nichtwohngebäude durchgeführt. Eine geeignete Kategorisierung bietet die Gliederung der Nichtwohngebäude in 5 Gruppen, die sich hinsichtlich ihres Verwendungszwecks unterscheiden. Jeder Kategorie werden die vergleichbaren Gruppen der jeweiligen Statistik zugeordnet. Die resultierende Einteilung zeigt Tabelle 2.2.

Für die Gebäudekategorien nach o.g. Tabelle werden die jährlichen Bebauungsgrade der im entsprechenden Jahr erstellten Nichtwohngebäude berechnet. Es stellte sich heraus, daß die Bebauungsgrade bei allen Nichtwohngebäudekategorien – mit Ausnahme der Bürogebäude (Kategorie 2) – eine signifikante zeitliche Abhängigkeit, die durch eine Exponentialfunktion beschrieben wird, aufweisen. Um auch die Nichtwohngebäude, die vor 1983 erbaut worden sind, durch den Bebauungsgrad zu beschreiben, wurde eine zeitliche Mittelung durchgeführt. Dabei zeigte sich, daß der

2 Theoretische Grundlagen und Randbedingungen

Tabelle 2.2. Einteilung der Nichtwohngebäude (NWG) sowie deren Zuordnung zu verschiedenen Statistiken

Kategorie der Nichtwohngebäude (NWG)	Zuordnung in der Flächenerhebung	Zuordnung in der Statistik über Baufertigstellungen
Öffentliche NWG	Öffentlich, zu Verkehrsanlagen, zu Versorgungsanlagen, zu Entsorgungsanlagen, Erholung	Sämtliche Gebäude öffentlicher Bauherren und Organisationen ohne Erwerbszweck, Sonstige NWG
Bürogebäude	Handel/Wirtschaft, Mischnutzung	Büro-, Verwaltungs- und Anstaltsgebäude von privaten Haushalten und Unternehmen
Industriegebäude	Gewerbe/Industrie	Nichtlandwirtschaftliche Betriebsgebäude von privaten Haushalten und Unternehmen
Landwirtschaftsgebäude	Land- und Forstwirtschaft	Landwirtschaftliche Betriebsgebäude von privaten Haushalten und Unternehmen
Übrige Nichtwohngebäude	Nicht weiter unterteilt	Sämtliche Nichtwohngebäude

Bebauungsgrad nicht nur zeitlich, sondern auch regional mit der Beschäftigtendichte variiert. Für den mittleren Bebauungsgrad einer Gemeinde der verschiedenen Nichtwohngebäudekategorien ergibt sich eine lineare Abhängigkeit mit der Anzahl der Beschäftigten bezogen auf die Katasterfläche einer Gemeinde.

Bebauungsuntergeordnete Flächen

Als bebauungsuntergeordnete Freiflächen werden diejenigen Flächen bezeichnet, die in einem direkten Zusammenhang zur Bebauung stehen, jedoch nicht bebaut sind. Für den Bereich der Nichtwohngebäude ergeben sich solartechnisch nutzbare Flächen für die Kategorien Büro- und Industriegebäude. Die Bebauung geht hier i.d.R. mit dem Bau großer Zufahrten, Park- oder Lagerplätzen einher, die zur solar-

2.1 Potentiale erneuerbarer Energien

technischen Nutzung prinzipiell geeignet sind. Unter der Annahme, daß nur ein Teil der Freiflächen genutzt werden kann und Module in gleicher Weise aufgeständert werden wie auf Flachdächern, erfolgte die Abschätzung der solartechnisch nutzbaren bebauungsuntergeordneten Freifläche somit aus der Multiplikation des Anteils der Grundstücksfläche, der über den mittleren Bebauungsgrad der Büro- und Industriegebäude berechnet wird, mit der Gebäude- und Freifläche der Nichtwohngebäude aus der Flächenerhebungsstatistik sowie dem Gewichtungsfaktor für Flachdachwohngebäude.

Gebäudeunabhängige Flächen

Neben den bereits diskutierten Flächen stehen als solartechnisch nutzbare Flächen noch diejenigen zur Verfügung, die weder bebaut noch gebäudeabhängig sind. So sind beispielsweise stillgelegte Landwirtschaftsflächen für eine Aufstellung von Solarmodulen bzw. -kollektoren besonders geeignet, da aufgrund des Angebotüberhangs von Nahrungsmittelträgern, welcher nicht nur Obst- und Getreide-, sondern auch Fleisch- und Milchprodukte betrifft, diese einer landwirtschaftlichen Nutzung im eigentlichen Sinne nicht mehr unterworfen sind.

Nach den Zielvorstellungen der Europäischen Union (EU) sollen ca. 15 % der EU-Landwirtschaftsflächen entweder zur „Non-Food"-Produktion genutzt oder stillgelegt werden. Umgerechnet auf die „alte" Bundesrepublik Deutschland macht dies ca. 1,8 Mio. ha Überschußfläche aus. Nach Schätzungen können sogar rund 20 % der Landwirtschaftsfläche ohne Gefahr für die Nahrungsmittelversorgung in der Bundesrepublik Deutschland stillgelegt werden [25].

Für die Abschätzung des möglichen Beitrags erneuerbarer Energieträger zur Energieversorgung wird bei der Nutzung der Landwirtschaftsfläche die Zielvorstellung der Europäischen Union als Grundlage für die weiteren Berechnungen verwendet. Dabei wird jedoch unterstellt, daß aus ästhetischen Gründen (der Freizeitwert landwirtschaftlicher Flächen ist sehr hoch zu beurteilen) nur 7 % dieser Flächen mit Solarmodulen oder -kollektoren bestückt werden dürfen. Dem Anbau von Grüngewächsen hingegen, wie z.B. Energiepflanzen, stehen die 15 % der Landwirtschaftsflächen zur Verfügung.

Die Betriebsfläche wird u.a. in Untergruppen Lagerplatz, zur Erweiterung und unbenutzbar aufgeteilt. Bei der ersten Gruppe wird angenommen, daß die Lagerplätze z.B. teilweise überdacht und somit solartechnisch nutzungsfähig sind. Die Flächen zur Erweiterung stehen prinzipiell dem Betrieb für Erweiterungsmaßnahmen nahezu jeder Art offen und werden hier als vollständig nutzbar ebenso wie die als unbenutzbar geltenden Flächen (z.B. Altlasten unterworfenen Flächen) angesehen.

Als weitere Flächen kommen noch Teile der Verkehrsfläche (Platz und Flugplatz) sowie Flächen anderer Nutzung für die Installation von Solarmodulen und -kollektoren in Betracht. Dabei wird angenommen, daß die genannten Flächen bis auf die Rubrik Unland (Steinbrüche usw.) zu je 10 % einer solaren Nutzung zugeführt werden können. Tabelle 2.3 gibt die möglichen solartechnischen Nutzungsanteile der verschiedenen Nutzungsarten wieder.

Tabelle 2.3. Einteilung der Katasterfläche in der Flächenerhebung

Flächenanteil (Nutzungsart)		Flächenanteil in NRW [%]	möglicher solarer Nutzungsanteil [%]
Landwirtschaftsfläche	Ackerland, Grünland, Heide, Mischnutzung, Brachland	51,95	7 (technisch) 15 (pflanzlich)
Betriebsfläche	Lagerplatz	0,08	10
	zur Erweiterung	0,01	100
	unbenutzbar	0,005	
Verkehrsfläche	Platz	0,14	10
	Flugplatz	0,15	
Flächen anderer Nutzung	Schutzfläche	0,05	10
	Unland	0,21	100

Basierend auf den angeführten Nutzungsanteilen der bebauungsunabhängigen Flächen und der Annahme, daß die Modul- und Kollektorfelder analog denen der Flachdächer gestaltet werden, läßt sich die solartechnisch nutzbare gebäudeunabhängige Fläche mit dem erweiterten Qualitätsfaktor für Flachdachwohngebäude errechnen.

2.1.1.2
Photovoltaische Energiewandlung

Bei der photovoltaischen Energiewandlung ergibt sich der mögliche Energiebeitrag zur Energieversorgung aus der Summe dezentraler und zentraler Photovoltaikanlagen. Dabei wird die dezentrale photovoltaische Energiegestehung einer Gemeinde auf Sattel- und Flachdächern sowie Wänden, die zentrale auf bebauungsuntergeordneten und gebäudeungebundenen Flächen unterstellt. Die Ermittlung des theoretischen Potentials berücksichtigt dabei keine technischen Aspekte (wie Zellenwirkungsgrade, Leitungsverluste o.ä.). Lediglich die Rahmenbedingungen der Kollektorinstallation (z.B. Neigungswinkel, Flächenazimuth, Abschattung, Aufständerungs- und Installationsprobleme) finden als Parameter Berücksichtigung bei der Berechnung.

Zur Errechnung des technischen Beitrags der Photovoltaik zur Energieversorgung wurde eine marktübliche, ausgereifte Referenzanlage zugrunde gelegt. Für die hier vorliegenden Berechnungen wurden ausschließlich netzgekoppelte Systeme betrachtet, da bei diesen die geringsten Nettoeinspeiseverluste im Vergleich zu Inselsystemen mit und ohne Speichereinheit auftreten. Weiterhin ist ein großtechnischer Einsatz photovoltaischer Inselsysteme weder wirtschaftlich vertretbar noch technisch vorstellbar.

Als Basismaterial für die photovoltaischen Energiewandler wird zur Gewährleistung kurzer energetischer Amortisationszeiten von der Verwendung von polykristallinem Silizium ausgegangen, wobei die elektrischen Systemverluste netzgekoppelter Anlagen, hervorgerufen durch z.B. Schmutz, Leitungs-, Wechselrichter-, Transformator- und Regelungsverluste, einbezogen werden. Unter Berücksichtigung des Modulbetriebswirkungsgrades liegen somit die Wirkungsgrade netzgekoppelter Anlagen deutlich unter den nominalen Werten (vgl. z.B. [26]).

Mit den Satteldachflächen von Wohn- und Nichtwohngebäuden einer Gemeinde der gesamten Gemeindeflachdach- und -wandfläche, den bebauungs- und gebäudeunabhängigen Flächen sowie den Gleichungen für die erweiterten Qualitätsfaktoren der Modulinstallation auf den entsprechenden Dächern und Wänden sowie der Wirkungsgrade für dezentrale und zentrale Photovoltaiksysteme ergibt sich der Beitrag aus photovoltaischen Systemen zur Energieversorgung und der Globalstrahlungsjahresenergieeintrag auf einer horizontalen Empfangsfläche. Dabei wird bei den zentralen Systemen zusätzlich ein Verteilerwirkungsgrad berücksichtigt, der bei der Installation dezentraler Photovoltaik-Module – aufgrund kurzer Verteilungswege – vernachlässigt werden kann.

2.1.1.3
Solarthermische Energiewandlung

Solarthermische Anlagen wandeln die auf sie eingestrahlte Sonnenenergie vor allem in Niedertemperaturwärme um. Dementsprechend werden solarthermische Anlagen im wesentlichen zur Gestehung von Raumwärme und Brauchwarmwasser eingesetzt. Hochtemperaturkollektoren konzentrierender Solarthermiesysteme werden bisher aufgrund der hohen Diffusstrahlung in Nordrhein-Westfalen meist nur zu Versuchszwecken, z.B. bei der Deutschen Gesellschaft für Luft- und Raumfahrt (DLR) in Köln, verwendet.

Der mögliche Beitrag solarthermischer Systeme orientiert sich zum einen an der solaren Einstrahlung und dem verfügbaren Flächenpotential, zum anderen aber auch an der saisonal schwankenden Energiebedarfsstruktur.

Grundsätzlich wird, wie bei der photovoltaischen Energiewandlung bei den solarthermischen Systemen zwischen dezentralen und zentralen Anlagen unterschieden. Die dezentralen Systeme werden an Gebäudedächern und Wänden zur Raumwärme und Brauchwarmwasserversorgung eingesetzt, während die zentralen – als Nahwärmesysteme ausgeführt – zusätzlich auch einen Teil der Niedertemperaturprozeßwärme (unter 100 °C) decken. Die solarunterstützte Stromgestehung mittels konzentrierender Systeme wird hier aufgrund der niedrigen Direktstrahlung nicht betrachtet, dennoch könnte sie u.U. wirtschaftlicher sein als die Energieerzeugung anderer erneuerbarer Energieträger wie z.B. einer Photovoltaikfassade.

Zur Bestimmung des möglichen Beitrags der solarthermischen Energiegestehung zur Energieversorgung in einer Gemeinde wurde für die Wohn- und Nichtwohngebäudekategorien (Wohngebäude: Ein-, Zwei- und Mehrfamilienhaus, Nichtwohngebäude: Öffentliches Gebäude, Büro-, Industrie- und Landwirtschaftsgebäude sowie übrige Nichtwohngebäude) der Raumwärme- und Brauchwarmwasser- bzw. Prozeßwärmebedarf berechnet und mit den solaren Deckungsgraden für die unterschiedlichen Anwendungen bei ausreichend zur Verfügung stehenden Flächen multipliziert. Ansonsten wird der mögliche solarthermische Beitrag aus der spezifischen Energieausbeute und Kollektorfläche berechnet. Danach wird die mögliche Gestehung von Niedertemperaturwärmeenergie – im Gegensatz zur Stromgestehung aus photovoltaischen Anlagen – über die Nachfrage der Verbraucher bestimmt, da i.d.R. keine saisonalen Wärmespeicherungen bei solarthermischen Systemen vorgesehen werden.

Bei der Bestimmung des Raumwärmebedarfs wird davon ausgegangen, daß vor einer Installation eines solarthermischen Kollektors die Gebäude aus wirtschaftlichen Gründen zunächst wärmegedämmt werden. Dabei dient die Wärmeschutzverordnung als Referenzisolierung für alle beheizten Gebäudekategorien. Der Raumwärmebedarf der Wohngebäudekategorien richtet sich nach der beheizten Gebäudenutzfläche, welche auf die Bauwerksvolumen bezogen wird. Hierbei ist jedoch zu beachten, daß die Industrie- und Landwirtschaftsgebäude nur teilweise beheizt werden.

Der Niedertemperaturprozeßwärmebedarf unter 100 °C läßt sich über den Pro-Kopf-Verbrauch der Beschäftigten der betreffenden Industriezweige („Zucker-", „Textil-" und „Papierindustrie" sowie „übrige Industrie" (Werte vgl. [27, 28]) und den Beschäftigten in den Gemeinden aus der Statistik der Arbeitsstättenzählung bestimmen. Der maximale solarthermische Beitrag errechnet sich über die solaren Deckungsgrade für zentrale und dezentrale Raumwärme, Brauchwarmwasser sowie für zentrale Niedertemperaturprozeßwärme. Somit wird unter Berücksichtigung der zur Verfügung stehenden solartechnisch nutzbaren Flächen (50 % der Satteldachgebäude werden dezentral mit solarer Wärme versorgt, die übrigen mit solarer Nahwärme) der maximal mögliche solarthermische Endenergiebeitrag zur Energieversorgung ermittelt.

2.1.2
Windenergie

Neben der primären Nutzung der Strahlungsenergie läßt sich auch die sekundäre Nutzung, die u.a. in Form von Wind als kinetische Energie auftritt, energetisch verwerten. Über die energetische Abschätzung der Windenergie existieren schon eine Vielzahl von Büchern, so daß hier nur die eine Berechnungsvorschrift zur Windenergieausbeute dargestellt wird.

Die möglichen Endenergiebeiträge der Windenergie zur Energieversorgung wurden über die Ermittlung freier Flächen in einer Gemeinde, die sowohl hinsichtlich der Besiedlung als auch der meteorologischen Anforderungen als Konverterstandort geeignet sind, mit mittleren korrigierten Jahreswindgeschwindigkeiten und deren -energieerträgen berechnet [29–30]. Die Windenergieausbeute selbst wurde über die Installationsdichte (vgl. [31]), die ebenfalls für größere Einheiten als

Grundlage Verwendung findet, und die Katasterfläche der Gemeinde sowie den Rotordurchmesser und den elektrischen Verteilerwirkungsgrad ermittelt.

2.1.3
Energie aus Biomasse und organischen Reststoffen

In Ergänzung der primären und sekundären Sonnenenergienutzung besteht die Möglichkeit, die z.B. in Biomasse gespeicherte Solarstrahlung energetisch zu verwenden. Dabei werden unter dem Begriff Biomasse die sich ständig erneuernde, nachwachsende Gesamtmasse von Pflanzen und pflanzlichen Produkten sowie die insgesamt anfallenden organischen Rest- und Abfallstoffe aus der pflanzlichen und tierischen Produktion verstanden. Grundsätzlich wird die Biomasse in 4 verschiedene Gruppen eingeteilt.

„Lignozellulosehaltige Biomasse" weist einen geringen Feuchteanteil im Erntezustand von ca. 20–40 Gew.- % auf und wird mit ihrem hohen Anteil brennbarer Bestandteile einer thermischen Verwertung zugeführt. „Öl-, zucker- und stärkehaltige Pflanzen" dagegen sind mit ihrem hohen Gehalt an Ölen, Fetten, Stärke oder Zucker eher für eine alkalische Vergärung geeignet. Aus dem dabei entstehenden Substrat werden u.a. flüssige und gasförmige Treibstoffsubstitute gewonnen. Die Verbrennungskette ist aber sehr energieintensiv und wird an dieser Stelle nicht weiter betrachtet. „Organische Reststoffe bzw. Abfälle" sind entweder durch anaerobe oder durch aerobe bakterielle Zersetzung energetisch nutzbar. Während bei der letzteren Zersetzung ein Großteil der chemisch gebundenen Energie als Wärme frei wird, erfolgt unter Luftabschluß (anaerob) eine Umwandlung der pflanzlichen Energie in Faul- bzw. Biogas. Dieses kann z.B. in herkömmlichen Gasmotoren oder -kesseln zur weiteren energetischen Verwendung eingesetzt werden.

Tabelle 2.4. Klassifizierung der Biomasse

Form der Biomasse	Produkt	Nutzungsmöglichkeit
Lignozellulosehaltige Pflanzen	Gräserstroh, Getreide-, Schilf- oder Energiepflanzen, Holzreststoffe	Verbrennung, Vergasung Verflüssigung
Ölhaltige Pflanzen	Raps, Rübsen, Sonnenblumenkerne	alkalische Vergärung
Stärke- oder zuckerhaltige Pflanzen	Kartoffeln, Zuckerrüben, Getreidekörner	alkalische Vergärung
Organische Reststoffe und Abfall	biogener Abfall, Garten- und Pflanzenaball, tierische Exkremente	anaerobe und aerobe Fermentation

2.1.3.1
Nachwachsende Rohstoffe

Unter nachwachsenden Rohstoffen werden diejenigen Pflanzen verstanden, die für den „Non-Food"-Bereich angebaut werden. Für die Abschätzung des möglichen Beitrags aus Energiepflanzen zur Energieversorgung werden ausschließlich Gewächse betrachtet, die für eine energetische Verwertung in Frage kommen. Dabei sind schnellwachsende Pflanzenarten mit hohen Anteilen an Lignin und Zellulose allen anderen Pflanzenarten vorzuziehen. Dies sind sowohl verschiedene Getreidearten, die auch als Ganzpflanzen energetisch verwertbar sind, als auch Schilfpflanzen oder schnellwachsende Hölzer (z.B. Pappeln oder Weiden). Bei einem Vergleich der verschiedenen Energieausbeuten zeigt sich, daß die C4-Schilfpflanze „Miscanthus sinensis gigantheus" (im folgenden mit der Kurzform Miscanthus bezeichnet) den höchsten Energieertrag bietet. Dabei sind neben dem hohen Energieertrag auch Aufzucht und Ernte unproblematisch.

In der Bundesrepublik Deutschland wurden bisher Miscanthus-Erträge, nach dem dritten Anbaujahr von 20 t_{atro}/(ha a) prognostiziert [32], zum Teil aber deutlich überschritten. Die Ernteausbeute von Miscanthus hängt im wesentlichen von der Jahreswärmesumme, die als die Addition der Tagesmitteltemperatur pro Jahr definiert ist, und dem Niederschlag ab. In Nordrhein-Westfalen schwankt die Summe zwischen ca. 2.500 und 3.500 °C bei Niederschlagsmengen zwischen ca. 750 mm und ca. 1.200 mm. Aus diesem Grund wird für die Berechnung der möglichen Beiträge zur Energieversorgung aus der Miscanthusverwertung vom geschätzten Bundesdurchschnitt als Grundwert ausgegangen und für Regionen, deren Wärmesumme und Niederschlag weit über- oder unterdurchschnittlich sind, korrigiert. Der mittlere Heizwert von Miscanthus wird mit 18 MJ/kg_{atro} angesetzt.

Die technischen Energiepotentiale errechnen sich durch Berücksichtigung der Konversionswirkungsgrade. Aus wirtschaftlichen Gründen wird eine Verbrennung von Miscanthus in zentralen Heizwerken angenommen, da diese durch eine bessere Verbrennungstechnik sowohl geringere Schadstoffemissionen als auch höhere Wirkungsgrade erwarten lassen als kleinere dezentrale Systeme [33]. Bei der Berechnung der möglichen technischen Beiträge wird aufgrund eines vergleichbaren Abbrandverhaltens von Miscanthus und Getreidestroh auf Meßwerte dänischer Strohverbrennungsanlagen zurückgegriffen, welche bereits längere Zeit betrieben werden. Weiterhin wird eine Verteilung der Wärmeenergie durch ein Fernwärmenetz unterstellt.

2.1.3.2
Forstwirtschaftliche Reststoffe

Neben der thermischen Nutzung von Energiepflanzen wird auch der mögliche Energieertrag aus forstwirtschaftlichen Reststoffen – als weitere erneuerbare Energiequelle – bestimmt. Das nutzbare Waldrestholz ergibt sich unter der Annahme eines konstanten Waldbestandes als Differenz des durchschnittlichen Zuwachses und des dem Wald entnommen Holzes (Nutzen). Dabei ist zu beachten, daß aus ökologischen Gründen ein Nutzungsanteil von 40 % im Wald verbleibt (vgl. dazu auch [34]).

Die Erfassung der Waldartenverteilung auf Gemeindeebene ist aufgrund verschiedener Eigentümer (Privat- und Staatseigentum, öffentlicher bzw. kommunaler Wald) ohne weiteres nicht möglich. Daher wird für jede Gemeinde eine mittlere Holzartenverteilung zwischen Laub- und Nadelwald, die dem nordrhein-westfälischen Durchschnitt entspricht (vgl. [35]), festgelegt.

Analog zur Berechnung der möglichen Beiträge aus Energieplantagen wurde auch für die forstwirtschaftlichen Reststoffe eine Verbrennung in Heizwerken angenommen. Die thermischen Anlagenwirkungsgrade entsprechen in etwa denen der Strohverbrennung, so daß der mögliche thermische Endenergiebeitrag zur Energieversorgung aus forstwirtschaftlichen Reststoffen anhand der Waldfläche einer Gemeinde und den Anteilen der Laub- und Nadelhölzer an der Waldfläche durch Berücksichtigung der Heizwerte von Laub- und Nadelholz mit dem Verteilungswirkungsgrad h bestimmt werden kann.

2.1.3.3
Landwirtschaftliche Rest- und Abfallstoffe

Landwirtschaftliche Rest- und Abfallstoffe können prinzipiell in die Bereiche Ernterückstände und tierische Exkremente aufgeschlüsselt werden. Während Ernterückstände (z.B. Stroh) direkt in Heiz- bzw. Heizkraftwerken genutzt werden, bietet sich aufgrund des hohen Feuchtegehalts der tierischen Exkremente vorerst eine Ausgasung des in der Gülle „enthaltenen" Methans an, bevor dieses dann energetisch Verwendung findet.

Ernterückstände

Als Ernterückstände werden diejenigen Pflanzenteile, die nicht in die Nahrungsmittelkette eingehen, bezeichnet. Darunter fällt sowohl Getreidestroh, welches z.T. als Dünger oder Futtermittel genutzt wird, als auch Blattgrün, das zum überwiegenden Teil bereits anderweitig Verwendung (z.B. als Futtermittel und Gründünger) findet.

Die möglichen Beiträge zur Energieversorgung aus Ernterückständen beschränken sich auf die bisher nicht genutzten Anteile des Getreidestrohs. Die Getreidestrohmenge wurde dabei über das Korn-zu-Stroh-Verhältnis für Weizen, Roggen, Gerste, Hafer, Mais und Raps in Verbindung mit der Kornmenge aus den Ernteberichterstattungen [36–38] und der Getreideanbaufläche aus der Statistik über die Bodennutzung abgeschätzt. Weiterhin wird angenommen, daß ein Großteil der anfallenden Strohmasse zur Düngung und als Stalleinstreu verwendet wird, wodurch nur ein geringer Anteil für die energetische Verwendung von Ernterückständen verbleibt. Mit den mittleren Heizwerten für die Getreidesorten (vgl. [39]) läßt sich der Endenergiebeitrag zur Energieversorgung aus Ernterückständen unter analogen Annahmen wie bei der Verwertung der Energiepflanzen und des Waldrestholzes berechnen.

Tierische Exkremente

Die Verwertung bzw. Entsorgung der tierischen Exkremente (Gülle) beschränkt sich z.Z. weitgehend auf die Ausbringung auf landwirtschaftliche Nutzflächen. Gülle kann jedoch ohne Dungwertverlust vorab durch z.B. anaerobe Fermentation energetisch genutzt werden.

Bei der Abschätzung des möglichen Beitrags der Nutzung tierischer Exkremente zur Energieversorgung wird vorausgesetzt, daß die Exkremente der Nutztiere Rindvieh, Schweine und Geflügel teilweise verwertet werden. Die Tierarten Pferde, Schafe sowie Gänse, Enten und Truthühner werden aufgrund ihrer geringen Anzahl im Vergleich zu den erstgenannten und durch die z.T. ungenügende Verfügbarkeit (überwiegende Freilandhaltung) nicht zur Potentialerfassung herangezogen.

Aber auch die Verfügbarkeit der Gülle der betrachteten Tierarten ist nicht vollständig gewährleistet. So wird bei Rindvieh von einer teilweisen Weidehaltung ausgegangen, bei Schweinen und Geflügel wird dagegen eine vollständige Stallhaltung unterstellt. Eine bestimmende Größe bei der Berechnung der Ausscheidungsmenge nimmt neben Tierart und Mastform auch Gewicht, Gattung und Alter der Tiere sowie Art und Zusammensetzung des Futters und das Tränkverhalten ein. Die Berechnung der mittleren Ausscheidungsmengen erfolgt über die Zuordnung von Großvieheinheiten (GVE-Faktoren), wonach bei Rindvieh und Schweinen nach Alter und Nutzung sowie bei Geflügel nur nach Verwendung eingeteilt wird. Mit dieser Gruppierung wird die mittlere Gasausbeute durch anaerobe Fermentation berechnet.

Die tierischen Exkremente werden in Gärbehältern unter anaerober Atmosphäre, welche Teile des Substrats durch Bakterien unter Bildung von Methan zersetzen, in den Energieträger Biogas umgewandelt. Entscheidend für die entstehende Gasmenge sind Faktoren wie Substrateigenschaften, Verweilzeit im Reaktor, Feuchtigkeitsgehalt und Gärtemperatur [40]. Die Substrateigenschaften werden durch die verfügbaren Rückstände bestimmt und können nur bedingt beeinflußt werden. Der Reaktor dagegen kann in verschiedenen Temperaturbereichen gefahren werden. Thermophile Systeme (Substrattemperatur ca. 50–75 °C) müssen intensiv beheizt werden und zeigen einen hohen Eigenbedarf, da das gewonnene Gas i.d.R. auch zur Reaktorbeheizung genutzt wird. Allerdings erreichen thermophile Systeme in kurzer Zeit eine weitgehende Umsetzung des Substrats. Mesophil betriebene Reaktoren (20–40 °C) gasen das Methan ebenfalls nahezu vollständig aus, benötigen dabei aber höhere Verweilzeiten im Reaktor. Aufgrund der insgesamt größeren Energieausbeute nach Abzug des Eigenbedarfs wurde letztlich mit mesophilen Anlagen der mögliche Beitrag tierischer Exkremente zur Energieversorgung berechnet.

2.1.3.4
Müllfraktionen und Klärschlämme

Neben den nachwachsenden Roh-, forstwirtschaftlichen Rest- und den landwirtschaftlichen Abfallstoffen wird zusätzlich der mögliche Beitrag zur Energieversorgung aus organischem Haus- und Gewerbemüll sowie Klärschlamm, welche im weitesten Sinne der Biomasse aufgrund ihrer hohen biogenen Bestandteile zuzurechnen sind, ausgewiesen.

Eine umfassende statistische Erhebung des Müll- und Klärschlammaufkommens der privaten Haushalte für Nordrhein-Westfalen wird von keiner statistischen Stelle erhoben. Der jährlich anfallende Substratanfall wurde daher mit Hilfe des durchschnittlichen Pro-Kopf-Müll- bzw. -Schlammaufkommens abgeschätzt. Auch der Bereich der gewerblichen Abfall- und Schlammentsorgung unterliegt einer detaillierten Erfassung der Abfallmenge nach Abfallhauptgruppen. Die organischen Müllfraktionen im Gewerbeabfall sind in den Abfallhauptgruppen hausmüllähnlicher Gewerbeabfall mit ca. 10 % nichtbiogener Reststoffe und sonstige organische Abfälle zusammengefaßt. Das gewerbliche Schlammaufkommen ergibt sich durch die Hauptgruppen „Schlämme aus der Wasseraufbereitung" und „sonstige Schlämme". Da die verschiedenen Statistiken das gewerbliche Schlammaufkommen nur kreisweise ausweisen, wird dieses mit der Zahl der Beschäftigten korreliert, da eine Unterscheidung der einzelnen Industriezweige hinsichtlich der Abfallintensität nicht möglich ist.

Somit wurde das jährliche Biomasseaufkommen des organischen Mülls bzw. des Klärschlamms mit der Einwohner- und Beschäftigtenanzahl, dem Pro-Kopf-Aufkommen des organischem Hausmülls und Klärschlamms, den bereits vorliegenden hausmüllähnlichen Gewerbeabfällen und sonstigen organischen Abfällen sowie dem kreisweisen Aufkommen der Schlämme aus der Wasseraufbereitung und sonstigen Schlämme abgeschätzt (vgl. [41–43]).

2.2 Erneuerbare Energien im Verbund

Die dargestellten Berechnungsvorschriften zur Bestimmung der Beiträge der erneuerbaren Energieträger zur Energieversorgung enthalten die z.T. nur begrenzt zur Verfügung stehende Ressource dezentrale und zentrale Fläche als Parameter. Das bedeutet, daß im wesentlichen die Installation der photovoltaischen und solarthermischen Energiesysteme mit dem Anbau von Energiepflanzen in Konkurrenz zueinander stehen können.

Um den möglichen Gesamtenergiebeitrag und den Deckungsgrad erneuerbarer Energieträger an dem gesamten nordrhein-westfälischen Endenergiebedarf (ohne Verkehr) auszuweisen, wurde ein Verfahren zur Ermittlung sowohl einer kostenminimalen als auch einer maximal CO_2-reduzierenden Kombination photovoltaischer, solarthermischer, Windenergie- und Biomasse nutzender Anwendungssysteme entwickelt. Am Beispiel von repräsentativen Modellgemeinden, welche die Städte und Gemeinden Nordrhein-Westfalens abbilden, werden die mögliche Beiträge erneuerbarer Energieträger zur kommunalen Energieversorgung im Verbund dargestellt und diskutiert.

Dabei erfolgte die Synthese der Kommunen zu Modellgemeinden mit Hilfe eines multivariaten Analyseverfahrens. Zur Ausweisung der Deckungsgrade erfolgte die Abschätzung der Endenergiestruktur, welche aus verschiedenen Statistiken auf (Modell)gemeindeebene umgerechnet wurde. Weiterhin wurde der mögliche Anteil rationeller Energieverwendung aufgezeigt. Die Ökonomie der regenerativen Energieträger wurde über die dynamische Annuitätenmethode, die auf eine unendliche Zahlungsreihe erweitert wird, beschrieben. Ergebnis der Berechnungen bildet ein Algorithmus zum ökonomisch wie auch ökologisch (fixiert an der möglichen CO_2-Reduzierung) orientierten Einsatz erneuerbarer Energieträger im Verbund.

2.2.1
Repräsentative Kommunen

Die Entwicklung von synthetischen Modellgemeinden zur Beschreibung ähnlicher oder homogener Kommunen wurde anhand von für die Energieversorgung einer Gemeinde wichtigen und dominanten Attributen vollzogen. Dabei ist zu beachten, daß gleichwertige Attribute bzw. deren Kombinationen so gewichtet werden, daß eine Überbewertung vermieden wird. Die Klassifizierung der Gemeinden erfolgte über die klassische Methode der Clusteranalyse, wie sie insbesondere auch in den Geographiewissenschaften Verwendung findet (vgl. z.B. [44–47]).

2.2.1.1
Differenzierung der Städte und Gemeinden

Die Gruppenbildung der Städte und Gemeinden Nordrhein-Westfalens wurde unter energetischen und strukturellen Aspekten durchgeführt. Dabei wurden als energiewirtschaftliche Merkmale der Bedarf an leitungs- und nichtleitungsgebundener Energie, als Strukturdaten Einwohneranzahl, Flächen, Gebäudebestand, Steuereinnahmen und -ausgaben sowie die Anzahl der Beschäftigten in verschiedenen Berufssparten der Gruppenbildung zugrunde gelegt.

Durch unterschiedliche Energieversorgungsstrukturen der Kommunen wurden vor der Synthetisierung die Städte und Gemeinden in 3 verschiedene Versorgungsklassen eingeteilt, innerhalb derer repräsentative Gemeindegruppen mit den Daten klassifiziert wurden. Zu der ersten Versorgungsklasse (VK I) gehören alle Gemeinden, in denen die leitungsgebundenen Energieträger Gas und Strom durch ein eigenes Stadtwerk an den Endverbraucher verteilt werden und somit einen gemeindeautarken Handlungsspielraum aufweisen. Insgesamt können dieser Klasse 64 Städte in Nordrhein-Westfalen zugeordnet werden.

In den Kommunen der Versorgungsklasse II (VK II) ist ebenfalls ein Stadtwerk vorhanden. Dieses versorgt den Endverbraucher entweder mit Strom oder Gas. Somit sind die VK-II-Kommunen einerseits z.T. energetische Selbstversorger und -verteiler, andererseits aber auch beispielsweise den großen Energieversorgungsunternehmen angeschlossen. In dieser Klasse befinden sich 57 Städte und Gemeinden, worunter auch die Großstädte Essen und Dortmund, die eine vollständige Selbstverwaltung auf ihrem leitungsgebundenen Energiesektor anstreben, zu finden sind.

Die dritte Klasse (VK III) beinhaltet ausschließlich die 275 energetisch fremdversorgten Gemeinden Nordrhein-Westfalens. Dabei handelt es sich im wesentlichen um ländliche Kommunen, die größtenteils langfristige Konzessionsverträge abgeschlossen haben und die z.b. auf eine Strom- oder Gasnetzübernahme nach Ablauf der bestehenden Verträge mit den Energieversorgungsunternehmen aus verschiedenen Gründen verzichten.

Energiewirtschaftliche Merkmale

Die wesentliche Grundlage zur Gruppierung der nordrhein-westfälischen Gemeinden bildet die gemeindescharfe Datenlage innerhalb der 3 Versorgungsklassen. Für den energetischen Bereich werden sämtliche zur Verfügung stehenden Daten zur Fernwärme-, Gas-, Strom-, Kohle/Holz- und Ölversorgung verwendet.

Dabei stehen für den Energieträger Fernwärme als gemeindescharfe Angaben die Anschlußleistung der Fernwärmekunden und die Anzahl der durch Fernwärme versorgten Haushalte (vgl. [48]) zur Verfügung; für den Energieträger Erdgas werden Gasverbrauch und Anzahl der gasversorgten Haushalte gemeindeweise aufgeschlüsselt (vgl. [49]).

Die Daten für den Energieträger Strom sind ebenso wie Kohle/Holz differenziert verfügbar. So wird für große Teile der Versorgungsklasse I der Gemeindestromverbrauch angegeben, während in den beiden anderen Versorgungsklassen keine Verbrauchszahlen genannt werden (vgl. [50]). Anders verhält es sich beim energetischen Kohle/Holzverbrauch des produzierenden und verarbeitenden Gewerbes. Hier findet nur eine Aufschlüsselung für die Versorgungsklassen II und III statt, Versorgungsklasse I bleibt unberücksichtigt.

Eine weitere Unterteilung gemeindeweiser Energiestrukturdaten wird für sämtliche Energieträger vom Landesamt für Datenverarbeitung und Statistik des Landes Nordrhein-Westfalen vorgenommen [51]. Dabei wird jedoch ausschließlich der Energieeinsatz des produzierenden und verarbeitenden Gewerbes (ausschließlich der für Kohle/Holz) sowie die Anzahl der beheizten Wohneinheiten, gegliedert nach den verschiedenen Energieträgern, ausgewiesen.

Strukturdaten

Die Daten zur Beschreibung der Gemeindestruktur sind aufgrund der Volks-, Gebäude- und Wohnungs-, Arbeitsstättenzählung sowie der Flächenerhebung umfangreicher als die der Energieversorgung. Als wesentliche Einflußgrößen zur Gemeindegruppierung werden deshalb solche Strukturdaten in die Clusteranalyse integriert, welche eine unmittelbare Relevanz für einen möglichen Aufbau einer Energiewirtschaft unter Einbeziehung erneuerbarer Energieträger vermuten lassen.

Sie fließen als elementare Strukturmerkmale der möglichen Energieverbraucher, der Einwohner, genauso wie die für die Nutzung der erneuerbaren Energie notwendigen Gemeindeflächen, welche nach Kataster-, Gebäude- und Frei-, Wohn-, Industrie- und Gewerbe-, Betriebs-, Landwirtschafts- sowie Waldflächen unterteilt sind, in den Datenpool ein. Neben diesen Daten sind auch die Anzahl der Ein- und Zwei-, Drei- bis Sechs- sowie Sieben- und Mehrfamilienhäuser für die Gruppierung interessant. Die Wirtschaftskraft wird durch die Steuereinnahmen und -ausgaben wiedergegeben. Die Beschäftigtenzahlen aus verschiedenen Sparten ergänzen das Strukturbild.

2.2.1.2
Clusteranalyse

Die Clusteranalyse ist ein heuristisches Verfahren zur systematischen Klassifizierung einer gegebenen Objektmenge (hier Städte und Gemeinden), die durch verschiedene Attribute (Daten) charakterisiert werden. Die aus der Clusteranalyse hervorgehenden Gruppen sollen intern homogen und extern heterogen sein.

Als Attributenraum werden Energie- und Strukturdaten verwendet, die zur Vereinheitlichung zunächst auf einen Wertebereich zwischen 0 und 1 normiert wurden. Die normierten Daten der Gemeinden wurden mit dem jeweiligen maximalen und minimalen Datum gebildet.

Um eine Gleichgewichtung der Energie- und Strukturdaten zu wahren, wurden die normierten Daten nach Gleichung in je 5 Kategorien eingeteilt und so gewichtet, daß insgesamt 10 gleichwertige Kategorien mit unterschiedlicher Datensatzanzahl der Clusteranalyse zur Verfügung stehen. Abbildung 2.1 veranschaulicht die Gewichtung der normierten Daten.

Die Gemeindegruppierung erfolgte mit dem Programmsystem SPSS (Statistical Package for the Social Science), welches als Campuslizenz dem Lehrstuhl für Nukleare und Neue Energiesysteme vorliegt. Als Proximitätsmaß (paarweiser Vergleich zwischen 2 Attributen bzw. Daten) wurde die modifizierte Minkowski-Metrik Quadrierte Euklidische Distanz gewählt, bei der die Distanz zweier Städte oder Gemeinden über die entsprechenden Datensätze (z.B. Anzahl der fernwärmeversorgten Haushalte) ermittelt wurde. Die Fusion der Kommunen zu Gemeindegruppen erfolgte mit dem Prozeß Ward-Verfahren, welches auf der Methode der kleinsten Fehlerquadrate beruht. Dabei werden zunächst diejenigen Kommunen, welche die geringste Distanz zueinander aufweisen, paarweise zusammengefaßt. Der nächste Fusionsschritt erfolgt über die Berechnung der um eine Kommune reduzierten Distanzmatrix, wobei die Distanz der bereits zusammengefaßten Kommunen mit der Anzahl der Städte und Gemeinden berechnet wird. Eine Überprüfung der inneren Homogenität wird durch den F-Test erreicht, bei dem der F-Wert eines Datensatzes als Verhältnis zwischen der Varianz einer gebildeten Gruppe und der Erhebungsgesamtheit kleiner 1 sein sollte.

2.2.1.3
Endenergieverbrauch in den Gemeinden

Die Endenergiestruktur der gebildeten Modellgemeinden wird durch die verschiedenen Statistiken nicht vollständig beschrieben. Da die Berechnung des möglichen Gesamtbeitrags zur Energieversorgung u.a. über erneuerbare Endenergiedeckungsgrade erfolgt, wurde der Endenergieeinsatz der Gemeinden – aufgeschlüsselt nach

2.2 Erneuerbare Energien im Verbund

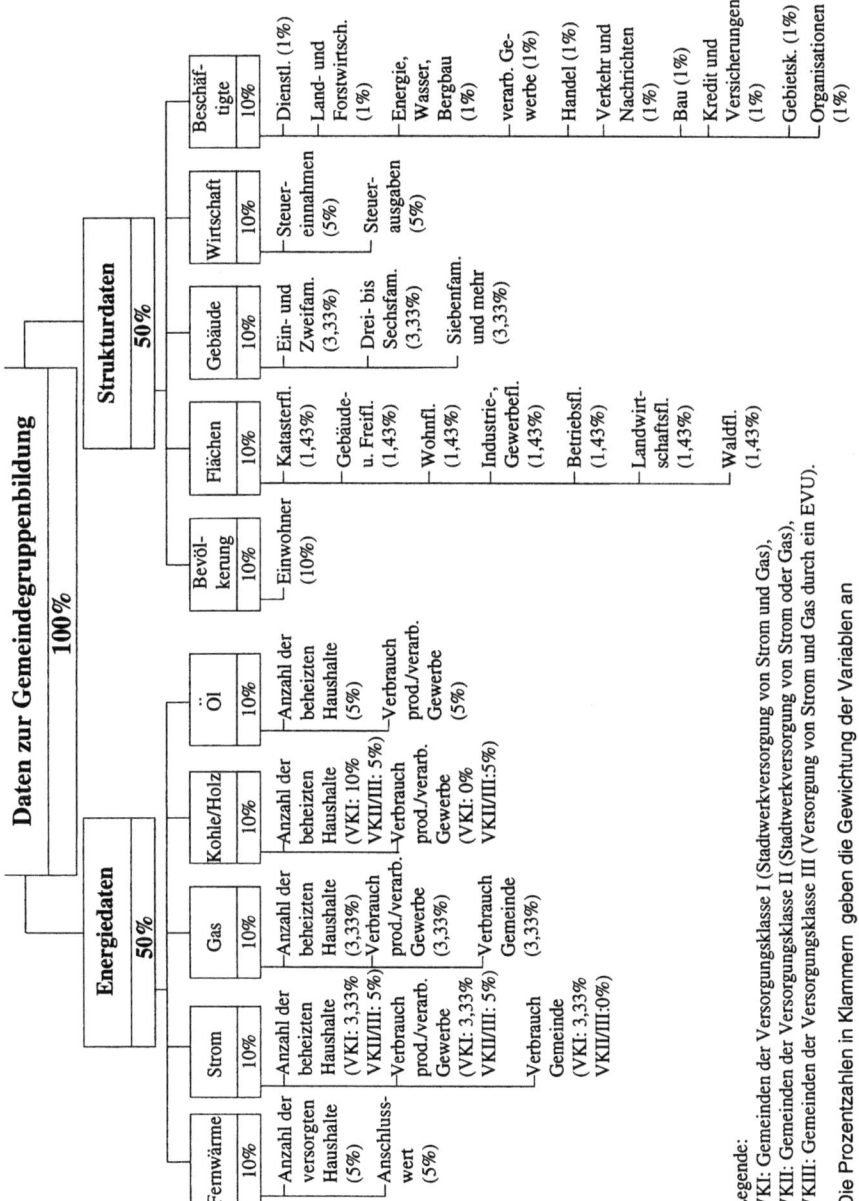

Abb. 2.1. Gewichtung der normierten Daten zur Beschreibung der Kommunen für die Gemeindegruppierung

den verschiedenen Energieanwendungen Raumwärme, Brauchwarmwasser und Prozeßwärme sowie elektrischer Strom zur Licht und Krafterzeugung und nach den Verbrauchergruppen Industrie (Bergbau und verarbeitendes Gewerbe), Kleinverbraucher und Private Haushalte – abgeschätzt. Diese detaillierte Aufteilung ist einerseits bei der Bestimmung des Anteils der rationellen Energieverwendung, die aus ökonomischen Gründen dem Einsatz erneuerbarer Energie vorausgeht, andererseits auch bei der Berechnung der CO_2-Reduktionsgrade notwendig.

Die Abschätzung des Endenergieverbrauchs wurde mit Hilfe der in der Clusteranalyse verwendeten Strukturdaten durchgeführt, um eine Übertragbarkeit der Gemeindeergebnisse auf Modellgemeindeebene zu gewährleisten. So werden Energieverbrauchsdaten, die z.B. im Rahmen von Energieversorgungskonzepten erarbeitet wurden, nicht gesondert berücksichtigt; sie wurden jedoch zur Verifikation der Bestimmungsgleichungen soweit wie möglich herangezogen.

Stromverbrauch

Elektrischer Strom wird zum überwiegenden Teil zur Erzeugung von Licht und Kraft genutzt. Für die Verbrauchergruppe Industrie liegt der Stromverbrauch gemeindeweise vor, für die Kleinverbraucher wurde die Anzahl der Beschäftigten als Indikator zur Stromverbrauchsberechnung verwendet. Dabei wurde der nordrhein-westfälische Stromverbrauch in den Wirtschaftshauptgruppen den Beschäftigten nach Tabelle 2.5 zugeordnet und daraus der spezifische Stromverbrauch entsprechend ermittelt.

Tabelle 2.5. Zuordnung der Wirtschaftshauptgruppen verschiedener Statistiken im Sektor Kleinverbraucher

Wirtschaftshauptgruppen	
LDS-Statistik	VIK-Statistik
Organisationen ohne Erwerbszweck	Öffentliche Einrichtungen
Gebietskörperschaften u. Sozialversicherungen	
Land- u. Forstwirtschaft, Fischerei	Landwirtschaft
Baugewerbe	Handel und Gewerbe
Handel	
Kreditinstitute und Versicherungen	
Dienstleistungen, soweit von Unternehmen und Freien Berufen erbracht	

2.2 Erneuerbare Energien im Verbund

Der Stromverbrauch der Privaten Haushalte wurde über die Haushaltsanzahl einer Gemeinde aus der Energiewirtschaftsstatistik mit dem nordrhein-westfälischen Durchschnitt aus der Haushaltsstudie ermittelt. Die Abschätzung des elektrischen Endenergieverbrauchs einer Gemeinde wurde an mehreren Städten, in denen der absolute Stromverbrauch vorliegt, verifiziert. Dabei zeigte sich, daß bei der Abschätzung ein mittlerer Fehler von lediglich ca. 4 % auftritt.

Die Verwendungsanteile des Endenergieträgers Strom in den Anwendungsbereichen Licht und Kraft werden gemäß der Einteilung der VDEW für die Gemeinden zugrunde gelegt, so daß für jede Gemeinde der Licht- und Kraftverbrauch berechnet werden kann. Dabei ist jedoch zu beachten, daß die Bereitstellung von Kraft auch durch die Endenergieträger Mineralöl und Erdgas erfolgt. Für die Sparten Industrie und Kleinverbraucher wird dieser ebenfalls über die Anzahl der Beschäftigten ermittelt. Für die Privaten Haushalte wird angenommen, daß diese ihren Kraftbedarf ausschließlich durch Inanspruchnahme des Energieträgers Strom decken.

Verbrauch thermischer Endenergie

Der Verbrauch thermischer Endenergie der verschiedenen Wärmeanwendungen Raumwärme, Brauchwarmwasser und Prozeßwärme wurde für den Bereich Industrie im wesentlichen mit dem auf die Beschäftigten bezogenen Wärmeverbrauch für die Sektoren Grundstoff- und Produktionsgütergewerbe, Investitionsgüter produzierendes Gewerbe, Verbrauchsgüter produzierendes Gewerbe sowie Nahrungs- und Genußmittelgewerbe durch Multiplikation der Beschäftigten berechnet. Ebenso wurden im Sektor Kleinverbraucher nordrhein-westfälische Verbrauchswerte der verschiedenen Wärmeanwendungsbereiche pro Beschäftigtem mit den Werten aus der Erhebung der VDEW sowie der Arbeitsstättenzählung berechnet.

Bei den Privaten Haushalten diente die Anzahl der Wohneinheiten einer Gemeinde, differenziert nach den eingesetzten Endenergieträgern mit den spezifischen Endenergieverbräuchen, als Indikator für die Abschätzung des Raumwärmeverbrauchs. Der Prozeßwärmeverbrauch wurde in den Privaten Haushalten überwiegend durch den Einsatz elektrischer Energie und Erdgas bereitgestellt. Mit dem einwohnerspezifischen Prozeßwärmebedarf aus Erdgas, der mit der Anzahl der Einwohner einer Gemeinde multipliziert wird, sowie dem zur Prozeßwärmegestehung verwendeten Stromanteil ergab sich der gesamte thermischen Wärmeverbrauch einer Gemeinde.

Rationelle Energieverwendung

Die Bereitstellung von Energie aus erneuerbaren Energiesystemen ist eng mit der rationellen Energieverwendung verknüpft. So wird beispielsweise der Beitrag der Raumwärmeversorgung aus solarthermischen Anlagen maßgeblich durch den Energiebedarf nach Maßnahmen zur rationellen Energienutzung wie z.B. Wärmedämmung an der Gebäudehülle bestimmt. Aber auch der Beitrag aus der photovoltaischen Energiewandlung wird durch das mögliche Energieeinsparungspotential

2 Theoretische Grundlagen und Randbedingungen

betroffen, da durch die begrenzte Netzaufnahmemöglichkeit photovoltaischen Stroms das elektrische Leitungsnetz nicht überlastet werden darf.

Das Feld der rationellen Energieverwendung ist sehr weit gesteckt. Eine Einzelbetrachtung der energetischen Einsparmöglichkeiten wurde insbesondere in einer Studie der Enquete-Kommission [52] durchgeführt. Die Aufbereitung und Vervollständigung der rationellen Energieverwendung zur Beschreibung des Energiereduktionspotentials liegt als Prozentsatz des Energieverbrauchs mit einem geeigneten Detaillierungsgrad vor. So ist der Anteil der rationellen Energienutzung am Energieverbrauch für die Verbrauchergruppen Industrie, aufgeschlüsselt in die Industriezweige Grundstoff- und Produktions-, Investitions-, Verbrauchsgüterindustrie sowie Nahrungs- und Genußmittelgewerbe, Kleinverbraucher und Private Haushalte, jeweils für die Rubriken Licht und Kraft sowie Raum- und Prozeßwärme und Brauchwarmwassergestehung prozentual ausgewiesen. Dabei berechnet sich der Anteil zur Raumwärmeeinsparung nach der Gebäudestruktur.

Die Ermittlung des noch über erneuerbare Energiesysteme zu deckenden Strom- und Wärmeverbrauchs erfolgte daher auf Gemeindeebene durch Multiplikation des elektrischen oder thermischen Endenergieverbrauchs mit den relativen Einsparmöglichkeiten der verschiedenen Verbraucher und Anwendungsbereichen.

2.2.2
Kosten erneuerbarer Energieträger

Obwohl die Investitions- und Betriebskosten erneuerbarer Energieträger Gegenstand vieler Untersuchungen sind, wurden die annuitätischen Aufwendungen einerseits durch unterschiedliche Rahmenbedingungen der verschiedenen Gemeindetypen und andererseits durch die Betrachtung sämtlicher erneuerbarer Energieträger ermittelt. Weiterhin wurden sowohl die spezifischen Endenergiepreise als auch die Investitionszuschußanteile bzw. die Brennstoffsteigerungsraten, die notwendig sind, um erneuerbare gegen konventionelle Energieträger ökonomisch konkurrenzfähig zu gestalten, betrachtet.

Die Annuitäten – hier als die gleichmäßig auf alle Jahre verteilten Investitionskosten und periodischen Aufwendungen definiert (sogenannte Periodenkosten, z.B. fixe und variable Jahreskosten, wie Betriebs-, Instandhaltungs- und Wartungskosten, Versicherungen) – wurden über das dynamische Investitionsrechenverfahren, die sogenannte Annuitätenmethode, berechnet. Dabei wurden diese – bedingt durch die verschiedenen Nutzungs- und Lebensdauern der einzelnen Komponenten und Anlagen – analog zum Spezialfall Ewige Rente, wie sie z.B. auch bei einer vorschüssigen Altersrentenzahlung verwendet wird, kalkuliert. Für den Fall der inflationsbehafteten Kapitalbindung bedeutet das, daß sich die Investition ebenso wie die Periodenkosten unter Berücksichtigung einer geschätzten Preissteigerungsrate unendlich oft wiederholen. Sämtliche Zahlungen werden auf den heutigen Zeitpunkt abdiskontiert (Bildung des Kapitalwerts) und mit dem Kalkulationszinssatz i auf die Jahre rückverteilt. Dabei wird als Investitionsperiodendauer, d.h. die Zeit zwischen den einzelnen Neuanschaffungen, die jeweilige Nutzungsdauer der Anlage in Ansatz gebracht. Der Restwert der Investition wird am Ende der

Nutzungsdauer mit Null angenommen. Sämtliche Berechnungen wurden vor Abzug von Steuern durchgeführt.

Die Berechnung der Annuitäten soll am Beispiel einer unendlichen Investitionszahlungsreihe anhand eines Zeitstrahldiagramms in Abbildung 2.2 verdeutlicht werden.

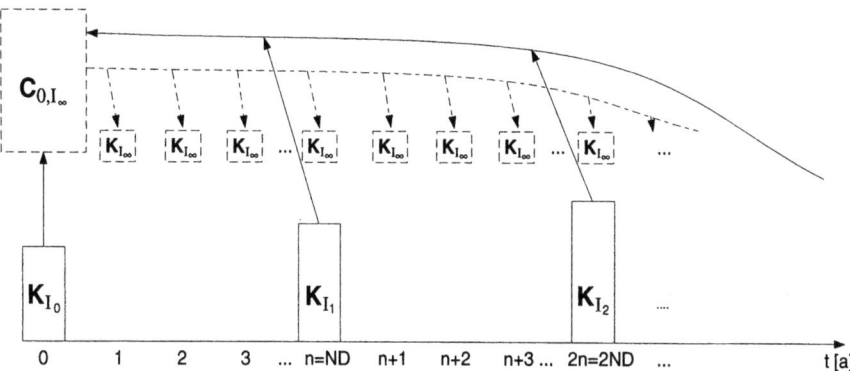

C_{0,I_∞} : Heutiger Kapitalwert der unendlichen Investitionskette
$K_{I_{0,1,2}}$: Investition zum Zeitpunkt 0, 1 bzw. 2
K_{I_∞} : Auf unendlich viele Jahre rückdiskontierte Investition
ND : Nutzungsdauer der Investition

Abb. 2.2. Zeitstrahldiagramm für eine unendliche Investitionszahlungsreihe

Nach Abbildung 2.2 wird zunächst der Kapitalwert der unendlichen Investitionszahlungsreihe durch Addition der mit dem Kalkulationszinssatz abgezinsten Neuinvestitionen (hier Anzahl der Neuinvestitionen) ermittelt. Es gilt:

$$C_{0,I_\infty} = K_{I_0} \left\{ \frac{(1+i)^{ND}}{[(1+i)^{ND} - (1+p)^{ND}]} \right\}$$

bzw. für die annuitätisch aufzubringenden nominalen Investitionen:

$$A_{I_\infty} = K_{I_0} \left[\frac{(1+i)^{ND}}{(1+i)^{ND} - (1+p)^{ND}} \right] \cdot i$$
$$= K_{I_0} \cdot AF_{I_\infty}$$

Für die periodischen Aufwendungen, die mit der Preissteigerungsrate p erhöht, ansonsten aber als fix betrachtet werden, wird angenommen, daß sie postnumerando anfallen. Da als Periodendauer das Jahr gewählt wird und auch die variablen Kosten näherungsweise ausschließlich der Inflationsrate unterliegen, werden im folgenden die periodischen Aufwendungen besser als jahresfixe Kosten (Kennzeichnung mit Index „B") bezeichnet.

Annuitätisch betrachtet, werden die nominalen jahresfixen Kosten bei einer unendlichen Rückdiskontierung mit dem Kapitalwiedergewinnungsfaktor als Annuitätenfaktor der jahresfixen Kosten definiert:

$$\left[\begin{array}{rl} A_{B_\infty} = & K_{B_1}\left(\dfrac{1+p}{i-p}\right)\cdot i \\ = & K_{B_1}\cdot AF_{B_\infty} \end{array} \right]$$

Die Annuität der gesamten Investition einschließlich der Jahresaufwendungen ergibt sich aus der Addition der beiden obigen Gleichungen zu:

$$A_\infty = K_{I_0}\cdot AF_{I_\infty} + K_{B_1}\cdot AF_{B_\infty}$$

2.2.3 Kombination erneuerbarer Energieträger

Die Integration erneuerbarer Energieträger in die bestehende Energieversorgungsstruktur kann nur sukzessive in kleinen Schritten erfolgen. Dabei orientiert sich der Ausbau der erneuerbaren Energieträger i.d.R. an ökonomischen oder ökologischen Aspekten, das heißt an den sogenannten spezifischen Grenzkosten oder bei der Maximierung der Kohlendioxidreduktion an den spezifischen CO_2-Emissionen. Dabei sind die Grenzkosten als diejenigen Kosten definiert, die durch eine infinitesimale Erhöhung des Energieertrags entstehen. Durch die begrenzte Ressource Fläche entsteht aber bei den flächenintensiven erneuerbaren Energieträgern eine Konkurrenzsituation, die maßgeblich den Ausbau bzw. den Energiemix erneuerbarer Energieträger bestimmt. In diesem Kapitel wird ein Algorithmus entwickelt, anhand dessen der ökonomische bzw. der ökologische Energiemix in Abhängigkeit des energetischen Deckungs- bzw. CO_2-Reduktionsgrades abgeleitet wird.

Der ökonomisch orientierte Energiemix erneuerbarer Energieträger richtet sich neben den spezifischen Kosten auch an dem Endenergiebedarf aus, der für den Verbraucher (Gemeinde) bereitgestellt wird. Das bedeutet, daß sich der Ausbau bzw. die Kombination erneuerbarer Energiesysteme an dem Endenergiedeckungsgrad orientiert.

Die erste Ausbaustufe wird unter der Annahme, daß noch keine nennenswerten erneuerbaren Energiesysteme installiert sind (Deckungsgrad erneuerbarer Energieträger ca. 0), durch das Energiesystem mit den niedrigsten Energiegestehungskosten bestimmt, da die Grenzkosten in dieser Ausbauphase exakt den Energiegestehungskosten entsprechen. Unter der Bedingung, daß dieses System als flächenintensiv

2.2 Erneuerbare Energien im Verbund

eingestuft werden kann, der Deckungsgrad erneuerbarer Energiesysteme aber über den maximalen Energieertrag des installierten Systems hinaus gesteigert werden soll, wird das nächst preiswertere System unter der Voraussetzung, daß dieses nicht dieselbe Fläche beansprucht wie das zuerst installierte, aufgebaut. Für den Fall, daß auch dieses die bereits verwendete Ressource Fläche benötigt, müßte das zunächst installierte preiswertere zugunsten des zwar teureren, aber dafür energieeffizienteren Systems weichen. Da das System mit den zweitgünstigsten Energiegestehungskosten jedoch nur zusätzlich die Energiedifferenz aus den beiden Energieertragsmaxima der Systeme 1 und 2 zur Verfügung stellt, die Annuitäten aber – bei Vernachlässigung des Abbaus des zuerst installierten – denen des zweiten Systems entsprechen, erhöhen sich die Grenzkosten für das zweite System um das Verhältnis von der maximalen Energiebereitstellung aus System 2 abzüglich der aus System 1, jeweils multipliziert mit den Stromgestehungskosten zur entsprechenden Energiedifferenz beider Systeme.

Die so gewonnenen modifizierten Energiegestehungskosten wurden den Grenzkosten anderer Systeme gegenübergestellt und die zweite Ausbaustufe festgelegt. Die dritte, vierte usw. Stufe wurden entsprechend ermittelt.

Anhand eines Beispiels, welches in Abbildung 2.3 skizziert ist, wird der oben beschriebene Zusammenhang verdeutlicht. Die Energiesysteme SI (z.B. Energieplantagennutzung) und SII (z.B. zentrale Solarthermiesysteme), welche beide die Ressource Fläche in hohem Maße beanspruchen, stehen zusammen mit dem System SIII (z.B. Klärschlammnutzung), welches nahezu keine Fläche benötigt, in Konkurrenz. System SI weist die niedrigsten Energiegestehungskosten auf, es folgen die Systeme SII und SIII.

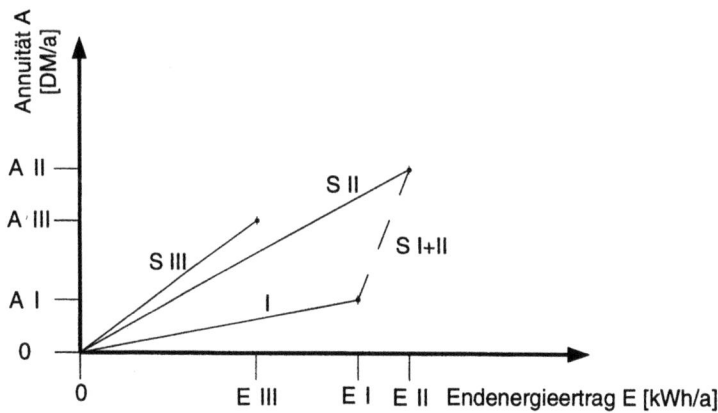

Abb. 2.3. Kostenfunktionen dreier erneuerbarer Energieträger (Beispiel)

In der ersten Ausbaustufe wird bis zum Energieniveau EI das System SI ausgebaut; die nächste Stufe wird nun durch die modifizierten Grenzkosten des Systems SII (Steigung der gestrichelten Linie in Abbildung 2.3 mit dem System SIII (flächenextensiv) gegenübergestellt. Dadurch, daß SIII nun über die niedrigsten Grenzkosten verfügt, wird bis zum Energieniveau EI und EIII das System SIII ausgebaut. Erst danach erfolgt der Abbau von SI und gleichzeitig damit verbunden der Aufbau von SII. Abbildung 2.4 veranschaulicht das Ergebnis des Ausbauzustandes.

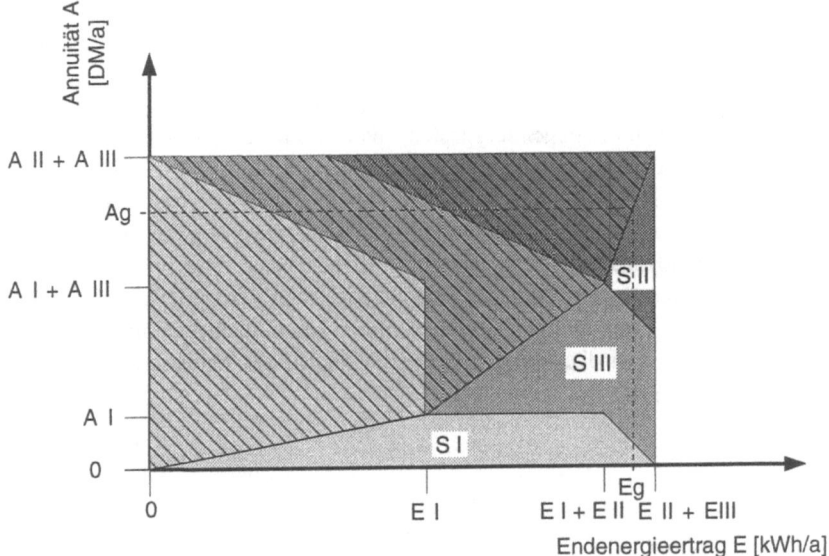

Abb. 2.4. Ausbaustufen erneuerbarer Energieträger (Beispiel)

Neben dem Endenergiebeitrag (ausgebracht in Form des Deckungsgrads oder in absoluter Höhe [beispielsweise in Mio kWh/a]) und der dafür annuitätisch aufzubringenden Geldmenge können die Kombinationen der erneuerbaren Energieträger mit ihren Einzelenergiebeiträgen und -kosten aus der Abbildung 2.4 entnommen und durch Quotientenbildung auch die modifizierten Energiegestehungskosten ermittelt werden.

Soll beispielsweise eine Energiemenge über erneuerbare Energieträger zur Verfügung gestellt werden, so müßte dafür mindestens ein annuitätischer Betrag von Ag aufgewendet werden. Der Energieertrag bzw. die nominalen Jahreskosten der einzelnen Energieträger (Biomasse, Solarthermie, Klärschlamm) wird durch die gestrichelte Linie parallel zur Abszisse (Energieanteile) bzw. durch die Parallele zur Ordinate (Annuitätenanteile) dargestellt.

2.3 Finanzierungsinstrumentarien

In der vorliegenden Untersuchung sollen nicht nur die positiven Bruttobeschäftigungseffekte eines Ausbaus neuer Energiesysteme in Nordrhein-Westfalen quantifiziert, sondern auch die negativen Arbeitsmarkteffekte infolge einer notwendigen Rückfinanzierung bzw. einer Substitution fossiler durch regenerative Energieträger berücksichtigt werden. Insbesondere dieser Aspekt wurde in vielen anderen Forschungsvorhaben und Studien nur in geringem Umfang behandelt, so daß die realen volkswirtschaftlichen Effekte im Hiblick auf Beschäftigungsauswirkungen nur ungenügend abgeschätzt werden konnten. Hierfür werden zunächst die zugrunde gelegten Instrumentarien vorgestellt und hinsichtlich ihres möglichen Finanzvolumens eingeordnet. Um auch finanziell einen Anreiz für einen Einsatz neuer Energiesysteme zu schaffen, werden zur Finanzierung eines Umbaus der Energieversorgungsstruktur in Nordrhein-Westfalen ausschließlich Instrumentarien aus dem Bereich der konventionellen Energiewirtschaft betrachtet.

2.3.1 Kürzung der Steinkohlesubventionen

Aufgrund der ungünstigen geologischen Randbedingungen sind die Förderkosten für Steinkohle in Deutschland sehr hoch. Sie betragen derzeit etwa 280 DM/t und liegen damit ca. 200 DM/t über dem Weltmarktpreis [53]. Die Unternehmen des deutschen Steinkohlenbergbaus sind daher seit 1960 von der Gewährung finanzieller Hilfen aus den öffentlichen Haushalten und von flankierenden Maßnahmen im Verstromungsbereich abhängig. Dies wird trotz erfolgreicher Rationalisierungsmaßnahmen und Produktivitätssteigerungen so lange der Fall bleiben, bis es durch eine Krise oder Verknappung zu deutlichen Preissteigerungen auf den Weltenergiemärkten kommt. Die schlechte Wettbewerbssituation für den deutschen Steinkohlebergbau wurde durch den zunehmenden Dollarverfall gegenüber der DM im Laufe der letzten Jahre noch verstärkt.

Derzeit wird jeder Arbeitsplatz im deutschen Steinkohlebergbau mit ca. 100.000 DM/a subventioniert, wobei sich die Gesamtsubventionen auf eine Höhe von rund 9 Mrd. DM belaufen [54]. Das von Seiten der Steinkohlewirtschaft am häufigsten angeführte Argument ist die Versorgungssicherheit. Ebenso wie die Industriegewerkschaft Bergbau hält sie es für unverzichtbar, eine bestimmte Kohlenfördermenge in Deutschland langfristig politisch zu garantieren, da einerseits eine sichere Elektrizitätsversorgung der Bundesrepublik Deutschland einen ausgewogenen Einsatz der Primärenergieträger und damit auch einen Einsatz von Steinkohle erfordert und andererseits der unter marktwirtschaftlichen Bedingungen erforderliche Arbeitsplatzabbau den davon betroffenen Problemregionen wegen ihres ohnehin schon angespannten Arbeitsmarktes nicht zugemutet werden kann.

Im Hinblick auf einen europäischen Binnenmarkt und der damit verbundenen Deregulierung im Energiesektor gilt eine national begrenzte Energievorsorge heutzutage jedoch als weitgehend überholt. Die bereits vor einigen Jahren begonnene

Schaffung eines gemeinsamen Energiemarktes erscheint viel geeigneter, Versorgungssicherheit zu gewährleisten [55]. Zudem hat die Bedeutung der Steinkohle im deutschen Energiemix insbesondere nach der deutschen Wiedervereinigung deutlich abgenommen, so daß der Anteil der Steinkohle am gesamten bundesdeutschen Primärenergieverbrauch im Jahr 1995 auf rund 14,5 % (alte Bundesländer: 16,5 %) zurückgegangen ist (1989: 19,2 %) [56].

Bei den Hilfen für den deutschen Steinkohlenbergbau handelt es sich um ausgesprochene Erhaltungssubventionen. Sie tragen lediglich dazu bei, eine überholte Wirtschaftsstruktur und nicht mehr wettbewerbsfähige Arbeitsplätze zu erhalten, und verzögern den gesamtwirtschaftlichen Strukturwandel. Es ist unfragwürdig, daß durch die gegenwärtig geleisteten Hilfen die allgemeine Wettbewerbssituation des deutschen Steinkohlenbergbaus nicht verbessert werden kann.

Das Argument der Beschäftigungssicherung, welche durch Kohlesubventionen gewährleistet würde, ist ebenfalls kritisch zu bewerten. Immerhin hat sich der Arbeitsplatzabbau seit der Wiedervereinigung deutlich beschleunigt. So hat sich die Zahl der im Steinkohlebergbau beschäftigten Arbeitnehmer von ca. 133.000 Personen im Jahr 1990 auf rund 88.000 Beschäftigte im Jahr 1996 verringert[1]. Eine teilweise und zweckgebundene Mittelverwendung der bundesdeutschen Steinkohlesubventionen ist im Hinblick auf diesen fortschreitenden Arbeitsplatzabbau im Steinkohlenbergbau nahezu unumgänglich und wurde insbesondere im Frühjahr 1997 in der Öffentlichkeit heftig diskutiert.

Im Zuge dieser Diskussionen hat die Bundesregierung im April 1997 beschlossen, die reinen Erhaltungssubventionen im Bereich des Steinkohlebergbaus (Verstromungs- und Kokskohlenbeihilfe) von derzeit rund 9 Mrd. DM/a bis zum Jahr 2005 auf ca. 3,8 Mrd. DM zu kürzen. Im Gegenzug hat sich die Landesregierung des Bundeslandes Nordrhein-Westfalen bereit erklärt, die Landessubventionen in diesem Bereich von rund 1 Mrd. DM/a auf 1,15 Mrd. DM/a aufzustocken, da immerhin rund 82 % der in der Bundesrepublik Deutschland im Kohlebergbau Beschäftigten in Nordrhein-Westfalen arbeiten[1]. Die durch die beschriebene Kürzung freiwerdenden finanziellen Mittel könnten gerade in den vom Steinkohlerückzug betroffenen Gebieten in Wachstumsbranchen investiert werden und dort zur Schaffung neuer Arbeitsplätze beitragen. Sinnvoll wäre eine zwecknahe Verwendung dieses Mittelaufkommens zum verstärkten Ausbau neuer Energiesysteme, d.h. zur verstärkten Nutzung regenerativer Energieträger, damit diese Subventionen im gleichen Bereich der Volkswirtschaft verbleiben. Die Höhe des auf Nordrhein-Westfalen entfallenden verfügbaren Mittelaufkommens, welches für eine Subventionierung neuer Energiesysteme Verwendung finden könnte, ist in Abbildung 2.5 dargestellt.

Um das in Abbildung 2.5 dargestellte, auf Nordrhein-Westfalen entfallende (ca. 85 %), finanzielle Mittelaufkommen einer Rückführung der Kohlesubventionen abschätzen zu können, werden einerseits die aktuelle Kürzungspolitik der Bundes-

---

[1] Telefonische Auskunft: Herr Groß, Statistisches Bundesamt Wiesbaden, 12.08.1997.

2.3 Finanzierungsinstrumentarien

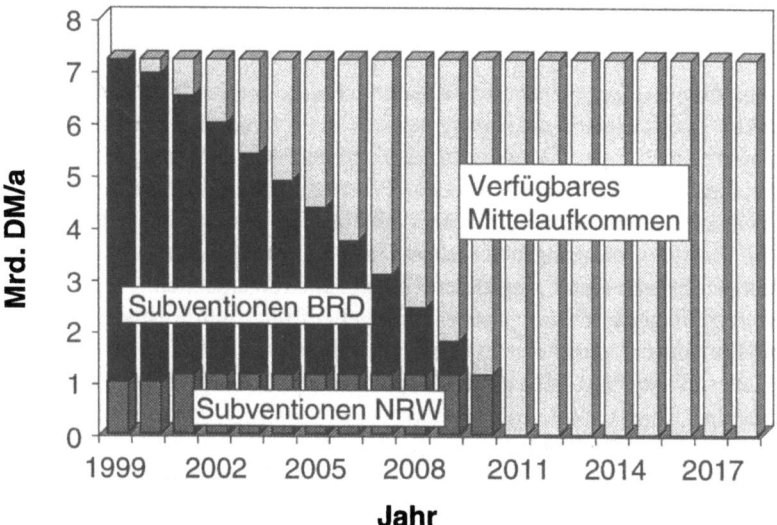

Abb. 2.5. Mögliche Rückführung der auf Nordrhein-Westfalen entfallenden Steinkohlesubventionen

regierung bzw. Landesregierung, andererseits aber auch weitergehende Subventionskürzungen berücksichtigt. In der vorliegenden Untersuchung wird davon ausgegangen, daß auch die für das Jahr 2005 von der Bundesregierung zugesicherten Subventionen in Höhe von rund 3,8 Mrd. DM (im Zeitraum von 1997–2005 werden die Subventionen stetig verringert) bis zum Jahr 2010 in einem linearen Prozeß eingestellt werden (vgl. dazu auch [57]).

Die Differenz zwischen den auf Nordrhein-Westfalen im Jahr 1999 entfallenden Subventionen (rund 7,3 Mrd. DM) und der im jeweiligen Jahr zugesicherten (1999–2005) oder anzunehmenden Förderung (2005– ?) ist in Abbildung 2.5 als verfügbares Mittelaufkommen gekennzeichnet und steht in der vorliegenden Untersuchung für eine Gegenfinanzierung des vorgesehenen Umbaus der Energieversorgungsstruktur in Nordrhein-Westfalen zur Verfügung. Inwieweit eine Übertragung dieser Mittel zur Finanzierung neuer Energiesysteme rechtlich haltbar ist, bleibt bis auf weiteres unklar. Es wird hier jedoch angenommen, daß eine Umschichtung der Kohlesubventionen als ein Teil des politischen Energiekonsenses möglich wird. So lassen sich für einen verstärkten Ausbau neuer Energiesysteme in Nordrhein-Westfalen ab dem Jahr 2000 stetig steigende Finanzmittel bereitstellen, welche ab dem Jahr 2010 in einer Höhe von rund 7,3 Mrd. DM/a zur Verfügung ständen.

2.3.2
Erhöhung der Stromtarife

Die Stromtarife in Deutschland sind regional sehr unterschiedlich gestaltet. Die Tarifstruktur in der Elektrizitätsversorgung ist abhängig von der Abnahmemenge, der Stromart (Niedrig- bzw. Mittellaststrom) und dem Kundenbereich. Dabei wird zwischen Industrie- und Gewerbekunden, Privathaushalten und landwirtschaftlichen Abnehmern unterschieden. Die individuelle Tarifstruktur hängt dabei vom jeweiligen Energieversorgungsunternehmen ab. Sie unterscheidet sich zwischen verschiedenen Energieversorgungsunternehmen zum Teil erheblich.

Zur Bereitstellung ausreichend hoher finanzieller Mittel zum Ausbau einer regenerativen Energieversorgung werden mögliche Stromtariferhöhungen in die vorliegende Untersuchung mit einbezogen. Dabei hat eine Erhöhung der Stromtarife einen ähnlichen Charakter wie eine allgemeine Energiesteuer, da Strom als wichtigste Sekundärenergie alle Abnehmergruppen gleichermaßen erreichen würde. Der Vorteil besteht jedoch darin, daß an ein bereits bestehendes Instrumentarium angeknüpft werden kann. Die Einführung eines völlig neuen Instrumentariums, wie es die Energiesteuer darstellt, wird dabei umgangen.

Bei der Einbeziehung einer Stromtarifanhebung zugunsten einer Förderung regenerativer Energieträger ist die Bedeutung der Stromtarife für die bundesdeutsche Industrie, insbesondere der stromintensiven Branchen, zu berücksichtigen. Die deutschen Industriestrompreise stehen nämlich seit Jahren mit rund 15,3 Pf/kWh an der Spitze der europäischen Strompreise (zum Vergleich: Dänemark rund 8,9 Pf/kWh) [58]. Eine weitere Erhöhung der Stromtarife zur Finanzierung regenerativer Energieversorgungssysteme würde die Wettbewerbsfähigkeit der deutschen Industrie zunehmend in Frage stellen und den Standort Deutschland gefährden.

Darüber hinaus ist zu berücksichtigen, daß in den letzten 40 Jahren eine kontinuierliche Steigerung der Energieeffizienz in der Industrie stattgefunden hat. Da die Industrie ihre Selbstverpflichtungserklärung, die Energieeffizienz weiter zu steigern und somit ihre CO_2-Emissionen auch zukünftig deutlich zu senken, mit einer Forderung auf Verzicht einer Energiesteuer verknüpft. Auch in Hinsicht auf die anstehende Deregulierung des Energiemarktes sollte eine Tarifanhebung für Industriestrom nur sehr gering ausfallen, so daß dieses Finanzierungsinstrumentarium entweder nur in Kombination mit anderen oder nur im Falle eines vergleichsweise niedrigen jährlichen Finanzbedarfs (d.h. geringen CO_2-Reduktionen) angewendet werden sollte.

Eine mögliche Erhöhung der Strompreise im Privatbereich erscheint praktikabler als eine entsprechende Anhebung für industrielle Großabnehmer, da die Möglichkeiten einer Steigerung der Energieeffizienz in den privaten Haushalten wesentlich größer sind, als in der industriellen Produktion. Insbesondere durch eine weitere Modernisierung des Bestandes an Haushaltsgeräten und im Bereich der Raumbeleuchtung ist ein erhebliches Potential zur Stromeinsparung gegeben, so daß höhere Stromtarife leichter aufgefangen werden könnten. Auch ist zu beachten, daß die Kostenverursachung für die Verteilung und Bereitstellung elektrischer Energie bei einer regenerativen Energieerzeugung vor allem bei den privaten Haushalten liegt, so daß eine stärkere Anhebung der Stromtarife dieser Abnehmergruppe nur sinnvoll wäre.

Bei der Abschätzung eines evtl. verfügbaren jährlichen Finanzmittelaufkommens infolge einer Anhebung der Stromtarife für Privatkunden einerseits und Industrieabnehmer andererseits ist zunächst die Verbrauchsstruktur elektrischer Endenergie zu berücksichtigen. Es zeigt sich, daß in Nordrhein-Westfalen ca. 50 % der im Jahr 1995 insgesamt verbrauchten 127,3 Mrd. kWh elektrischen Endenergie in Industriebetrieben und bei Kleinverbrauchern eingesetzt werden, während rund 47,8 % den Privathaushalten und lediglich rund 2,2 % dem Verkehrssektor zuzuordnen sind [59]. Dabei betrug die mittlere Steigerungsrate bezüglich des Gesamtverbrauchs in den letzten Jahren rund 1 %/a.

Aufgrund der vorangegangenen Überlegungen sollte eine Erhöhung der im Industriebereich angesetzten Stromtarife wesentlich geringer ausfallen als die Anhebung der Strompreise für Privathaushalte. Wird diesbezüglich, unter Berücksichtigung der o.a. jährlichen Steigerungsrate des Gesamtverbrauchs elektrischer Endenergie, beispielhaft eine Erhöhung der spezifischen Stromtarife um 10 %, d.h. für Industriekunden um rund 1 Pf/kWh bzw. für Privatkunden um 2,5 Pf/kWh, angesetzt, ließen sich für einen geplanten Ausbau neuer Energiesysteme allein in Nordrhein-Westfalen durchschnittlich über den Ausbauzeitraum von 20 Jahren rund 700 Mio. DM/a bzw. 1,7 Mrd. DM/a, d.h. insgesamt ca. 2,4 Mrd. DM/a, zur Verfügung stellen.

2.3.3
Erhebung einer Energiesteuer

Die Erhebung einer allgemeinen Energiesteuer befindet sich z.Z. in einer breiten öffentlichen und politischen Diskussion. Dabei werden in den meisten Fällen allgemeine umweltpolitisch motivierte Veränderungen diskutiert, ohne daß diese in ausreichendem Maße voneinander abgegrenzt werden, wie z.B. Ökosteuer, CO_2-Steuer oder ökologische Steuerreform.

Da mit den in der vorliegenden Analyse vorgeschlagenen Maßnahmen der Ausbau regenerativer Energieversorgungsstrukturen in Nordrhein-Westfalen finanziert werden soll, bietet sich als zieladäquate Finanzierungsmöglichkeit die Erhebung einer Energiesteuer an. Diese hätte zunächst lediglich reinen Finanzierungscharakter, in der Praxis würde sie jedoch auch eine Lenkungswirkung beim privaten Verbraucher zeigen, da er sich durch den Einsatz regenerativer Energieträger nicht nur umweltbewußt verhalten würde, sondern hierdurch zusätzlich Steuern sparen könnte.

Die im Rahmen der in der Öffentlichkeit diskutierten Vorschläge zur Einführung einer Energiesteuer sollen in der Regel zunächst nicht dazu dienen, zusätzliche Einnahmen für den Staat zu erzielen. Vielmehr soll das zusätzliche Mittelaufkommen durch geeignete Kompensationsmaßnahmen aufkommensneutral an die Unternehmen und Privathaushalte zurückerstattet werden. Mit den vorgeschlagenen Maßnahmen soll insbesondere eine verstärkte Lenkungswirkung zu energieeffizienteren Technologien erreicht werden. Darüber hinaus soll der Kostenfaktor Arbeit dauerhaft verbilligt und statt dessen der Faktor Energie verteuert werden. Als Zusatzeffekt der Verbilligung des Faktors Arbeit wird eine positive Beschäftigungsentwicklung erwartet.

Auch die vom Deutschen Institut für Wirtschaftsforschung (DIW) im Auftrag von Greenpeace e.V. erarbeiteten Studie über die wirtschaftlichen Auswirkungen einer ökologischen Steuerreform stellt die Energiesteuer als das zentrale Instrumentarium für eine geplante Umsetzung dar [60]. In der Studie ist die Energiesteuer als Mengensteuer konzipiert, welche sämtliche steuerpflichtigen Energieträger einem einheitlichen Steuersatz unterzieht. Bereits bestehende Steuern und sonstige Abgaben, denen die steuerpflichtigen Energieträger bereits unterliegen, z.B. Mineralölsteuer, bleiben bestehen. Bei den steuerpflichtigen Sekundärenergieträgern (Elektrizität, Mineralölprodukte) wird ein besonderer Steuersatz vorgeschlagen, der sich an der durchschnittlichen Energiesteuerbelastung der im Inland hergestellten Sekundärenergieträger orientiert. Die geplante Energiesteuer wird in dieser Studie als progressive, jährlich um konstant 7 % steigende Energiesteuer konzipiert, wobei diese Energiesteuer auf einen gemittelten Grundpreis für Primärenergie von derzeit 9 DM/GJ (ohne Verbrauchssteuern, Umwandlungsverlusten und Handelsspannen) berechnet wird.

In Anlehnung an diesen Vorschlag wird auch für die vorliegende Analyse die Erhebung einer Energiesteuer vorgesehen. Da in dieser Untersuchung jedoch davon ausgegangen wird, daß die Energiesteuer als Instrument zur Rückfinanzierung neuer Energiesysteme eingesetzt wird, muß auf die „Aufkommensneutralität" verzichtet werden. Hieraus folgt, daß die bundesdeutsche Industrie bzw. die Privathaushalte durch die Erhebung der Energiesteuer direkt finanziell belastet werden, so daß die jährliche Steigerungsrate in jedem Fall geringer als in der o.a. Studie anzusetzen ist.

Zur Abschätzung des durch die Einführung einer Energiesteuer freiwerdenen Mittelaufkommens wird zunächst von der zu erwartenden Energieverbrauchsentwicklung für die Bundesrepublik Deutschland ausgegangen [61]. Da sich der Energieverbrauch in den letzten Jahren infolge der Steigerung der industriellen Energieeffizienz sowie der Auslagerung energieintensiver Branchen zunehmend von der Entwicklung des Bruttosozialprodukts entkoppelt hat, gestaltet sich die Abschätzung einer zukünftigen Energieverbrauchsentwicklung insbesondere bei der Berücksichtigung einer zukünftigen Energiesteuer auf fossile bzw. konventionelle Energieträger recht problematisch.

Eine von der Prognos AG erarbeitete Referenzentwicklung ohne ökologische Steuerreform berücksichtigt die Einführung einer Energiesteuer mit einem maximalen Hebesatz innerhalb von 20 Jahren von 20 % des Grundpreises, d.h. rund 1,80 DM/GJ. Liegt die Erhöhung der Energiepreise darüber, würde sich der Energieverbrauch weiter reduzieren. Diese Reduzierung ist für den vom DIW propagierten Fall einer 15jährigen Anhebung des Steuersatzes um jährlich 7 % mit aufkommensneutraler Kompensation der Steuereinnahmen quantifiziert worden. Die zugehörigen

Verbrauchsentwicklungen und eine Abschätzung der für verschiedene Steuersätze auf Nordrhein-Westfalen entfallenden Steuereinnahmen ist in Abbildung 2.6 dargestellt.

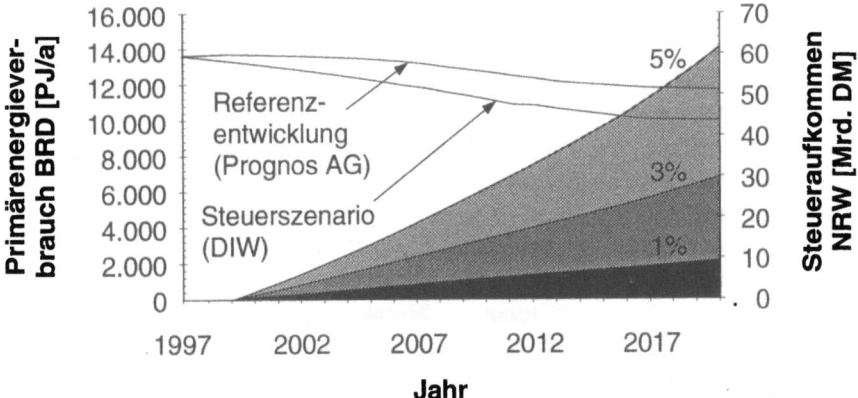

Abb. 2.6. Mögliche Verbrauchsentwicklung konventioneller Primärenergie und resultierendes Energiesteueraufkommen im Bundesland Nordrhein-Westfalen [60, 61]

Aus Abbildung 2.6 wird deutlich, daß beide zugrunde gelegten Szenarien von einem zukünftig sinkenden Energieverbrauch ausgehen. Während die Prognos AG von einem Rückgang des Energieverbrauchs von rund 13.700 PJ im Jahr 1995 auf rund 12.000 PJ im Jahr 2010 ausgeht, sieht das DIW ein Absinken des bundesdeutschen Primärenergieverbrauchs infolge der Erhebung einer Energiesteuer auf konventionelle Energieträger in demselben Zeitraum auf rund 10.500 PJ. Da in der vorliegenden Untersuchung zwar davon ausgegangen wird, daß eine jährlich steigende Energiesteuer erhoben wird, diese aber infolge der fehlenden Rückerstattung an die Industrie und die Privathaushalte bei weitem nicht 7 %/a betragen sollte (vgl. DIW-Szenario), wird von einer Energieverbrauchsentwicklung ausgegangen, welche zwischen den beiden in Abbildung 2.6 dargestellten Entwicklungen liegt.

Eine derartige Entwicklung vorausgesetzt, läßt sich für den angenommenen Ausbauzeitraum von 20 Jahren das auf Nordrhein-Westfalen entfallende Steueraufkommen abschätzen. Hierfür muß jedoch zunächst der auf Nordrhein-Westfalen entfallende Anteil am gesamtdeutschen Energieverbrauch abgeschätzt werden. Im Jahr 1994 betrug dieser Anteil rund 26,1 %, wobei der Anteil Nordrhein-Westfalens am Primärenergieverbrauch bei rund 28,3 % und bezüglich der auftretenden Umwandlungsverluste, nichtenergetischen Verbräuchen und statistischen Differenzen zu rund 31,5 % abgeschätzt werden kann [61]. Über die Annahme konstant bleibender Energieverbrauchsanteile hinaus ist zur Abschätzung eines für Nordrhein-Westfalen zu erwartenden Mittelaufkommens aus einer Energiesteuer auf fossile Energieträger zudem der verstärkte Einsatz erneuerbarer Energieträger während des Umbauzeitraumes zu berücksichtigen.

Dem wachsenden Einsatz nicht besteuerbarer erneuerbarer Energieträger wird bei der Abschätzung des Mittelaufkommens insofern Rechnung getragen, daß der im jeweiligen Jahr angenommene Primärenergieverbrauch, der mit dem vorgesehenen Steuersatz beaufschlagt werden soll, um den jeweils regenerativ erzeugten Anteil vermindert wird, welcher aus dem Ausbaugrad der einzelnen betrachteten Energiesysteme resultiert. Dabei wird hinsichtlich der unterschiedenen Anlagentypen sowohl die Art der substituierten Primärenergie, als auch die jährlich unterschiedlich wachsende Anlagenzahl berücksichtigt.

Auf der Basis dieser Annahmen zum besteuerbaren Primärenergieverbrauch in Nordrhein-Westfalen kann nun mit der Annahme verschiedener Steuersätze die Größenordnung des Finanzmittelaufkommens abgeschätzt werden, welcher zur Förderung des Ausbaus neuer Energiesysteme zur Verfügung gestellt werden könnte. Aus Abbildung 2.6 wird deutlich, daß zur ersten Abschätzung beispielhaft die Steuersätze 1 %/a, 3 %/a und 5 %/a betrachtet wurden. Es wird ersichtlich, daß das auf Nordrhein-Westfalen entfallende Mittelaufkommen innerhalb eines Zeitraumes von 20 Jahren bei diesen jährlich steigenden Steuersätzen zu einem voraussichtlichen Finanzvolumen in Höhe von ca. 8 Mrd. DM/a, ca. 30 Mrd. DM/a bzw. ca. 61 Mrd. DM/a führt.

Welche Steuersätze in den beiden betrachteten Ausbauszenarien wirklich für verschiedene CO_2-Reduktionsstrategien zugrunde gelegt werden, ist jedoch erst nach einer Abschätzung des tatsächlichen Finanzbedarfs möglich. Auf der Basis der notwendigen Gesamtinvestitionen für den Ausbau neuer Energiesysteme in Nordrhein-Westfalen ist hierzu zunächst der Anteil abzuschätzen, der einerseits von den Betreibern der Anlagen selbst zu tragen ist (wirtschaftlicher Kostenanteil) und andererseits als Zuschuß vom Land Nordrhein-Westfalen bereitzustellen ist (unwirtschaftlicher Kostenanteil).

2.4
Modell zur Quantifizierung sektoriell disaggregierter Beschäftigungseffekte

Für die Umrechnung der zu berechnenden Kapitalflüsse, welche aus den Investitions- und Betriebskosten einer konsequenten Nutzung regenerativer Energieträger in Nordrhein-Westfalen resultieren, in zu erwartende Beschäftigungseffekte in der Bundesrepublik Deutschland, wird auf eine modifizierte Input-Output-Analyse auf der Basis eines statisch offenen Mengenmodells zurückgegriffen. Dabei basiert diese Analyse auf einer disaggregierten Input-Output-Tabelle, welche die Verflechtungen zwischen 58 verschiedenen Sektoren in der Bundesrepublik Deutschland widerspiegelt. Zusätzlich berücksichtigt das Modell Beschäftigungseffekte infolge eines erhöhten Volkseinkommens und die zukünftig zu erwartende Veränderung der sektoriellen Arbeitsproduktivitäten. Das verwendete Modell wird im folgenden vorgestellt.

2.4.1
Charakterisierung des Modells

Bei der vorgesehenen Quantifizierung der volkswirtschaftlichen Auswirkungen eines verstärkten Ausbaus neuer Energiesysteme wird auf ein statisches Input-Output-Modell zurückgegriffen, obwohl die Investitionen über einen Zeitraum von 20 Jahren ausgelegt sind. Kernpunkt dieser Input-Output-Analyse ist eine Input-Output-Tabelle aus dem Jahr 1990 des Statistischen Bundesamtes [62]. Dabei wird angenommen, daß sich die Wirtschaftsstruktur im betrachteten Zeitraum nicht ändert, also quasi auf dem Stand von 1990 „eingefroren" wird.

Da im Modell die Zeit somit nicht explizit berücksichtigt wird, würden lediglich Stromgrößen mit der Dimension „pro Zeiteinheit" auftreten. Ohne eine dynamische Angleichung der Investitionen bzw. eine Anpassung der Inputkoeffizienten über den geplanten Investitionszeitraum würde somit auf die Abbildung der zeitlichen Abfolge des Wirtschaftsprozesses verzichtet, und es ließe sich auch nichts über die zeitliche Entwicklung der Variablen von ihren Ausgangs- zu ihren Endwerten während einer Zeitperiode sagen.

Für die Analyse der Beschäftigungseffekte wird über den Zeitraum von 20 Jahren eine Endnachfrage nach Gütern und Dienstleistungen bestimmter Wirtschaftssektoren vorgegeben. Da die absolute Nachfragehöhe zwar über den Untersuchungszeitraum variiert, sie aber nicht endogen mit anderen Größen des Modells verknüpft ist, wird ein offenes Input-Output-Modell gewählt, bei welchem die Endnachfrage vollständig exogen vorgegeben ist. Schließlich wird für die vorliegende Untersuchung eine Input-Output-Analyse auf der Basis eines Mengenmodells gewählt, da die direkten und indirekten Auswirkungen von exogenen Nachfrageveränderungen nach Gütern für die letzte Verwendung analysiert werden sollen. Während beim Preismodell lediglich Auswirkungen hypothetischer Preisveränderungen abgeschätzt werden können, ist beim Mengenmodell die Berechnung von Produktionsänderungen bzw. Beschäftigungseffekten infolge einer veränderten Endnachfrage möglich, indem die ermittelten Wertegrößen als fiktive Mengengrößen aufgefaßt werden [63].

Bevor das im Rahmen der Untersuchung verwendete statisch offene Mengenmodell der Input-Output-Analyse vorgestellt wird, sind zunächst wichtige Annahmen bzw. Voraussetzungen zu treffen, die für eine mathematische Umsetzung des Modells notwendig sind [64–65].

1. Die Investitions- und Endnachfrageänderungen bewirken keine wesentlichen Verschiebungen in den Produktions- und Verwendungsstrukturen der Volkswirtschaft.

    → Die Verflechtungsbeziehungen der Input-Output-Tabelle (Input-Output-Koeffizienten) ändern sich infolge des angenommenen Nachfrageanstoßes nicht (Konstanz der Koeffizienten).

2. Die Unternehmen haben keine Lagerhaltung.

→ Sämtliche Veränderungen der Endnachfrage führen zu Produktionsänderungen.

3. Veränderungen der Endnachfrage und der Investitionstätigkeit führen vorerst nicht zu Preisänderungen und somit nicht zu Änderungen in den Wirtschaftsverflechtungen. Mögliche Kostenreduktionen werden exogen vorgegeben und in die Endnachfrage eingerechnet.

4. Die Höhe der Produktion wird nicht durch Kapazitätsgrenzen beschränkt. Vorhandene Engpässe bezüglich der Fertigungskapazitäten werden exogen in die Endnachfrage eingerechnet.

5. Bei den Produzenten bestehen keine Überkapazitäten.

→ Sämtliche Produktionswirkungen werden in Beschäftigungseffekte umgesetzt.

6. Die Wirkung des Beschäftigungseffektes einer gesteigerten Endnachfrage in der Input-Output-Analyse erstreckt sich über die Dauer der Nachfrage.

7. Die unterstellte Konstanz der Wirtschaftsstruktur führt zur Nicht-Berücksichtigung des technischen Fortschritts.

→ Zukünftige sektorielle Produktivitätssteigerungen (Arbeitsproduktivität) werden im Modell über Beschäftigungskoeffizienten berücksichtigt.

Mit den o.a. Annahmen läßt sich nun eine Abschätzung der direkten und indirekten Produktions- bzw. Beschäftigungswirkungen auf der Basis einer Input-Output-Analyse durchführen. Im folgenden wird das mathematische Gerüst bzw. das benutzte Modell der Input-Output-Analyse vorgestellt.

2.4.2
Mathematisches Modell

Die Input-Output-Analyse stellt eine einfache Möglichkeit dar, volkswirtschaftliche Auswirkungen einer exogen vorgegebenen Endnachfrageveränderung zu quantifizieren. Dabei können mit Hilfe dieses Verfahrens nicht nur die direkten Veränderungen im Bereich der Produktion infolge der eigentlichen Endnachfrage, sondern auch die indirekten Produktionseffekte aufgrund der zusätzlich notwendigen Vorleistungslieferungen abgeschätzt werden. Weiterhin besteht die Möglichkeit, das Modell problemspezifisch zu modifizieren bzw. zu erweitern, so daß auch weiterführende Aussagen insbesondere hinsichtlich kumulierter Stoff- und Energieströme bzw. resultierender Beschäftigungseffekte möglich werden.

Im vorliegenden Modell wird das Analyseverfahren insbesondere mit Hilfe der sogenannten Beschäftigungskoeffizienten (Kehrwerte der sektoriellen Arbeitsproduktivitäten) angepaßt, um die berechneten direkten und indirekten Produktionsveränderungen branchenspezifisch in Arbeitsmarkteffekte umrechnen zu können.

2.4 Quantifizierungsmodell

Weiterhin wird das verwendete Modell einerseits um den sogenannten „Keynes'schen Einkommensmultiplikator" erweitert, um auch mögliche Beschäftigungseffekte aufgrund eines gestiegenen Volkseinkommens zu erfassen, und andererseits mit Hilfe der Annahme möglicher Produktivitätsentwicklungen modifiziert, um einen zukünftigen technischen Fortschritt berücksichtigen zu können.

Das Kernstück der modifizierten Input-Output-Analyse ist eine nach 58 Wirtschaftszweigen unterteilte Input-Output-Koeffizienten-Tabelle A des Statistischen Bundesamtes, die – in Form von Koeffizienten – in ihren Zeilen den wertmäßigen Output der einzelnen Sektoren an alle anderen und in ihren Spalten den entsprechenden Input der Sektoren von allen Sektoren widerspiegelt [62]. Wird angenommen, daß die zur Produktion eingesetzten Vorleistungen proportional zu der Output-Menge sind, kann mit der Kenntnis der aus dem Wirtschaftsprozeß ausscheidenden Endnachfrage y und der sektoriellen Gesamtproduktionswerte x die grundlegende Bestimmungsgleichung (Matrixschreibweise) definiert werden:

$$A \cdot x + y = x \qquad (2.1)$$

Mit Hilfe der Einheitsmatrix I läßt sich Gleichung 2.1 umformen zu:

$$x = (I - A)^{-1} \cdot y \qquad (2.2)$$

Auf Basis von Gleichung 2.2 ist es möglich, nicht nur die direkten Produktionseffekte einer gegebenen Nachfrageveränderung, sondern auch die für diese Produktion notwendigen kumulierten Vorleistungslieferungen zu berechnen. Mathematisch wird die Berücksichtigung sämtlicher vorgelagerter Produktionseffekte mit der sogenannten „Leontief-Inverse" $(I - A)^{-1}$ erreicht. In einem weiteren Schritt läßt sich dieses Modell derart modifizieren, daß die zusätzlichen Produktionswirkungen abgeschätzt werden, die sich infolge eines gestiegenen Volkseinkommens und des damit verbundenen höheren Konsums der privaten Haushalte ergeben. Hierfür ist die Erweiterung des in Gleichung 2.1 dargestellten Modells um den sogenannten „Keynes'schen Einkommensmultiplikator" und die Definition einer sogenannten „Matrix der Verbrauchsmultiplikatoren" R notwendig.

Der Einkommensmultiplikator impliziert, daß die für die Produktion von Gütern und Dienstleistungen notwendigen primären Inputs (z.B. Löhne und Gehälter) zu einem bestimmten Teil (Konsumquote) wieder in Nachfrage umgesetzt werden und unter Berücksichtigung der durchschnittlichen sektoriellen Verbrauchsstruktur wiederum zu einer gesteigerten Produktion führen. Zur mathematischen Formulierung dieses Einkommensmultiplikators ist die Kenntnis der sektoriellen Verbrauchsstruktur der privaten Haushalte w_1 [66] und der durchschnittlichen Konsumquoten w_2, die den Anteil der in jeder Multiplikatorrunde für den Verbrauch verausgabten Bruttoeinkommen aus unselbständiger Arbeit sowie aus Unternehmertätigkeit und Vermögen angeben [67], sowie der Matrix der primären Inputs $A(P)$ [62] notwendig.

$$R = w_1 \cdot w_2 \cdot A(P) \cdot (I - A)^{-1} \qquad (2.3)$$

2 Theoretische Grundlagen und Randbedingungen

Mit der o.a. „Leontief-Inversen" $(I-A)^{-1}$ zur Berücksichtigung auch der vorgelagerten Vorleistungsproduktionen läßt sich nach Gleichung 2.3 eine Matrix R definieren, mit deren Hilfe sich ein endogener, nicht unabhängig vorgegebener Nachfrageanstoß Δy berechnen läßt, der wiederum Anstoß für weitere Produktionen gibt. Im folgenden werden dabei die durch die Beschäftigungseffekte induzierten und wieder für private Verbrauchszwecke verwendeten Einkommen mit den simultan wegfallenden Transferzahlungen (Arbeitslosengeld oder -hilfe) saldiert. Hierdurch werden die Brutto-Konsumquoten w_2 für die Arbeitnehmereinkommen von 52 % auf 32 % verringert, während für die Unternehmereinkommen keine Saldoeffekte angenommen werden, weil Ansprüche auf Lohnersatzleistungen nicht bestehen (Konsumquote 37 %) [67].

In Analogie zu Gleichung 2.2 läßt sich der in allen Multiplikatorrunden induzierte Konsum infolge der Erhöhung des Volkseinkommens Δy_K ausdrücken als:

$$\Delta y_K = (I-R)^{-1} \cdot \Delta y \qquad (2.4)$$

Werden schließlich beide Produktionseffekte miteinander kombiniert, lassen sich die insgesamt durch eine exogen vorgegebene Endnachfrage ausgelösten Produktionseffekte Δx nach Gleichung 2.5 berechnen:

$$\Delta x = (I-R)^{-1} \cdot (I-A)^{-1} \cdot \Delta y \qquad (2.5)$$

Mit der Kenntnis der exogenen Endnachfrageerhöhung Δy lassen sich mit Gleichung 2.5 die in allen Multiplikatorrunden ausgelösten Produktionseffekte berechnen, welche einerseits infolge der direkten Nachfrage und andererseits infolge der notwendigen Vorleistungslieferungen zur Befriedigung der insgesamt auftretenden Nachfrageerhöhung auftreten werden. Zur Abschätzung der aus diesen Produktionseffekten resultierenden Beschäftigungseffekte muß das o.a. Modell einer Input-Output-Analyse weiter modifiziert werden. Dabei ist darauf zu achten, daß auch bei der Umrechnung von Produktions- in Beschäftigungsauswirkungen die sektoriellen Unterschiede in gleicher Gliederungstiefe, welche der Input-Output-Koeffizienten-Tabelle zugrunde gelegt wurde, eingerechnet werden.

Zur Umrechnung der Produktions- in Beschäftigungseffekte wird auf sogenannte Arbeitskoeffizienten b_j zurückgegriffen, welche sich nach Gleichung 2.6 aus der in einem Sektor j beschäftigten Personenzahl B_j und dem in diesem Produktionssektor insgesamt erzielten Produktionsergebnis X_j berechnen lassen [62]. Mathematisch bilden diese Beschäftigungskoeffizienten den Kehrwert der branchenspezifischen Arbeitsproduktivitäten und weisen die Beschäftigtenzahl aus, welche zur Bereitstellung eines Produktionswertes bzw. einer Dienstleistung in Höhe von 1 Mio. DM benötigt werden:

$$b_j = B_j / X_j \qquad (2.6)$$

Die in Gleichung 2.6 definierten Beschäftigungskoeffizienten werden zur Verknüpfung mit den in Gleichung 2.5 angeführten Produktionseffekten in Matrixform angegeben, so daß durch Anordnung der einzelnen Elemente auf der Haupt-

2.4 Quantifizierungsmodell

diagonalen die Matrix D^L definiert werden kann. Mit der Multiplikation der berechneten Produktionseffekte mit dieser Matrix der Beschäftigungskoeffizienten lassen sich nun die Arbeitsmarktauswirkungen eines exogenen Endnachfrageanstoßes bestimmen.

Da die Matrix D^L jedoch per Definition die Arbeitsproduktivitätsverhältnisse des Erhebungsjahres (hier 1990) widerspiegelt, wird die Matrix der Beschäftigungskoeffizienten mit einer Matrix der mittleren Produktivitätsveränderungen Q im verwendeten Modell hinsichtlich der jährlichen Entwicklung der sektoriellen Arbeitsproduktivitäten angepaßt. Somit läßt sich in einem letzten Schritt die in Gleichung 2.5 dargestellte Berechnung der Produktionseffekte dahingehend erweitern, daß auch die resultierenden Beschäftigungseffekte abhängig von einem exogenen Endnachfrageanstoß Δy_J im Jahr J zu quantifizieren sind.

$$B_J = D^L \cdot Q \cdot (I-R)^{-1} \cdot (I-A)^{-1} \cdot \Delta y_J \qquad (2.7)$$

Die zur Angleichung der „Matrix der Beschäftigungskoeffizienten" D^L eingesetzte „Matrix der Arbeitsproduktivitätsveränderungen" Q spiegelt dabei auf ihrer Hauptdiagonalen die nach 58 Sektoren aufgeschlüsselten mittleren Arbeitsproduktivitätsveränderungen der Jahre 1990–1995 wider [66]. Um dabei kurzfristig hohe Veränderungen auszugleichen und um damit die Größen auch für einen längerfristigen Zeitraum von 20 Jahren anzupassen, wurde die mittlere jährliche Veränderung der Arbeitsproduktivität auf maximal +/- 4 %/a begrenzt.

Mit Gleichung 2.7 steht schließlich eine Berechnungsformel zur Verfügung, welche die Analyse jährlicher Beschäftigungseffekte eines vorgegebenen Endnachfrageanstoßes in der gleichen sektoriellen Gliederungstiefe zuläßt, in welcher auch die zugrunde liegende Input-Output-Tabelle vorgegeben wird. Infolge der sektoriellen Anpassung der Beschäftigungskoeffizienten über die jeweiligen mittleren Produktivitätsveränderungen lassen sich die berechneten Ergebnisse trotz des gewählten Modells einer statischen Input-Output-Analyse auch über einen angenommenen Zeitraum von 20 Jahren quantifizieren.

Dabei muß lediglich beachtet werden, daß die Struktur der Wirtschaftsverflechtungen als „eingefroren" auf dem Stand des Jahres 1990 betrachtet wird, so daß Veränderungen hinsichtlich der Input- und Outputströme zwischen einzelnen Wirtschaftsbereichen infolge sektorieller Verschiebungen im Modell nicht angepaßt werden. Als einzige veränderbare Größe ist in Gleichung 2.7 der Vektor der jährlichen Endnachfrage Δy_J abhängig vom Untersuchungsjahr vorzugeben, um die resultierenden Beschäftigungseffekte berechnen zu können.

Dabei müssen die Investitionen und Betriebskosten zunächst anhand von Kostenstrukturen auf die einzelnen Sektoren verteilt werden. Um zusätzlich nicht nur die positiven Beschäftigungseffekte infolge der Nachfrageerhöhung, sondern auch die negativen Arbeitsmarktauswirkungen aufgrund der notwendigen Rückfinanzierung bzw. der Substitution fossiler durch regenerative Energieträger ausweisen zu können, ist es weiterhin notwendig, die zu erwartenden negativen Kapitalflüsse zu bestimmen und ebenfalls in gleicher sektorieller Gliederungstiefe aufzuschlüsseln.

3 Kommunale Beiträge erneuerbarer Energien

Die Berechnungsvorschriften der möglichen Einzelbeiträge erneuerbarer Energieträger zur Energieversorgung (Kap. 2) sowie die Darstellung der Gleichungen zur Ermittlung ihrer ökonomisch und ökologisch (fixiert am Beispiel der CO_2-Emissionsreduktion) orientierten Kombinationen in Abhängigkeit des Deckungs- bzw. Substitutionsgrades ermöglichen eine Analyse einer möglicherweise zukünftigen Nutzung der unerschöpflichen Energien.

In den folgenden Kapiteln werden relevante Daten zur Berechnung der Potentiale und Kosten exemplarisch für das Bundesland Nordrhein-Westfalen dargestellt und erörtert. Dabei werden zunächst die solartechnisch nutzbaren Flächen quantifiziert und übergreifend diskutiert. Darauf aufbauend erfolgt die gemeindeweise Ausweisung der maximal möglichen Beiträge durch Nutzung der Energieträger Photovoltaik, Solarthermie, Wind und Biomasse, wobei deren relative Bedeutung zur Energieversorgung anhand ihrer Deckungsgrade diskutiert wird.

Die ökonomische und ökologische Kombination der genannten Energieträger wird anhand synthetischer Modellgemeinden mit ihren Spezifika (z.B. Endenergieverbrauch) aufgezeigt und erörtert. Dabei erfolgt zunächst eine kurze Erläuterung der Ergebnisse aus der Clusteranalyse, bevor die nordrhein-westfälischen Kommunen den einzelnen Modellgemeinden zugeordnet werden. Weiterhin erfolgt eine Quantifizierung der investiven und jahresfixen Aufwendungen sowie der nominalen Energiegestehungskosten erneuerbarer Energieträger für diese Gemeinden. Mit den spezifischen Aufwendungen und den maximal möglichen Beiträgen erneuerbarer Energieträger werden die kostenminimalen Ausbaustufen zur Integration von Photovoltaik, Solarthermie, Wind und Biomasse in den Modellgemeinden beschrieben und diskutiert.

3.1 Einzelpotentiale

3.1.1 Solartechnisch nutzbare Flächen

Die Ergebnisse der Flächenabschätzung bestimmen neben der Strahlungskartierung maßgeblich den möglichen Beitrag erneuerbarer Energiesysteme zur Energieversorgung. Mit den in Kapitel 2 dargestellten Berechnungsvorschriften und angesprochenen Statistiken wurden die solartechnisch nutzbaren Flächen gemeindeweise ermittelt.

3 Kommunale Beiträge erneuerbarer Energien

Es wurde angenommen, daß alle geneigten Dachflächen derjenigen Gebäude, deren Ausrichtung im Viertelkreis um die Südrichtung verteilt ist, solartechnisch nutzbar sind. Die auf diesen Flächen installierbaren Photovoltaik-Module bzw. solarthermischen Kollektoren sollten nicht aufgeständert sein. Die Dachnutzungsgrade, d.h. die Verminderung der Dachflächen durch Dachaufbauten wie Schornsteine usw. liegen durchgängig in allen Gebäudekategorien bei ca. 87 %. Im Bereich der Flachdachnutzung soll wie bei der Verwendung gebäudeungebundener Flächen eine Aufständerung der Module um 29° gegen Süden im Verhältnis Modulabstand zu -länge von 2:1 erfolgen.

Weiterhin wird ein Abzug aller genannten Flächen zur Begehbarkeit der solartechnischen Anlage von 10 % zugrunde gelegt. Unter diesen Restriktionen wird die solartechnisch nutzbare Fläche gemeindeweise berechnet und für Nordrhein-Westfalen aufsummiert (vgl. Tabelle 3.1).

Tabelle 3.1. Resultate aus der gemeindeweisen Flächenabschätzung

Solartechnisch nutzbare Modul- bzw. Kollektorfläche [km^2]				
Gebäudetyp	Flachdachfläche	Satteldachfläche	Wandfläche	Summe
Wohngebäude	24,71	76,00	96,12	196,83
Nichtwohngebäude	32,84	46,16	64,49	143,49
Solartechnisch nutzbare Modul- bzw. Kollektorfläche auf bebauungsuntergeordneten Flächen				22,15
Summe der solartechnisch nutzbaren gebäudegebundenen Modul- bzw. Kollektorfläche				362,47
Solartechnisch nutzbare gebäudeungebundene Modul- bzw. Kollektorfläche				663,61
Gesamtes solartechnisch nutzbares Modul- bzw. Kollektorflächenpotential				1.026,08
Fläche für Energieplantagen (Grundfläche)				2.699,48

Aus Tabelle 3.1 geht hervor, daß bei Ausschöpfung des gesamten Beitrags erneuerbarer Energieträger der Hauptteil (nämlich ca. 65 % ≈ 664 km^2) der Solarmodule oder -kollektoren auf gebäudeungebundenen Flächen installiert werden können. Dementsprechend stehen nur ca. 35 % (ca. 362 km^2) auf Dach-, Wand- und bebauungsuntergeordneten Flächen als Modul- oder Kollektorfläche zur Verfügung. Dabei nimmt die Wandfläche den größten Anteil ein. Fast die Hälfte aller auf gebäudeabhängigen Flächen installierbaren Module bzw. Kollektoren könnten an

3.1 Einzelpotentiale

Wänden, deren solare Ausbeute weitaus geringer ist als die anderer Flächen, angebracht werden.

Den Hauptanteil der gebäudeungebundenen Flächen stellt die Landwirtschaftsfläche dar. Für die Installation photovoltaischer oder solarthermischer Systeme wird ein Nutzungsanteil von 7 % angesetzt. Diese Annahme stellt eine konservative Abschätzung der solartechnisch verfügbaren Landwirtschaftsfläche dar, da als Folge weiterer Flächenstillegungspläne in absehbarer Zeit vermutlich deutlich größere Flächenanteile einer Non-Food-Nutzung zugeführt werden. Der Vergleich der möglichen Flächennutzung von rund 1.500 km^2 für Module bzw. Kollektoren (das entspricht einer Modulfläche von ca. 664 km^2) mit der derzeit schon stillgelegten Anbaufläche (ca. 380 km^2 in Nordrhein-Westfalen) macht deutlich, daß bei einer intensiven Flächenstillegung durch Schaffung alternativer An- oder Aufbauprodukte im Non-Food-Bereich größere Flächenpotentiale verfügbar wären, da die betroffenen Landwirte unter ungünstigen wirtschaftlichen Rahmenbedingungen bereits heute schon etwa 23 % der Grundfläche stillgelegt haben.

Alternativ zur zentralen Solarsysteminstallation steht der Anbau von Miscanthus. Hier wurde – in Anlehnung an den Vorschlag der Europäischen Gemeinschaft – von einer Bewirtschaftung von 15 % der Landwirtschaftsfläche, d.h. von ca. 2.700 km^2 ausgegangen.

3.1.2
Deckungsgrade erneuerbarer Energieträger

Durch die gemeindeweise Ausweisung der möglichen Beiträge erneuerbarer Energieträger zur Energieversorgung in Verbindung mit dem Endenergiebedarf wird die Bedeutung der photovoltaischen, solarthermischen, Windenergie und Biomasse nutzenden Energiesysteme besonders transparent, da eine Beurteilung eines Energiesystems sich nicht nur an ökonomischen oder ökologischen Aspekten, sondern auch an seiner Verfügbarkeit orientiert. Aus diesem Grund wurden hier die möglichen Endenergiedeckungsgrade (ohne Verkehr) der einzelnen erneuerbaren Energieträger gemeindeweise ausgewiesen und unter dem Gesichtspunkt Verfügbarkeit diskutiert.

3.1.2.1
Photovoltaik

Die aus Photovoltaikanlagen erzeugbare Endenergie beruht auf den nachfolgend vorgestellten Randbedingungen. Es wurde davon ausgegangen, daß aus Gründen möglichst niedriger Anfangsinvestitionen ausschließlich polykristalline Siliziumzellen Verwendung finden. Dabei wurde bei Gesamtwirkungsgraden der Photovoltaik-Module (inkl. der Verluste für Wechselrichter, Transformatoren, Verschaltung, Verschmutzung usw.) zwischen dezentralen und zentralen – aufgrund von Leitungsverlusten – Anlagen unterschieden. Weiterhin wurde bei der Berechnung des möglichen Beitrags durch Nutzung photovoltaischer Anlagen keine Begrenzung der photovoltaischen Einspeisemöglichkeit in das öffentliche Leitungsnetz (Netzpenetration) zugrunde gelegt. Bei der Betrachtung des Energiemixes wurde von einer

52 3 Kommunale Beiträge erneuerbarer Energien

Netzpenetrationsgrenze von 20 % ausgegangen. Die Abbildung 3.1 zeigt für die Gemeinden Nordrhein-Westfalens den Endenergiedeckungsgrad (ohne Berücksichtigung der Energieaufwendungen für den Sektor Verkehr) durch photovoltaische Anlagen.

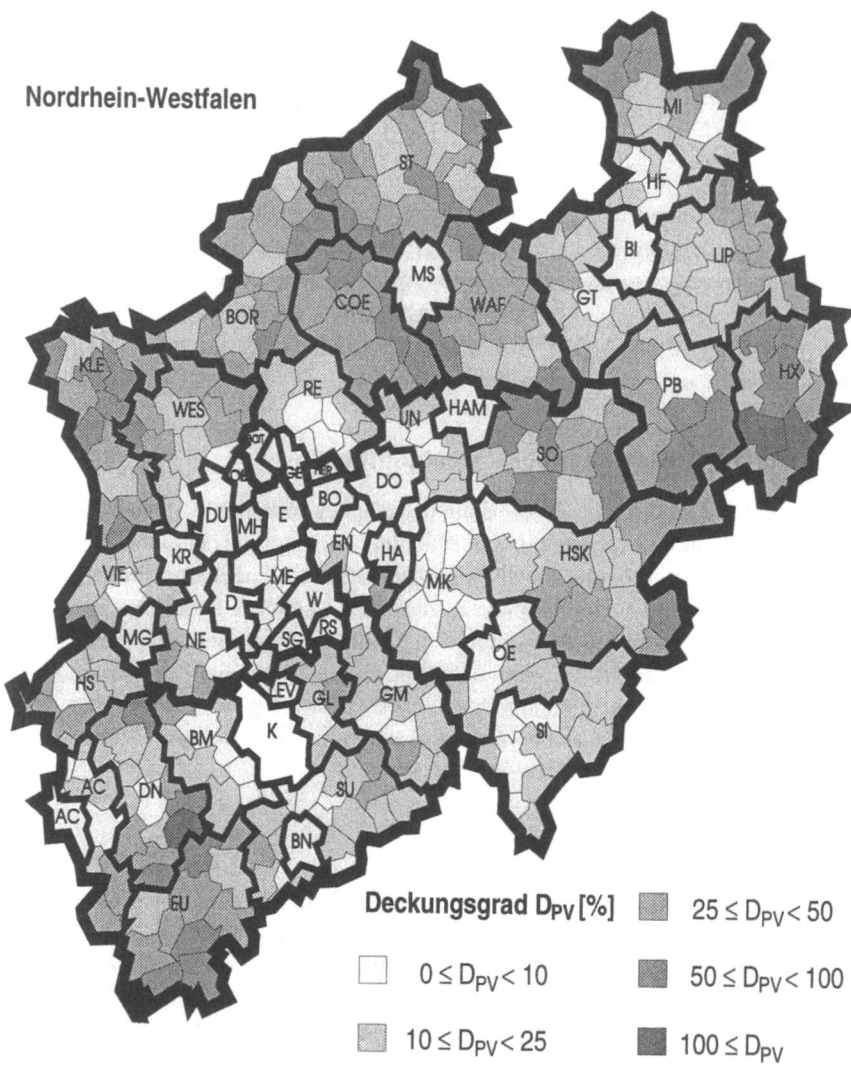

Abb. 3.1. Möglicher Deckungsgrad des Gesamtendenergiebedarfs (ohne Verkehr) durch Installation photovoltaischer Anlagen in den Gemeinden Nordrhein-Westfalens

3.1 Einzelpotentiale

Es zeigt sich, daß im Ruhrgebiet und den umliegenden Kommunen nur eine niedrige Deckung der Endenergie aus photovoltaischen Anlagen möglich ist. Sauerland und Eifel haben dagegen weitaus größere Möglichkeiten, da mit mehr solartechnisch günstigen Flächen disponiert werden kann. Die Begrenzung der erzeugbaren Endenergie ergibt sich dabei im wesentlichen durch den Waldanteil. Die höchsten Deckungen erreichen rein ländliche Regionen wie z.b. das Münsterland. Abgesehen von den Verwaltungs- und Einzugsstädten existieren in diesem Umfeld eine Vielzahl von Kommunen, deren Energieversorgung nahezu vollständig photovoltaisch deckbar ist.

Im einzelnen ist eine Deckung des Endenergiebedarfs von 0–10 % in 107 Städten und Gemeinden durch den Betrieb photovoltaischer Systeme möglich. Hierbei handelt es sich insbesondere um Metropolen und Großstädte, die mit ihrer hohen Bevölkerungsdichte und ihrem Industrialisierungsgrad auf vergleichsweise geringer Fläche einen hohen Energiebedarf benötigen. So weist beispielsweise die Stadt Leverkusen, in der das Chemie-Unternehmen Bayer ein großes Werk betreibt, den niedrigsten photovoltaischen Deckungsgrad (1,16 %) auf.

Aber auch in kleineren Gemeinden mit für ihre Verhältnisse großen Industrieansiedlungen wie Wülfrath im Kreis Mettmann (Zementherstellung) oder Werdohl im Märkischen Kreis (Stahlbearbeitungsprodukte, Plastikherstellung) ist nur ein geringer photovoltaischer Deckungsgrad erreichbar.

In die Rubrik der Deckungsgrade von 10–25 % fallen insgesamt 140 Städte und Gemeinden. Hierin sind Kommunen wie z.B. Bad Salzuflen (ca. 10 %) im Kreis Lippe, Meschede (ca. 13 %) im Hochsauerlandkreis, Jülich (ca. 16 %) im Kreis Düren, Haltern (ca. 20 %) im Kreis Recklinghausen oder Erkelenz (ca. 25 %) im Kreis Heinsberg zu finden, deren Endenergiebedarf die Flächenverfügbarkeit deutlich übersteigt.

Der Bereich von 25–50 % möglicher photovoltaischer Deckung, welcher sich mit dem Ziel der Bundesregierung, klimarelevante Spurengasemissionen um diesen Prozentbereich zu reduzieren, vereinbaren läßt, wird vorwiegend von Kommunen mit ländlich geprägten Umfeld erreicht. So sind beispielsweise in den Gemeinden Coesfeld im Kreis Coesfeld ca. 26 %, Brilon im Hochsauerlandkreis ca. 33 % oder auch Erwitte im Kreis Soest ca. 47 % der Energieversorgung über solarvoltaische Energiewandlung möglich.

Eine mehrheitliche photovoltaische Endenergieversorgung im Intervall von 50–100 % ist in immerhin 97 Gemeinden denkbar. Hierbei handelt es sich aber im wesentlichen um Kleinstgemeinden mit hohem Anteil an Landwirtschaftsflächen bei gleichzeitig geringer Bevölkerungsdichte, wobei der gesamte Endenergieverbrauch dieser Gemeinden im Vergleich zu einigen Großstädten z.T. um mehrere Größenordnungen differiert.

Besonders bemerkenswert ist die Tatsache, daß 4 Gemeinden in Nordrhein-Westfalen, nämlich Vettweiß im Kreis Düren (ca. 100 %), Borgentreich (ca. 101 %) und Willebadessen (ca. 107 %), beide im Kreis Höxter, sowie Hopsten (ca. 118 %) im Kreis Steinfurt, sich bei einem Totalausbau mit photovoltaischen Modulen vollständig energetisch selbst versorgen und darüber hinaus noch elektrischen Strom an andere Kommunen weiterleiten können.

Landesweit betrachtet wäre bei einem großflächigen Einsatz photovoltaischer Systeme mit einer Energieausbeute von ca. 54 Mrd. kWh zu rechnen. Dies entspricht einem Endenergiedeckungsgrad (Energieverbrauch in Nordrhein-Westfalen ca. 517 Mrd. kWh) von etwas über 10 %, wobei die Netzpenetrationsgrenze (maximal mögliche elektrische Energieeinspeisung aus erneuerbaren Energieträgern in das öffentliche Leitungsnetz) von geschätzten 20 % des landesweiten Stromverbrauchs (ca. 117 Mrd. kWh/a) deutlich überschritten wird.

3.1.2.2
Solarthermie

Während bei der Betrachtung photovoltaischer Anlagen eine vollständige Energieversorgung theoretisch möglich wäre, werden i.allg. solarthermische Systeme nur zur Niedertemperaturwärme, also zur Brauchwarmwasser- oder Raumwärmegestehung, herangezogen. Die Erzeugung elektrischen Stroms über Solarthermiesysteme wird nicht näher betrachtet, so daß eine 100 %ige Eigenversorgung einer Gemeinde mit Endenergie über solarthermische Systeme nicht gewährleistet werden kann.

Bei der gemeindeweisen Berechnung des möglichen solarthermischen Beitrags zur Endenergieversorgung wurde der Raumwärmedeckungsgrad für dezentrale Anlagen mit 40 % und der für Brauchwarmwasser aufgrund des ausgeglicheneren Jahresgangs mit 80 % angenommen (das betrachtete Solarthermiesystem verfügt über einen Kurzzeitspeicher). Für zentrale solarthermische Anlagen wird ein einheitlicher Raumwärme- und Brauchwarmwasserdeckungsgrad von ebenfalls 80 % angesetzt, da die Installation eines saisonalen Großwärmespeichers vorausgesetzt wird. Für die industrielle Prozeßwärme im Niedertemperaturbereich wird eine 50 %ige Deckung durch Solarthermiesysteme unterstellt. Dabei erfolgt bei allen angesprochenen Systemen die Wärmebereitung mittels Flachkollektoren.

Unter diesen Voraussetzungen zeigt Abbildung 3.2 gemeindeweise die möglichen Endenergiedeckungsgrade durch Installation solarthermischer Systeme.

Im Gegensatz zur Energiegestehung aus photovoltaischen Elementen ist bei der solarthermischen Endenergieversorgung nur ein Deckungsgradbereich von 0 % bis maximal ca. 28 % möglich. Die geringe Streuung über die Kommunen kommt daher zustande, daß das Flächenangebot den -bedarf bei nahezu sämtlichen Gemeinden übersteigt. Ausnahmen bilden die Städte Herne mit der höchsten Bevölkerungsdichte in Nordrhein-Westfalen sowie Essen, Wuppertal, Krefeld und Leverkusen. Dabei weisen diese Städte mit Ausnahme von Leverkusen einen Fehlbestand an Flächen von unter 3 % auf, so daß die Wärmeversorgung über solarthermische Systeme im genannten Raumwärme- und Brauchwarmwasser-Deckungsgradbereich auch hier nahezu vollständig möglich ist.

Die Differenzierung der Kommunen über die möglichen Endenergiedeckungsgrade ist somit durch den Mittel- und Hochtemperaturwärme- sowie den Stromverbrauch gegeben. Je höher das Verhältnis des Niedertemperaturwärmebedarfs zum übrigen Energiebedarf ist, desto kleiner ist demzufolge der Endenergiedeckungs-

3.1 Einzelpotentiale 55

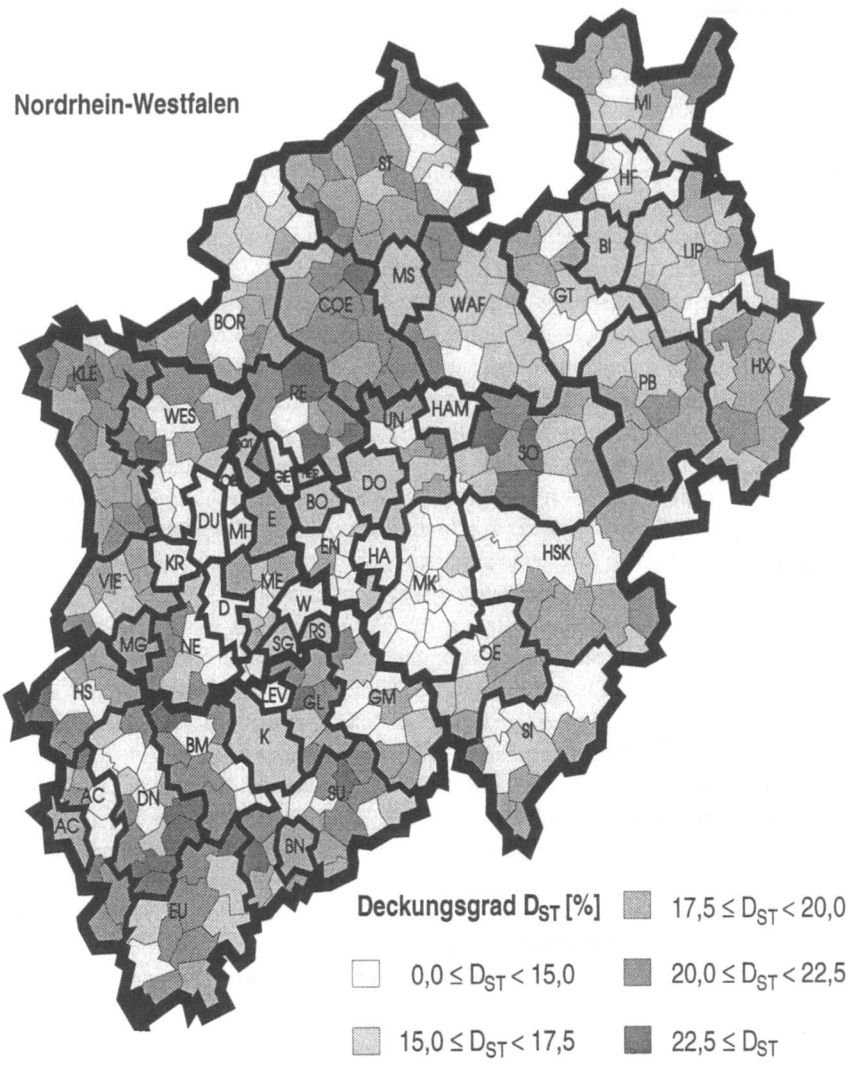

Abb. 3.2. Möglicher Deckungsgrad des Gesamtendenergiebedarfs (ohne Verkehr) durch Installation solarthermischer Anlagen in den Gemeinden Nordrhein-Westfalens

grad. Aus diesem Grund bewegt sich der Endenergiedeckungsgrad solarthermischer Systeme in den Großstädten (z.B. Düsseldorf) und energieintensiven Kommunen um die 15 % (z.B. Wülfrath), in den meisten anderen von 15–22,5 %. In den energieextensiven Kleinstgemeinden ist eine Endenergiedeckung bis zu 28 % maximal möglich. Eine klare regionale Verteilung wird nicht deutlich.

Trotz der unvollständigen Flächennutzung könnten in Nordrhein-Westfalen ca. 15 % des Endenergieverbrauchs durch den Einsatz von Solarthermieanlagen gedeckt werden. Im Vergleich zur photovoltaischen Energiegestehung schneidet also die solare Niedertemperaturwärmeerzeugung um ca. 5 Prozentpunkte besser ab.

3.1.2.3
Windenergie

Für die Berechnung der erzeugbaren Endenergie aus Windkraft wird als Windenergiekonverter die sogenannte 600kW-Technologie für alle Standorte zugrunde gelegt. Die Installationsdichte richtet sich nach der Siedlungsstruktur. Während in Ballungsräumen die intensive Nutzung der Windenergie durch die Siedlungsdichte (Sicherheitsabstand gegen herabfallende Teile, Lärmemission) beschränkt ist, zeigt sich in ländlichen Regionen der Waldanteil als beschränkender Faktor.

Durch die relativ kleinen Jahreswindgeschwindigkeiten in weiten Teilen Nordrhein-Westfalens (3–4 m/s) ergeben sich für die Kommunen relativ kleine elektrische Energieerträge, die noch über einen angenommenen Verteilungswirkungsgrad des elektrischen Stroms zum Endverbraucher vermindert werden. Abbildung 3.3 zeigt den energetischen Deckungsgrad bei einem Einsatz von Windenergiekonvertern zur gesamten Endenergieversorgung gemeindeweise.

Es wird deutlich, daß die Nutzung der Windenergie in Nordrhein-Westfalen, gemessen an dem Gesamtenergieverbrauch, nahezu bedeutungslos ist. Landesweit beträgt der mögliche Deckungsgrad ca. 0,3 %, lokal gesehen schwankt dieser zwischen 0,02 % (Leverkusen) und mehr als 5 % (Drensteinfurth im Kreis Warendorf). Eine Vielzahl von Gemeinden (170 Kommunen) bewegt sich im Bereich eines möglichen Deckungsgrades von 0–0,5 %. Wie bei den Gemeinden, die sich im nächst höheren Deckungsgradbereich (0,5–1 %, 96 Kommunen) befinden, handelt es sich auch hierbei um Städte und Gemeinden, die einerseits einen hohen Energiebedarf (z.B. Ruhrgebietsstädte), andererseits niedrige jahresmittlere Windgeschwindigkeiten aufweisen. Lediglich 14 ländliche Gemeinden in Höhenlagen des Sauerlands und der Eifel (z.B. Lippetal [Hochsauerlandkreis], Heimbach [Düren]) könnten etwas über 3 % ihres Endenergieverbrauchs über die Installation von Windenergieanlagen sicherstellen.

3.1.2.4
Biomasse

Für die Berechnung der möglichen Beiträge der Nutzung von Biomasse zur Energieversorgung wird angenommen, daß die feste Biomasse (Miscanthus, Ernterückstände, forstwirtschaftliche Reststoffe) in Heizwerken thermisch verwertet, die feuchte Biomasse (tierische Exkremente, organische Müllfraktionen, Klärschlämme) dezentral in Blockheizkraftwerken genutzt wird.

Der Großteil der Beiträge aus Biomasse ergibt sich aus der Nutzung von Miscanthus, da – wie schon angesprochen – nach den Vorstellungen der EU 15 % der Landwirtschaftsflächen zum Non-Food-Pflanzenanbau geeignet sind. Dabei wird davon

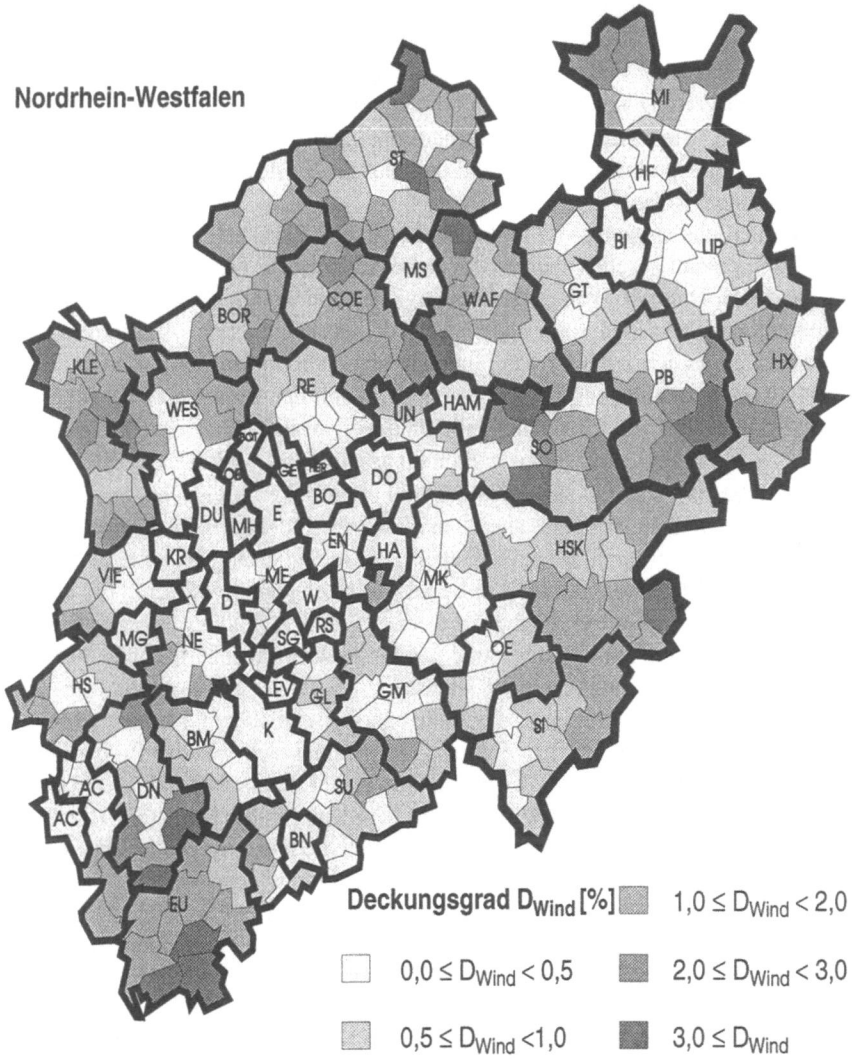

Abb. 3.3. Möglicher Deckungsgrad des Gesamtenergiebedarfs (ohne Verkehr) durch Installation von Windenergiekonvertern in den Gemeinden Nordrhein-Westfalens

ausgegangen, daß dieser Anteil in jeder Gemeinde zum Anbau von Miscanthus zur Verfügung steht.

Als weitere wichtige Energiequelle im Bereich der Biomassenutzung ist die thermische Verwertung von Ernterückständen aus Weizen, Roggen, Hafer, Körnermais und Raps zu nennen. Trotz 80 %iger Mengenreduzierung infolge anderweitiger

Verwendung (Einstreu und Futtermittel) ist der mögliche energetische Beitrag bei der Nutzung von Ernterückständen erheblich.

In etwa derselben Größenordnung (landesweit) liegt der mögliche Beitrag aus der Nutzung organischer Fraktionen aus Haus-, Gewerbe- und Industriemüll. Die energetische Verwertung von tierischen Exkrementen und Klärschlämmen auf der Seite der feuchten Biomasse spielt aufgrund der geringen Energiedichte und des vergleichsweise geringen Substrataufkommens in Nordrhein-Westfalen eine eher untergeordnete Rolle.

Die mögliche Nutzung von forstwirtschaftlichen Reststoffen ist für Nordrhein-Westfalen gesamt gesehen eher unbedeutend; für einzelne Gemeinden hingegen ist gerade das Holzangebot von großer Wichtigkeit, da einerseits durchaus hohe Regionalpotentiale vorhanden sind, andererseits die Preise auf dem Absatzmarkt von Holzabfällen jeglicher Art starken Fluktuationen unterworfen sind.

Als Randbedingung für die thermische Nutzung der Biomasse wird ein Heizwerkwirkungsgrad von 85 % unterstellt, da davon ausgegangen wird, daß die feste Biomasse in biogenen Mischheizwerken eingesetzt wird. Bei der Verwertung von tierischen Exkrementen, Klärschlämmen und organischen Müllfraktionen wird zur Bildung von Methan von einer aneroben mesophilen Vergärung ausgegangen, um den Energieverlust durch Substratbeheizung zu minimieren. Das entstehende Gas soll in einem Blockheizkraftwerk mit einem Wirkungsgrad von 85 % bei elektrischen Verteilungsverlusten von 5 % verwertet werden. Abbildung 3.4 zeigt gemeindeweise den möglichen Deckungsgrad des Gesamtenergiebedarfs (ohne Verkehr) durch Nutzung fester und feuchter Biomasse.

Der Endenergiedeckungsgrad durch die energetische Nutzung fester und feuchter Biomasse variiert in den Städten und Gemeinden Nordrhein-Westfalens zwischen 0 % und nahezu 100 % wobei in die erste Kategorie (0–10 %) 179, in die zweite (10–25 %) 112, in die dritte (25–50 %) 81 und in die letzte (50–100 %) 24 Kommunen fallen. Es zeigt sich, daß allein durch die Nutzung von Biomasse sich keine Gemeinde vollständig mit Endenergie versorgen könnte.

Die möglichen Deckungsgrade aus Biomassebeiträgen entsprechen in vielen Gemeinden in etwa denen aus photovoltaischer Endenergiegestehung, wobei das Niveau durch die niedrigeren Gesamtwirkungsgrade tiefer anzusiedeln ist. Die Analogie entsteht im wesentlichen einerseits in ländlichen Regionen durch dieselbe Verwendung des größten Flächenangebots (7 % bzw. 15 % der Landwirtschaftsfläche), andererseits in dicht besiedelten Kommunen durch das Müll- und Klärschlammaufkommen, welches in erster Näherung mit dem Gebäudebestand (Nutzung durch dezentrale Photovoltaikanlagen) korreliert.

Dementsprechend befinden sich in der ersten Klasse mit einem Deckungsgrad von 0–10 % Großstädte und Gemeinden mit einem niedrigen Anteil an Landwirtschaftsfläche (in Leverkusen liegt auch bei der Nutzung von Biomasse der Deckungsgrad mit 0,4 % am niedrigsten), in der zweiten Klasse mit Deckungsgraden zwischen 10 % und 25 % diejenigen Kommunen, deren Energiebedarf deutlich höher als ihr Flächenangebot ist.

3.1 Einzelpotentiale

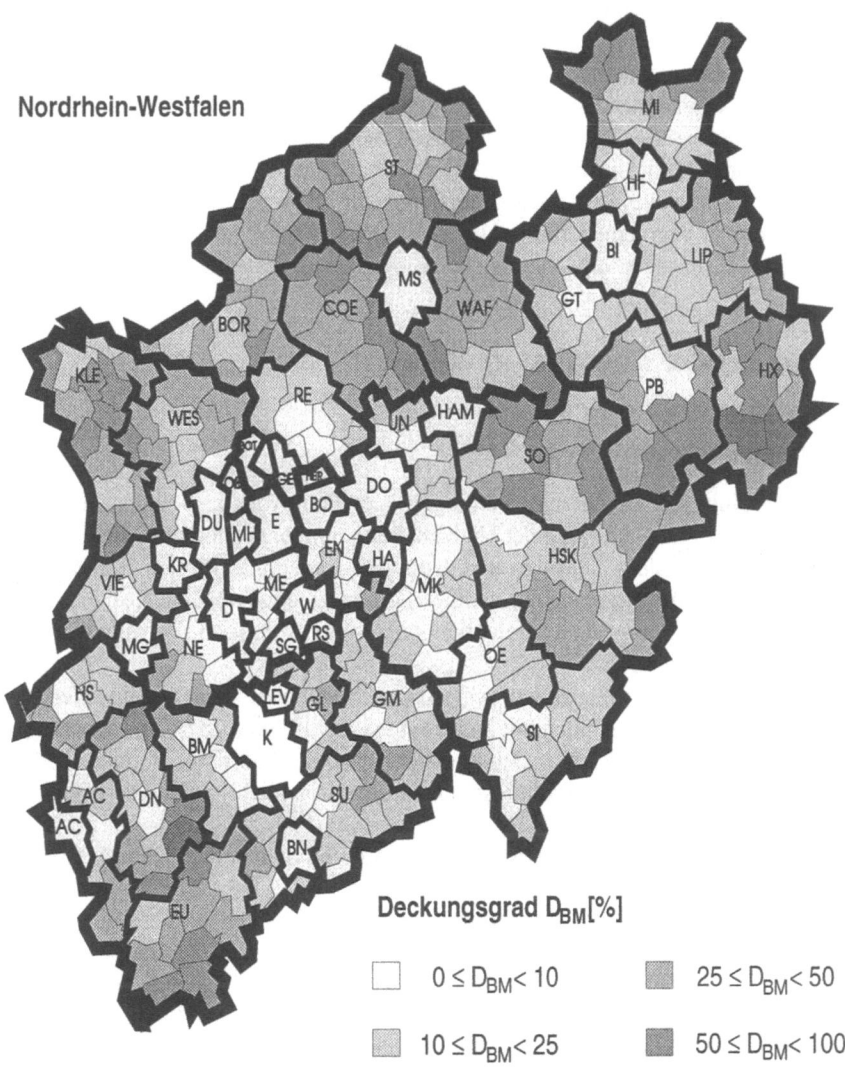

Abb. 3.4. Möglicher Deckungsgrad des Gesamtenergiebedarfs (ohne Verkehr) durch energetische Nutzung fester und feuchter Biomasse in den Gemeinden Nordrhein-Westfalens

Der für die Zielsetzung der Bundesregierung interessante Bereich zwischen 25–50 % Endenergiesubstitution wird durch die Verwertung von Biomasse vorwiegend in Kleingemeinden mit hohem Anteil an Landwirtschaft erreicht. So sind insbesondere die Gemeinden im Münsterland, wie z.B. Dülmen, Lüdinghausen oder Nottuln, aber auch stark bewaldete Kommunen, beispielsweise Eslohe und Schmallenberg, in der Lage, diese Zielsetzung zu erreichen.

Über 50 % der Endenergieversorgung durch Nutzung von Biomasse könnte in denjenigen Städten und Gemeinden, deren Bevölkerungsdichte gering und in denen im wesentlichen keine energieintensiven Produktionszweige zu finden sind, verwirklicht werden. Auch hier sind wie bei der Nutzung photovoltaisch erzeugten Stroms die Gemeinden Hopsten (Deckungsgrad ca. 92 %), Borgentreich (ca. 89 %) und Willebadessen (ca. 86 %) als herausragende Kommunen zu nennen.

Insgesamt könnte in Nordrhein-Westfalen durch Verwendung von fester und feuchter Biomasse ein Endenergiedeckungsgrad von ca. 6 % erreicht werden. Im Vergleich zu den erneuerbaren Energieträgern Photovoltaik und Solarthermie schneidet die energetische Nutzung der Biomasse somit deutlich schlechter ab.

3.2
Erneuerbare Energien im Verbund

3.2.1
Modellgemeinden

Die Kopplung der erneuerbaren Energieträger Photovoltaik, Solarthermie, Wind und Biomasse kann aufgrund der Vielzahl der Kommunen nicht für jede Gemeinde Nordrhein-Westfalens analysiert und diskutiert werden. Aus diesem Grund wurden repräsentative Modellgemeinden synthetisiert, in denen sowohl die Kosten erneuerbarer Energieträger als auch deren ökonomisch und ökologisch sinnvolle Kombination aufgezeigt werden.

Aus dem Gruppierungsprozeß (vgl. Kap. 2) resultieren 4 klar voneinander abzugrenzende Modellgemeinden, die insgesamt 6, 11, 142 und 237 Kommunen repräsentieren. Diese geclusterten Gemeinden werden als Metropole, Großstadt, Stadt oder Gemeinde in einer Ballungsrandzone und Ländliche Stadt oder Gemeinde charakterisiert.

Die erste Modellgemeinde (Metropole) wird von Städten wie Köln, Düsseldorf, Essen und Dortmund vertreten. Sie ist durch eine hohe Bevölkerungsdichte (ca. 2.400 Einwohner/km^2) und durch einen hohen Anteil an bebauten Flächen gekennzeichnet. So sind Acker-, Grün- und Gartenland an der gesamten Flächennutzung stark unterrepräsentiert. Die Beschäftigungsverhältnisse liegen insbesondere in den Bereichen Dienstleistung, Handel und Gewerbe. Die Energieversorgung innerhalb der Metropole wird in allen Sparten (Strom, Gas, Wasser) vom eigenen Stadtwerk übernommen, wobei die Stadt Essen – historisch bedingt – eine Ausnahme darstellt.

In der zweiten Modellgemeindegruppe (Großstadt) befinden sich in erster Linie Großstädte, wie Aachen, Bochum, Münster oder Oberhausen. Die Einwohnerdichte ist mit ca. 1.500 Einwohner/km^2 noch hoch. Die Mitglieder der Modellgemeinde II sind in erster Linie den sogenannten zentralen Städten zuzuordnen, da diese insbesondere in ihrer Struktur von Bedeutung für das Umland sind (beispielsweise Münster). Die Land- und Forstwirtschaft nimmt in der Modellgemeinde II nur einen kleinen Raum ein. Die Energieversorgung wird – wie in der Metropole – vollständig von dem eigenen städtischen Stadtwerk übernommen.

Modellgemeinde III spiegelt vorwiegend die Städte und Gemeinden der Ballungsrandzone wider. Diese ist mit einer Einwohnerdichte von 620 Einwohner/ km^2 nicht so dicht besiedelt. So steigt z.B. die Landwirtschafts- relativ zur Gesamtfläche. Die Energieversorgung der Modellgemeinde III ist nicht so eindeutig strukturiert wie in den beiden anderen. Während sich die Modellgemeinden I und II ausschließlich über das eigene Stadtwerk versorgen, sind in den Kommunen der Ballungsrandzone sowohl Kommunen zu finden, welche ebenfalls über ein Stadtwerk verfügen, als auch solche, die Strom und/oder Gas über die großen Energieversorgungsunternehmen an die Verbraucher verteilen.

Die Modellgemeinde IV repräsentiert die Kommunen aus dem ländlichen Bereich. Diese Gemeinden sind einerseits durch eine geringe Einwohnerdichte (ca. 180 Einwohner/ km^2), andererseits durch eine stark ausgebaute Land- und Forstwirtschaft gekennzeichnet. So nehmen Acker-, Grün- und Gartenland über 50 % der Katasterfläche ein, der Wald weitere ca. 30 %. In der Modellgemeinde IV wird die Energieversorgung vollständig von den großen Energieversorgungsunternehmen übernommen. Ein gemeindeeigenes Stadtwerk ist – außer z.T. zur Wasserversorgung – nicht vorhanden.

Von besonderer Bedeutung zur Berechnung des kostenorientierten und CO_2-reduzierenden Mixes erneuerbarer Energieträger sind in den Kommunen zum einen das solartechnisch zur Verfügung stehende Flächenangebot (vgl. Tabelle 3.2) und zum anderen der Energieverbrauch der Industrie, Kleinverbraucher und Privaten Haushalte, aufgeschlüsselt nach den verschiedenen Energieträgern Heizöl, Erdgas, Stein- und Braunkohle, Strom und Fernwärme.

Die mögliche Modul- bzw. Kollektorfläche in den Modellgemeinden unterscheidet sich aufgrund der Größe der Kommunen beträchtlich. Während in der Modellgemeinde Metropole ca. 14 km^2 zur Installation von Modulen bzw. Kollektoren zur Verfügung stehen, lassen sich in der Modellgemeinde IV nur ca. 2 km^2 entsprechend belegen.

Dabei ist aber zu bemerken, daß in der Metropole die gebäudegebundenen Flächen mit ca. 77 % (etwa 11 km^2) den Großteil der möglichen solartechnisch nutzbaren Flächen ausmachen, während bei der Modellgemeinde IV mit ca. 82 % (ungefähr 1,6 km^2) die gebäudeungebundenen Flächen dominieren. Diese Differenz führt zu einer veränderten Kombination erneuerbarer Energieträger bei deren Einbindung in die Energieversorgungsstruktur.

Die Energieverbrauchssituation sowie die Möglichkeiten der rationellen Energieverwendung für die einzelnen Modellgemeinden spiegelt Tabelle 3.3 wider. Dabei wird zunächst der gesamte Endenergieverbrauch der Industrie, Kleinverbraucher und Privaten Haushalte gesamt angegeben, bevor eine Aufschlüsselung der eingesetzten Endenergieträger erfolgt. Weiterhin wird auch die mögliche Endenergieeinsparung durch die rationelle Energieverwendung angegeben.

Nach Tabelle 3.3 ist in allen 4 Modellgemeinden mit ca. der Hälfte des gesamten Endenergieverbrauchs die Industrie der größte Energieabnehmer, wobei das Niveau in den einzelnen Kommunen erheblich schwankt. Während in der Modellgemeinde I ca. 9.400 Mio. kWh/a Endenergie umgesetzt werden, beläuft sich der Endenergie-

3 Kommunale Beiträge erneuerbarer Energien

Tabelle 3.2. Mögliche solartechnisch nutzbare Modul- und/oder Kollektorfläche der Modellgemeinden

		Modellgemeinde			
		Metropole	Großstadt	Kom. Ballungsrand	Ländliche Kommune
		Alle Angaben in km²			
Solartechnisch nutzbare Modul- und/oder Kollektorfläche auf Dächern					
Wohngebäude	Flachdachfläche	0,443	0,203	0,043	0,048
	Satteldachfläche	2,399	1,161	0,267	0,137
Flachdachfläche	Flachdachfläche	0,800	0,288	0,060	0,002
	Satteldachfläche	1,948	0,821	0,170	0,011
Solartechnisch nutzbare Modulfläche an Gebäudewänden					
Wohn- und Nichtwohngebäude		5,340	2,260	0,480	0,150
Solartechnisch nutzbare Modul- und/oder Kollektorfläche auf Freiflächen					
Bebauungsuntergeordnete Fläche		0,750	0,270	0,070	0,020
Gebäudeungebundene Fläche		2,570	2,550	1,630	1,640
Mögliche solartechnisch nutzbare Modul- und/oder Kollektorfläche					
Gesamt		14,250	7,553	2,720	2,008
Fläche für Energieplantagen (Grundfläche)					
Gesamt		8,700	9,770	6,520	

einsatz in Modellgemeinde II auf ca. 4.900 Mio. kWh/a. In der dritten Modellgemeinde wird nur knapp 10 % des industriellen Endenergieverbrauchs der Metropole (ca. 890 Mio. kWh/a) in der Industrie verwendet und in den ländlichen Gemeinden nicht einmal 2 %.

Im Sektor Kleinverbraucher, der – absolut gesehen – etwas unter dem Endenergieverbrauch der Privaten Haushalte liegt, ist die Differenz zwischen den großen und kleinen Modellgemeinden noch größer. So wird von der Metropole

3.2 Erneuerbare Energien im Verbund

Tabelle 3.3. Derzeitiger Endenergieverbrauch sowie Möglichkeiten der rationalen Energieverwendung in den Modellgemeinden (ohne Verkehr)

		Modellgemeinde			
		Metropole	Großstadt	Kom. Ballungsrand	Ländliche Kommune
		Alle Angaben in Mio kWh/a			
Summe über Energieträger					
Industrie		9.401	4.915	886	151
Kleinverbraucher		4.449	1.917	282	70
Private Haushalte		5.124	2.276	394	103
Summe aller Verbraucher					
Energieträger	Heizöl	4.903	2.353	365	93
	Erdgas	5.759	2.873	514	98
	Steinkohle	2.711	1.335	246	44
	Braunkohle	586	286	52	10
	Strom	4.362	2.027	349	73
	Fernwärme	653	234	36	6
Summe		18.974	9.108	1562	324

ca. 4.450 Mio. kWh Endenergie durch die Kleinverbraucher jährlich verbraucht; in der Großstadt ca. 1.920 Mio. kWh, wohingegen die beiden übrigen Modellgemeinden einen Endenergieverbrauch von ca. 280 Mio. kWh/a bzw. 70 Mio. kWh/a aufweisen.

Die Privaten Haushalte benötigen in den Modellgemeinden mit jährlich ca. 5.100 Mio. kWh in Modellgemeinde I, bzw. mit ca. 2.300 Mio. kWh/a, ca. 400 Mio. kWh/a und ca. 100 Mio. kWh/a in den übrigen Modellgemeinden ungefähr ein Viertel der in Nordrhein-Westfalen gesamt verbrauchten Endenergie. Dabei beeinflußt die Gestehung von Raumwärme maßgeblich den Endenergieverbrauch.

Hauptendenergieträger ist in allen Gemeinden das Erdgas. Sein Anteil am Endenergieverbrauch beträgt in allen Modellgemeinden ca. 30 %. Heizöl (ca. 26 %), Strom (ca. 23 %) und Steinkohle (ca. 14 %) schließen sich mit geringeren Anteilen an. Die Energieträger Braunkohle und Fernwärme hingegen (jeweils ca. 3 %) leisten nur einen geringen Beitrag zur Endenergieversorgung der Modellgemeinden. Lediglich Modellgemeinde IV ist – wenn auch geringfügig – von einer

3 Kommunale Beiträge erneuerbarer Energien

anderen Energieverbrauchsstruktur geprägt. Erdgas (ca. 30 %) und Heizöl (ca. 29 %) besitzen einen fast gleichhohen Anteil in dieser Modellgemeinde. Strom und Steinkohle weisen dagegen einen Anteil von ca. 22 % bzw. ca. 14 % auf. Der Anteil der Braunkohle bleibt mit 3 % sowie der der Fernwärme mit 2 % in Modellgemeinde IV unverändert.

Die mögliche Energieeinsparung durch die rationelle Energieverwendung beträgt in den einzelnen Modellgemeinden ca. ein Drittel des Endenergieverbrauchs (ohne Verkehr), wobei insbesondere der Wärmesektor (z.b. die Wärmedämmung) ein hohes Einsparpotential zeigt (vgl. z.B. [68]). Insgesamt verringert sich somit der Energiebedarf, der möglicherweise zukünftig auch durch erneuerbare Energieträger gedeckt werden kann, um ca. 30 %. Da Maßnahmen zur rationellen Energieverwendung vorrangig vor erneuerbaren Energien durchgeführt werden sollen, wird sich die Diskussion des erneuerbaren Energiemixes dementsprechend auf den Endenergiebedarf nach rationeller Energieverwendung beziehen.

Die Berechnung der CO_2-Emissionen und deren mögliche Minderung durch die rationelle Energieverwendung erfolgte jeweils einzeln für die Modellgemeinden. Dabei beziehen sich die Emissionswerte des Spurengases – wie auch bei der Ermittlung des Endenergieverbrauchs – auf das Jahr 1995. Tabelle 3.4 zeigt die CO_2-Emissionen vor und nach Maßnahmen der rationellen Energieverwendung in den Modellgemeinden.

Tabelle 3.4. CO_2-Emissionen vor und nach Maßnahmen der rationellen Energieverwendung in den Modellgemeinden (ohne Verkehr)

	Modellgemeinde			
	Metropole	Großstadt	Kom. Ballungsrand	Ländliche Kommune
	[in 1.000 t /a]			
CO_2-Emissionen	7.490	3.545	608	126
CO_2-Emissionen nach rationeller Energieverwendung	5.168	2.461	441	92

Ähnlich wie bei den Endenergieverbräuchen gestaltet sich das Bild bei den Emissionen von Kohlendioxid. In der Metropole wird mit ca. 7,5 Mio. t/a im Vergleich zu den übrigen Modellgemeinden erheblich (bis zu einem Faktor von ca. 60 gegenüber der Modellgemeinde IV) mehr CO_2 emittiert. Es folgt mit ca. 3,5 Mio. t/a die Großstadt und mit ca 0,6 Mio. t/a die Stadt oder Gemeinde der Ballungsrandzone.

Entsprechend hoch sind auch die absoluten CO_2-Reduktionspotentiale, die relativ gesehen bei den einzelnen Gemeinden bei ca. 30 % liegen. Der Trend zeigt jedoch, daß die Reduktionspotentiale der CO_2-Emissionen in den großen Gemeinden naturgemäß etwas höher liegen als in den kleinen.

3.2.2
Kosten

Die Kosten der erneuerbaren Energieträger wurden für 21 verschiedene Nutzungskonzepte erneuerbarer Energieträger berechnet und diskutiert. Hierbei handelte es sich im Bereich der photovoltaischen Energiewandlung um die Energiegestehungskosten sowohl bei dezentralen Anlagen (auf Sattel- und Flachdach- sowie an Wand- und auf gebäudegebundenen Flächen) als auch bei zentralen Systemen (installierbar auf gebäudeungebundenen Flächen). Bei den solarthermischen Systemen wurden Anlagen zur ausschließlichen Brauchwassererwärmung genauso betrachtet wie Systeme, mit denen eine kombinierte Raumwärme- und Brauchwarmwasserversorgung auf Ein-, Zwei- und Mehrfamilienhäusern sowie auf Nichtwohngebäuden möglich ist. Weiterhin wurden die spezifischen Energiegestehungskosten solarer Nahwärmesysteme bestimmt und die Konversionskosten der Windenergie in elektrischen Strom errechnet. Die Aufwendungen zur Nutzung der Biomasse wurden für feste und feuchte Biomasse angegeben, wobei letztere in die Verwertung von Klärschlämmen, organischem Müll und tierischen Exkrementen unterteilt wurde.

Die Investionsrechnung erfolgte einheitlich für alle genannten Energiesysteme mit einem Kalkulationszinssatz von 8 % und einer Preissteigerungsrate von 3 %. Die Grundstückskosten zur Installation zentraler Systeme (ausgenommen dem Anbau von Energiepflanzen) wurden pauschal mit 50 DM/m^2 Grundfläche angenommen. Die einzelnen spezifischen Preise wurden z.T. aus konkreten Angeboten entnommen, z.T. wurden die aktuellen Marktübersichten (vgl. z.B. [69–76]) verwendet. Selbstverständlich sind dies nur gemittelte Referenzwerte, die im Einzelfall erheblich unter- bzw. auch deutlich überschritten werden können.

3.2.2.1
Photovoltaik

Die Berechnung der Endenergiegestehungskosten erfolgte für die dezentrale und zentrale Installation von Photovoltaikanlagen. Dabei wurden die Kosten des Aufbaus dezentraler Anlagen auf Dach- und Wandflächen näher betrachtet.

Die mittleren Systemkosten handelsüblicher netzgekoppelter Photovoltaikanlagen (polykristallin) belaufen sich auf ca. 1.500 DM/m^2 Modulfläche. Diese Aufwendungen enthalten dabei sämtliche Kosten für Peripheriegeräte, Halterungen und Netzanbindungsstationen. Die Nutzungsdauer der Anlage beläuft sich auf 20 Jahre. Für regelmäßige Wartungs-, Instandhaltungs- und Reparaturarbeiten fallen Kosten in Höhe von 1 % der Investitionskosten als jahresfixe Aufwendungen an. Weiterhin treten bei der Installation von dezentralen Energiesystemen auf Flachdächern und bebauungsuntergeordneten Flächen zusätzliche Kosten für eine Aufständerung von 100 DM/m² auf, da z.B. durch die Statik des Daches Kiesbetträumungen notwendig werden können.

Die Investitionskosten zentraler Photovoltaiksysteme können aufgrund fehlender Referenzanlagen und Herstellerpreise nur abgeschätzt werden. Die investiven Aufwendungen betragen ca. 1.250 DM/m² inkl. aller Systembestandteile; die jahresfixen Kosten betragen – analog zu den dezentralen Anlagen – ca. 1 % der Investitionskosten. Aufwendungen für das Leitungsnetz von der Anlage zum Endverbraucher bleiben unberücksichtigt, da davon ausgegangen wird, daß i.d.R. mittelbar in der Nähe (1000 m Kabellänge zum Leitungsnetz sind bereits in den Investitionskosten enthalten) eine Einspeisemöglichkeit in das öffentliche Versorgungsnetz vorliegt.

Die Neigung der Photovoltaikmodule soll bei Satteldächern und Gebäudewänden ohne besondere Aufständerungsgerüste erfolgen, so daß sich die Module an die Dach- bzw. Wandflächen anlehnen. Bei Flachdächern und gebäudeungebundenen Flächen wird eine südliche Ausrichtung der photovoltaischen Elemente mit einem Neigungswinkel von 29° angenommen.

Da die photovoltaischen Energiegestehungskosten i.allg. Proportionalkosten sind, ist eine Differenzierung der Stromgestehungskosten in den Modellgemeinden unnötig. Insgesamt wurde unter den angegebenen Randbedingungen ein Preisniveau für die Energiegestehungskosten aus photovoltaischen Anlagen je nach Aufständerung von ca. 1,5 DM/kWh auf sehr günstigen Flächen bis zu 3,5 DM/kWh für Wandflächen berechnet.

3.2.2.2
Solarthermie

Die Bewertung solarthermischer Anlagen erfolgte für den Bereich der Niedertemperaturwärmeversorgung. Dabei wurden die Wärmegestehungskosten für reine Brauchwarmwasseranlagen und für kombinierte Raumwärme- und Brauchwarmwassersysteme sowohl in zentralen als auch dezentralen Anlagen ausgebracht.

Die Ermittlung der Wärmegestehungskosten reiner Brauchwarmwasseranlagen mit Flachkollektoren wird bei einem Deckungsgrad von 70 % für alle Gebäudekategorien durchgeführt, wobei die auf den Quadratmeter bezogene Nutzenergie innerhalb der betrachteten Gebäudeklassen (Ein-, Zwei- und Mehrfamilienhaus sowie Nichtwohngebäude) aufgrund der differierenden Bedarfsprofile durch die verschiedene durchschnittliche Personenbelegung variiert.

Während z.B. in einem Einfamilienhaus (durchschnittliche Belegung 3,4 Personen) mit Hilfe solarthermischer Brauchwarmwasseranlagen je nach Anlage jährlich zwischen ca. 350–400 kWh/m² Nutzenergie gewonnen werden, steigt dieser Betrag bei einem Mehrfamilienhaus (durchschnittlich elf Bewohner) um ca. weitere 10 % an. Abbildung 3.5 zeigt die Preisspanne der Wärmekosten über verschiedene solarthermischen Brauchwassererwärmungsanlagen. Es zeigt sich, daß der durchschnittliche Wärmepreis bei ca. 22 Pf/kWh bei Flachkollektoren und ca. 29 Pf/kWh bei Vakuumröhrenkollektoren liegt. Im Vergleich zu 1995 konnten damit solare Wärmepreise um ca 8 Pf/kWh gesenkt werden.

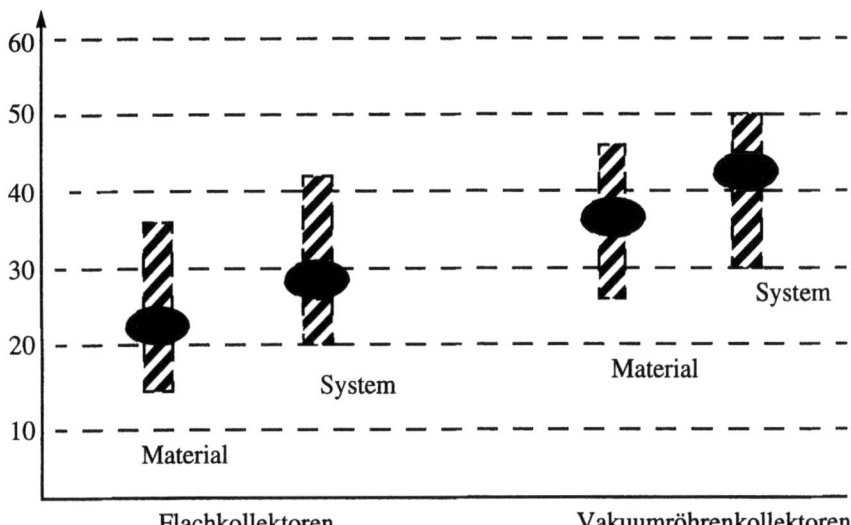

Abb. 3.5. Wärmekosten solarer Brauchwasseranlagen

Gegenüber konventionellen Systemen, die je nach Energieträger, die kWh Wärme zwischen ca. 8 Pf und ca. 12 Pf (ausgenommen elektrische Brauchwarmwassererwärmung) produzieren, liegt der Preis einer solarthermischen Brauchwarmwassererwärmungsanlage allein ohne konventionelles Back-up-System schon im günstigsten Fall um etwa einen Faktor 2 höher, im ungünstigsten bis zu fast fünfmal. Nur im Fall der Substitution eines Elektro-Durchlauf-Wassererwärmers, dessen Brennstoffpreis, bezogen auf eine kWh Nutzenergie, ca. 24 Pf beträgt, ist die Installation eines solarthermischen Brauchwarmwasserbereiters bei Nichtwohngebäuden und Mehrfamilienhäusern lohnend.

Insbesondere kombinierte Raumwärme- und Brauchwarmwassersysteme finden aufgrund der saisonalen Nachfrage im Beheizungsbereich in der Bundesrepublik Deutschland nur einen geringen Absatzmarkt. Da saisonale Speicher für dezentrale Anlagen kommerziell nicht hergestellt werden und somit nur mehrtägige Temperaturschwankungen von kleineren Speichereinheiten aufgefangen werden können, sind Deckungsgrade zur Raumwärmeversorgung in einem Bereich von nur 15–40 % möglich.

Für die Berechnung der spezifischen Wärmegestehungskosten wird, anlehnend an die in der Literatur dargestellten Systeme, ein Deckungsgrad für Raumwärme von 40 % und für Brauchwasserwärme von 70 % angesetzt. Ähnlich wie bei der reinen Gestehung solaren Brauchwarmwassers wird eine Unterscheidung zwischen den Gebäudekategorien notwendig. So betragen die investiven Kosten des solaren Raumwärme-Brauchwarmwassersystems inkl. Speicherkreis, Regelung usw. bei einem Einfamilienhaus ca. 1.000 DM/m^2 und bei einem Zweifamilienhaus ca. 900 DM/m^2. Im Vergleich zu reinen Brauchwarmwasseranlagen liegt das

Niveau solarthermischer Wärmegestehungskosten kombinierter Raumwärme- und Brauchwarmwassersysteme um ca. 10 Pf/kWh bis ca. 20 Pf/kWh höher, so daß insgesamt eine wirtschaftliche Erzeugung solarer Raumwärme im Vergleich zu konventionellen Systemen bei keinem Objekt möglich ist. Abbildung 3.6 zeigt die entsprechenden Wärmegestehungskosten einer kombinierten Raumwärme-Brauchwarmwassergestehung. Es zeigt sich, daß hier eine signifikant hohe Preisspanne für

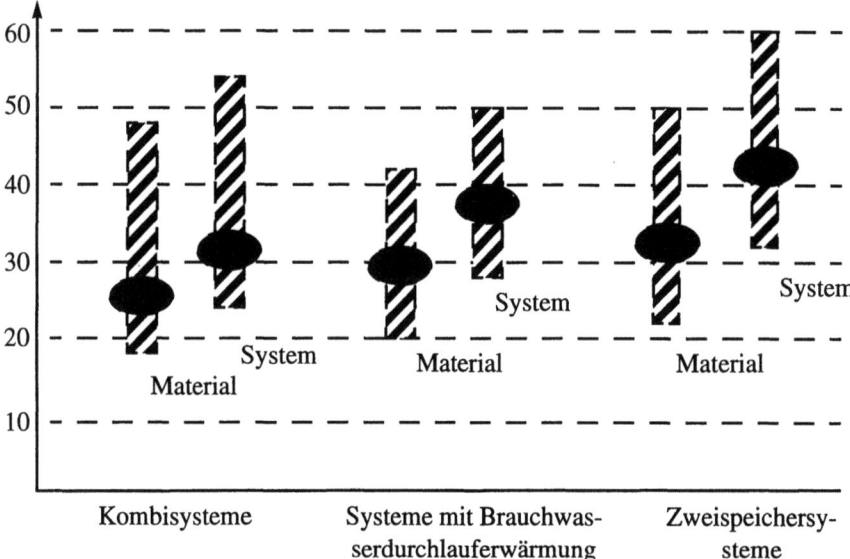

Abb. 3.6. Wärmekosten solarer Raumwärmeanlagen

die Systeme zu erkennen ist. Prinzipiell ist aber davon auszugehen, daß das Zweikreissystem zwar die höchsten Deckungsgrade liefert, aber jedoch auch die höchsten Wärmepreise aufweist.

Parallel zur dezentralen solaren Wärmegestehung können auch solare Nahwärmeanlagen auf gebäudeungebundenen Flächen zur Gestehung von Raumwärme- und Brauchwarmwasser eingesetzt werden. Für die Berechnungen zur zentralen Wärmeversorgung wird als Referenzanlage eine solare Nahwärmeversorgung, welche insbesondere Haushalte mit Raumwärme und Brauchwarmwasser beliefern kann, zugrunde gelegt. Je nach Größe des eingesetzten Speichers werden dabei verschiedene solare Deckungsgrade erreicht. Eine Zusammenstellung der verschiedenen existierender Speicher gibt Tabelle 3.5.

Die Investitionskosten der solaren Nahwärmeanlage (Flachkollektoren) sind je nach Deckungsgrad inkl. Speicherkreis, Grundstückskosten, Hausstation und

3.2 Erneuerbare Energien im Verbund

Tabelle 3.5. Zusammenstellung von energetischen Parametern der Projekte mit einer saisonalen Speicherung (Bezeichnungen nach amtl. Kraftfahrzeugskennzeichen)

Param.	Einheit	HH	FH	C	P	NU
Wärme-last	MWh/a	1.610	4.106	1.240	7.540	10.460
Kollektor-fläche	m^2	3.000	5.600	2.000	25.000	15.000
Speicher-volumen	m^3	4.500	12.000	5.360	40.000	-
Solarer Deckungsgrad	%	49	47	45	75	47
Speicher-kapazität	MWh	340	980	420	2.250	1.630
Lastspez. Kollektor-fläche	m^2/(MWh/a)	2,05	1,25	1,63	3,75	1,41
spez. Kollektorertrag (netto)	kWh/($m^2 \cdot a$)	290	313	278	256	324
Kollektorspez. Speichervol.	m^3/m^2	1,36	2,34	2,65	1,41	-
Lastspez. Speicher-kapazität	%	21	24	34	30	16
Lastspez. Speicher-volumen	m^3/(MWh/a)	2,80	2,92	4,33	5,31	-
Kollektorspez. Speicher-kap.	kWh/m^2	103	191	208	80	111
Speicher-nutzungsgrad	%	94	90	73	80	89

Tabelle 3.5. Zusammenstellung von energetischen Parametern der Projekte mit einer saisonalen Speicherung (Bezeichnungen nach amtl. Kraftfahrzeugskennzeichen)

Param.	Einheit	HH	FH	C	P	NU
Nettozykluszahl	-	2,3	2,0	1,2	2,5	3,0

Wärmeverteilung sehr unterschiedlich. Wichtig jedoch ist, daß Wärmepreise von ca. 30–40 Pf/kWh mit diesen Systemen erreicht werden können.

Dies zeigt, daß solare Nahwärmeanlagen auch mit konventionellen Systemen heute noch nicht wirtschaftlich konkurrieren können. Ein Wärmepreis von ca. 30 Pf/kWh bei einer nur 50 %igen Deckung des Wärmebedarfs ist gegenüber fossil befeuerten Nahwärmeanlagen deutlich teurer. Energiegestehungskosten von ca. 50 Pf/kWh sind bei einer 80 %igen solaren Nahwärmeversorgung – ökonomisch betrachtet – auch auf längere Sicht wahrscheinlich nicht durchsetzbar.

3.2.2.3
Wind

Die Stromgestehungskosten aus Windenergie hängen maßgeblich von der jahresmittleren Windgeschwindigkeit ab. Da für die Modellgemeinden keine charakteristischen Windverhältnisse bestimmbar sind, werden für diese die mittlere Jahreswindgeschwindigkeit in Nordrhein-Westfalen von 3–4 m/s zugrunde gelegt, so daß die Energiegestehungskosten in den einzelnen Modellgemeinden identisch sind.

Als Referenztechnologie wird ein Windenergiekonverter der Anlagenleistung von 600 kW für die Berechnungen verwendet. Die investiven Kosten betragen insgesamt ca. 1,2 Mio. DM inkl. Geländeerschließung, Netzanbindung, Montage und Einrichtung sowie Fundament; die jahresfixen Kosten werden mit 0,5 % der Investionskosten angenommen. Die Nutzungsdauer der Anlage beträgt 20 Jahre.

Somit ergeben sich die Stromgestehungskosten von ca. 15–35 Pf/kWh. Das bedeutet, daß die Nutzung der Windenergie in Nordrhein-Westfalen am Rande der Wirtschaftlichkeitsschwelle steht. In einzelnen Gemeinden, v.a. in den Höhenlagen des Landes ist u.U. ein wirtschaftlicher Betrieb von Windenergiekonvertern möglich. Dabei darf aber nicht vergessen werden, daß der Beitrag zur Energieversorgung aus Windenergiekonvertern kaum über 5 % des Endenergiebedarfs einer Gemeinde decken kann und somit die Ökonomie durch das Potential relativiert wird.

3.2.2.4
Biomasse

Die Berechnung der Energiegestehungskosten der Biomasse erfolgte aufgrund verschiedener Nutzungskonzepte getrennt für feste (Miscanthus, Ernterückstände und forstwirtschaftliche Reststoffe) und für feuchte (tierische Exkremente, organische Fraktionen aus Industrie- und Hausmüll sowie Klärschlämme) Biomasse. Die Energiegestehungskosten der festen Biomasse setzen sich im wesentlichen aus den Rohstoffbereitstellungskosten (Rohstoffaufzucht, -ernte, -transport und -lagerung) und den Kosten für die thermische Konversion zusammen, die der feuchten berechnen sich durch Aufwendungen zur Ausgasung des Substrats (Gärbehälter) und durch die Kosten der Verwertung des Methans in dezentralen Blockheizkraftwerken.

Die Rohstoffaufzucht fällt bei der betrachteten Biomasse – monetär beurteilt – nur bei der Bestandsbegrünung von Miscanthus an, wobei die Kosten der Jungpflanzen eine wesentliche Rolle spielen. So ergeben sich, ausgehend von einem Pflanzgutpreis von ca. 0,70–1,20 DM/Stck. und einer Pflanzdichte von 10.000 Pflanzen/ ha, mit den Aufwendungen der Vorbereitung der Fläche, der Arbeitserledigung, der maschinellen Pflanzung (inkl. Maschinenabschreibung sowie der Pflege der Jungkulturen bis zur Etablierungsphase nach 3 Jahren) immerhin Kosten zwischen ca. 13.000 DM/ha und ca. 16.000 DM/ha.

Für die eigentliche Rohstoffproduktion werden neben der Arbeitserledigung (inkl. Maschinenabschreibung) für Erwerb und Aufbringen des Düngers und Pflanzenschutzmittels noch Aufwendungen für die Versicherung fällig. Dabei muß mit einem durchschnittlichen Betrag von ca. 1.200 DM/(ha a) gerechnet werden.

Die Ernte-, Transport- und Lagerkosten entsprechen im wesentlichen denen, die auch bei der Getreideernte anfallen. Da eine Trocknung von Miscanthus aufgrund des geringen Feuchtigkeitsgehaltes von ca. 20 % entfällt, belaufen sich die genannten Kosten pro t_{atro} auf 42–49 DM.

Den Kosten für die Bereitstellung von Ernterückständen, welche im wesentlichen aus Getreidestroh bestehen, sind nur Aufwendungen für Ernte, Transport und Lager zuzurechnen, da Stroh als Nebenprodukt z.B. der Getreideernte angesehen wird. Demzufolge wird für die Rohstoffbereitstellung je nach Bergungs- und Aufbereitungstechnik (z.B. in Form von kubischen Großballen) ein Betrag von ca. 44 DM/t_{atro} fällig.

Anders als bei der Bereitstellung von Miscanthus oder Ernterückständen wird bei forstwirtschaftlichen Reststoffen zwischen der Bereitstellung des Holzes durch die holzverarbeitende Industrie und durch die der Durchforstung unterschieden. Während der Rohstoff der holzverarbeitenden Industrie entweder direkt am Produktionsort (40 % des industriell genutzten Holzes) oder am Hiebort (60 % des industriell genutzten Holzes) anfällt und somit nur Kosten für Transport und Lagerung in Rechnung gestellt werden (ca. 3 DM/t_{roh} am Produktionsort, bzw. 100 DM/t_{atro} am Hiebort), werden bei der Durchforstung Resthölzer nicht nur gesammelt, sondern zusätzlich aufbereitet. Die Kosten für diese Aufwendungen belaufen sich auf ca. 225 DM/t_{roh}.

Insgesamt ergeben sich für die Bereitstellungskosten der festen Biomasse Kosten in Höhe von ca. 1,5 Pf/kWh bis ca. 6,2 Pf/kWh H_u. Dabei schneidet die Bereitstellung von Ernterückständen am besten ab; es folgen die Nutzung von Miscanthus mit nominal ca. 4,9 Pf/kWh H_u vor der energetischen Verwendung des Waldrestholzes mit ca. 6,0 Pf/kWh H_u. Im Vergleich zu den Bereitstellungskosten fossiler Energieträger sind biogene Brennstoffe im Einzelfall sogar etwas günstiger, insgesamt allerdings geringfügig teurer.

Die Kosten der thermischen Konversion sind für die einzelnen Modellgemeinden sehr unterschiedlich, da die Leistung des Heizwerks die Wärmegestehungskosten maßgeblich beeinflußt. Die investiven Kosten des mit biogenen Brennstoffen befeuerten Mischheizwerkes können in guter Näherung als arithmetisches Mittel zwischen den Investitionsaufwendungen von Holz- und Strohheizwerken berechnet werden.

Die jahresfixen Kosten des Heizwerks setzen sich aus den Personal-, Wartungs-, Betriebs-, Versicherungs- und Instandhaltungskosten zusammen, die je nach Anlagengröße unterschiedliche spezifische Kosten verursachen. Für die weiteren Berechnungen wurden diese pauschal mit 3 % der Investitionskosten angenommen. Die Personalkosten wurden hingegen differenziert betrachtet. So wurde vorausgesetzt, daß bei großen Anlagen (5–30 MW) das Personal geschult und somit kostenintensiver ist. Weiterhin muß bei einer großen Anlage mit einer höheren Stundenzahl und einem Dreischichtbetrieb gerechnet werden, so daß auch in diesem Bereich die Lohnkosten ansteigen. Es zeigte sich, daß in den Modellgemeinden I, II und III der Verbrauch industrieller Mitteltemperaturprozeßwärme weit höher liegt als der mögliche Beitrag aus biogenen Brennstoffen.

Bei der Modellgemeinde IV hingegen übersteigt das theoretische Potential den industriellen Verbrauch um ca. einen Faktor 2, so daß biogene Brennstoffe zur Versorgung von Niedertemperaturverbrauchern sowohl im industriellen Bereich als auch für die Kleinverbraucher (gesamter Endenergieverbrauch 23 Mio. kWh/a) und die Privaten Haushalte herangezogen werden müßten. Diese werden z.T. aber schon durch solarthermische Systeme mit Wärme versorgt, so daß hier nur noch teilversorgt werden kann. Zusätzliche Kosten zur Verbrennungsanlage ergäben sich aus der Errichtung eines Nah- bzw. Fernwärmenetzes bzw. in Kopplung mit zentralen Solarthermieanlagen aus den Anbindungskosten. Da diese Maßnahmen sehr kostenintensiv sind, wird ein Export der überschüssigen Biomasse in Nachbargemeinden unterstellt, so daß diese für Modellgemeinde IV nicht mehr zur Verfügung steht.

Die resultierenden Wärmegestehungskosten aus Heizwerken bei der Verwertung biogener Brennstoffe konkurrieren in den 4 Modellgemeinden mit denen fossiler Energieträger. So liegt der spezifische Wärmegestehungspreis der Modellgemeinde I nominal bei ca. 7,5 Pf/kWh. Selbst das kleinere Heizwerk in der Modellgemeinde IV erzeugt Wärme zu Preisen von nominal 8,8 Pf/kWh, so daß sich auch in dieser kleinen Gemeinde gegenüber den konventionellen Heizwerken trotz Vernachlässi-

3.2 Erneuerbare Energien im Verbund

gung des Erlöses aus dem Export der überschüssigen festen Biomasse wirtschaftlich der Bau einer Heizanlage lohnen könnte.

Die Berechnung der Kosten bei der Nutzung feuchter Biomasse erfolgte getrennt für tierische Exkremente, organische Fraktionen aus Industrie- und Hausmüll sowie Klärschlämme. Da die Ausgangsstoffe der feuchten Biomasse entweder direkt am Konversionsort (z.b. Gülle) anfallen oder zu diesem transportiert werden, fallen keine Rohstoffbereitstellungskosten an. Im Gegenteil, es könnten Gutschriften z.b. Deponieminderungskosten oder Dungwertverbesserungen in Ansatz gebracht werden. Unter Berücksichtigung der hohen Variationsbreite der mangelnden Datenbasis wurden diese Gutschriften jedoch vernachlässigt. Demnach sind für die Energiegestehungskosten ausschließlich die Kosten der Konversionsanlagen den einzelnen Biomasseträgern anzulasten.

Die spezifischen Kosten von Biogasanlagen zur Verwertung tierischer Exkremente hängen in hohen Maße von deren Kapazität, d.h. vom Substratdurchsatz, ab. Die Biogasanlage ist in den Modellgemeinden bei der Berechnung der Energiegestehungskosten als einzelbetriebliche Kleinst-, Klein- oder Mittelanlage vorgesehen. Aussagen über die Investitions- oder Betriebskosten sind wegen der z.T. hohen Eigenleistung der Betreiber solcher Anlagen problematisch. Ferner werden Biogasanlagen i.d.R. nicht in Serie, sondern als Einzelanlage für spezielle Anwendungsfälle des Auftraggebers konzipiert und gefertigt. Momentan werden, von wenigen Kleinunternehmen abgesehen, nur Großanlagen angeboten, wobei jedoch das Anbieterspektrum sehr begrenzt ist. Eine eindeutige Kostenabschätzung ist gerade bei Kleinanlagen schlecht möglich, da z.B. bei nachträglichem Einbau eines Gärbehälters das oft schon vorhandene Güllelager genutzt werden kann. Um jedoch die Energiegestehungskosten für die Modellgemeinden trotz dieser Unsicherheiten ausweisen zu können, werden die Investitions- und Betriebskosten anhand bestehender Referenzanlagen abgeschätzt.

Für die hier vorliegende Abschätzung fanden nur Betriebe Berücksichtigung, die pro Betrieb über mehr als 20 Großvieheinheiten (GVE) verfügen, da für kleinere eine wirtschaftlich Nutzung der Gülle nicht denkbar ist. Eine Verwertung der Tierexkremente in Großanlagen, die von mehreren Kleinviehhaltern beliefert wird, ist zwar prinzipiell möglich, wird aber durch den Transport der Gülle (niedrige Energiedichte, ca. 1 MJ/kg) und den hohen Aufwand (z.B. Logistik, um einen kontinuierlichen Betrieb zu ermöglichen) nicht gerechtfertigt.

Für die Modellgemeinden sind nur 3 unterschiedliche Biogasanlagen mit den Kapazitäten von ca. 20, 40 und ca. GVE zu betrachten, da die landwirtschaftlichen Betriebe in Nordrhein Westfalen vorwiegend diese Größenklassen aufweisen. Die Investitionskosten (inkl. Gasspeicher, Blockheizkraftwerk [BHKW]) sowie die jahresfixen Aufwendungen einschließlich der Kosten für den Betrieb des BHKW steigen bei den betrachteten Größen proportional mit dem Faulraumreaktorvolumen, und können näherungsweise auf 1.000 DM/m^3 Faulraum beziffert werden. Dabei weist das Blockheizkraftwerk einen Gesamtwirkungsgrad von ca. 85 % und eine Stromkennzahl von 0,57 auf. Die Lebensdauer aller Anlagenkomponenten wird mit 20 Jahren angesetzt.

Unter den genannten Voraussetzungen sind die spezifischen Endenergiekosten bei der Nutzung tierischer Exkremente bis auf kleine Abweichungen in den Modellgemeinden gleich. Sie belaufen sich zu nominal ca. 67 Pf/kWh bis ca. 70 Pf/kWh und liegen damit weit über den Kosten der Verwertung fester Biomasse. Eine rein energetische Nutzung ist daher wirtschaftlich nur in bestimmten Einzelfällen möglich und sinnvoll.

Die investiven und jahresfixen Kosten bei der energetischen Verwertung von organischem Müll in großen Müllvergärungsanlagen, die bis zu 20.000 t Biomüll pro Jahr durchsetzen können, hängen in erster Näherung linear von dem Mülldurchsatz ab. Der Hauptteil der Investitionen wird dabei von der Fermentationsanlage selbst verursacht, welche eine Lebensdauer von etwa 15 Jahren aufweist. Die Kosten für Gebäude (Lebensdauer 25 Jahre), Substrataufbereitungsmaschinen (Lebensdauer 7 Jahre und BHKW (Lebensdauer 15 Jahre) sind dagegen bei Mülldurchsätzen von z.B. 20.000 t/a von eher untergeordneter Bedeutung. Die jahresfixen Kosten werden proportional zu den Investitionskosten angesetzt, wobei der Anteil an den einzelnen Investitionen differiert.

Für die Modellgemeinden wurden die spezifischen Energiegestehungskosten über den Mülldurchsatz berechnet. Dabei wurde angenommen, daß in der Modellgemeinde Metropole aufgrund des hohen Müllaufkommens mehr Anlagen als in den anderen Modellgemeinden erforderlich sind.

Durch die unterschiedlichen Müllaufkommen (Modellgemeinde I ca. 200.000 t/a bis Modellgemeinde VI ca. 6.000 t/a) berechnen sich für die synthetischen Kommunen entsprechend verschiedene Energiegestehungskosten, die sich bei der energetischen Verwertung organischer Müllfraktionen in einem Intervall von nominal ca. 41 Pf/kWh bis ca. 47 Pf/kWh bewegen. Im wirtschaftlichen Vergleich ist die Verwertung von Müll der Nutzung tierischer Exkremente vorzuziehen; am günstigsten ist jedoch die energetische Verwendung fester Biomasse.

Ähnlich wie bei dem Bau kleiner Biogasreaktoren, z.B. zur energetischen Nutzung von Gülle, unterliegen die auf das Reaktorvolumen bezogenen Investitionskosten für Anlagen zur energetischen Nutzung von Klärschlämmen Degressionseffekten und sind wie die jahresfixen Kosten für verschiedene Reaktortypen bekannt. So werden Investitionskosten für z.B. den Bau eines Teilfestbettreaktors mit einem Reaktorvolmen von 10.000 m^3 Faulraum in Höhe von ca. 5 Mio. DM erforderlich, die jahresfixen Kosten belaufen sich auf ca. 0,9 Mio. DM.

Durch das unterschiedliche Klärschlammaufkommen variieren – analog zur energetischen Verwertung organischer Müllfraktionen – die Energiegestehungspreise in den einzelnen Modellgemeinden. In den Gemeinden I–III liegen die Endenergiegestehungskosten bei der Nutzung von Klärschlämmen unter denen aus der Verwertung von organischem Müll. So betragen die Energiegestehungskosten bei den ersten Modellgemeinden nominal ca. 25 Pf/kWh bzw. real (1. Betriebsjahr), während in der Modellgemeinde III die nominalen Kosten um fast 15 Pf/kWh höher liegen und damit in die Nähe der Kosten bei der Verwertung des organischen Mülls kommen.

Für die genannten Gemeinden (insbesondere bei der Metropole und der Großstadt) kann eine energetische Verwertung von Klärschlämmen aufgrund der Dezentralität sinnvoll sein, da die u.U. teuren Aufwendungen für die Anbindung an ein Erdgas- bzw. Fernwärmenetz erspart bleiben. In der ländlichen Gemeinde hingegen betragen die nominalen Energiegestehungskosten sogar ca. 85 Pf/kWh, so daß hier ein wirtschaftlicher Betrieb auszuschließen ist.

3.2.3
Kombination erneuerbarer Energieträger

Die ökonomisch und ökologisch (fixiert am Beispiel der Emissionsreduktion von Kohlendioxid) sinnvollen Kombinationen der dargestellten 21 Nutzungskonzepte erneuerbarer Energiesysteme werden anhand der 4 synthetisierten Modellgemeinden aufgezeigt und vergleichend diskutiert. Da die rationelle Energieverwendung, welche aus verschiedenen Gründen vorrangig vor der Installation solartechnischer Anlagen (v.a. im Wärmebereich) erfolgen soll, mit der Nutzung erneuerbarer Energieträger gekoppelt ist, werden bei der Berechnung der Ausbaustufen von Photovoltaik, Solarthermie, Wind und Biomasse die jeweiligen Annuitäten und Einzelbeiträge der erneuerbaren Energieträger sowie die nominalen Endenergiekosten im Energiemix in Abhängigkeit des Endenergiedeckungsgrades nach Realisierung der Energieeinsparung angegeben. Aufgrund der hohen Komplexität bei der Zusammenstellung der verschiedenen Energieträger für einen wirtschaftlichen Energie- bzw. CO_2-Reduktionsmix, erfolgen die Berechnungen mit einem eigens dafür entwickelten Programmodul. Um eine bessere Übersichtlichkeit der Resultate zu gewährleisten, werden die verschiedenen betrachteten Technologien nach Tabelle 3.6 zusammengefaßt.

Die 21 verschiedenen Solarsysteme werden auf acht Sparten mit unterschiedlicher Anzahl erneuerbarer Energieträger reduziert. So beinhaltet die Rubrik Feste Biomasse die Verwertung von Miscanthus, Ernterückständen und forstwirtschaftlichen Reststoffen, die Sparte Wind dagegen nur die Konversion von Windenergie.

Die Abbildungen 3.7–3.10 zeigen den wirtschaftlichen Endenergiemix der erneuerbaren Energieträger in Abhängigkeit des Endenergiedeckungsgrades (schwarze Kurve), wobei einerseits die aufzubringenden Annuitäten (farbig ausgefüllte Flächen) und andererseits die Energieausbeuten (farbig schraffierte Flächen) der einzelnen erneuerbaren Energien im optimierten Energiemix hervorgehen. Weiterhin veranschaulichen die Abbildungen sowohl die minimierten Endenergiegestehungskosten der erneuerbaren Energieträger als auch ihre einzelnen spezifischen Aufwendungen, welche durch Quotientenbildung der Annuität mit der zugehörigen Energieausbeute leicht bestimmbar sind.

Aus den Abbildungen 3.7–3.10 geht hervor, daß sich keine Modellgemeinde auch nach Abzug des Anteils der rationellen Energieverwendung vollständig durch erneuerbare Energien selbst versorgen könnte. Die Deckungsgrade schwanken in einem Bereich von ca. 20 % bei Endenergiegestehungskosten von ca. 1,00 DM/kWh in der Modellgemeinde I und ca. 60 % bei 0,85 DM für die erzeugte kWh Endenergie in der Modellgemeinde IV.

3 Kommunale Beiträge erneuerbarer Energien

Tabelle 3.6. Gruppierung erneuerbarer Energieträger

Erneuerbare Energieträger (zusammengefaßt)	Erneuerbare Energieträger (detailliert)
Feste Biomasse	Nutzung von Miscanthus, Ernterückständen, forstwirtschaftlichen Reststoffen
Feuchte Biomasse	Verwertung von organischen Müll, tierischen Exkrementen, Klärschlämmen
Solare Nahwärme	Zentrale Raumwärme- und Brauchwarmwassergestehung mit Deckungsgraden von 15 %, 40 % und 80 %
Solare Brauchwarmwassererwärmung	Brauchwarmwassergestehung auf Ein-, Zwei- und Mehrfamilienhäusern sowie Nichtwohngebäuden
Solare Raumwärme und Brauchwarmwasserversorgung	Raumwärme- und Brauchwarmwassergestehung auf Ein-, Zwei- und Mehrfamilienhäusern sowie Nichtwohngebäuden
Wind	Nutzung der Windenergie
Dezentrale Photovoltaik	Installation von Photovoltaikmodulen auf Satteldach-, Flachdach-, Wand- und bebauungsabhängigen Flächen
Zentrale Photovoltaik	Installation von Photovoltaikmodulen auf bebauungsunabhängigen Flächen

Der stufenweise Ausbau der erneuerbaren Energien gestaltet sich in den Modellgemeinden I–IV wie folgt, wobei die Profile zwischen der Metropole und Großstadt sowie zwischen Stadt oder Gemeinde an einer Ballungsrandzone und Ländliche Gemeinde jeweils ähnlich sind.

In den beiden großen Modellgemeinden sollte zur Einbindung erneuerbarer Energieträger in die Energieversorgungsstruktur zunächst feste Biomasse energetisch genutzt werden, bevor es zu einer Verwendung von feuchter Biomasse kommt. Ab einem Endenergiedeckungsgrad von ca. 1 % in der Modellgemeinde I bzw. ca. 2 % in der Modellgemeinde II sollte die solare Nahwärmeversorgung einsetzen, die bei weiterer Steigerung des Deckungsgrades durch die reine Brauchwarmwassergestehung ergänzt werden sollte. Gleichzeitig müßte ein Teil der Energieplantagen zugunsten höherer Deckungsgrade solarer Nahwärme reduziert werden. Im nächsten Ausbauzustand (ab einem Deckungsgrad von ca. 8 % in beiden Modellgemeinden I und II) wäre der Aufbau von Windenergiekonvertern sinnvoll, bevor die reine Brauchwarmwassergestehung durch kombinierte Raumwärme-Brauchwarmwassersysteme abgelöst wird. Der Betrieb dezentraler Photovoltaikanlagen wäre abschließend in der Modellgemeinde I ab einem Deckungsgrad von ca. 17 % sinn-

3.2 Erneuerbare Energien im Verbund

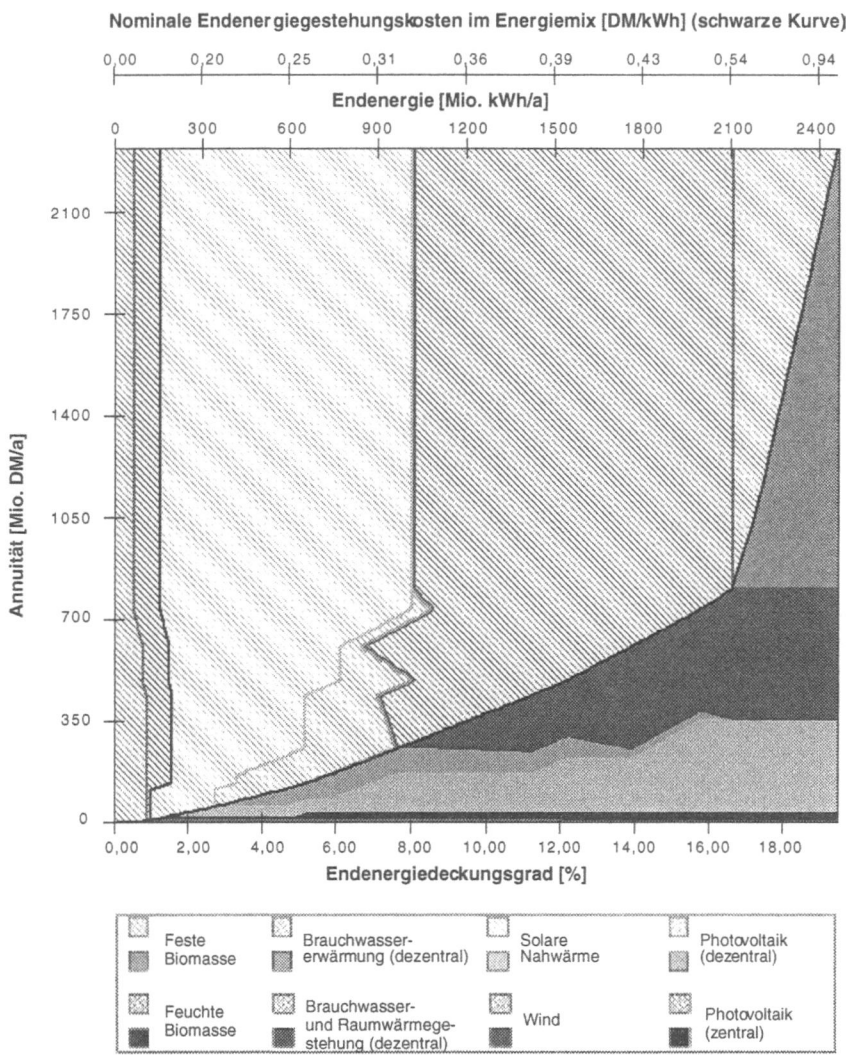

Abb. 3.7. Ökonomisch-energetisch orientierter Endenergiemix erneuerbarer Energieträger in der Modellgemeinde Metropole
(Endenergiebedarf: 3.159 Mio. kWh$_{el}$/a, 9.523 Mio. kWh$_{th}$/a)

3 Kommunale Beiträge erneuerbarer Energien

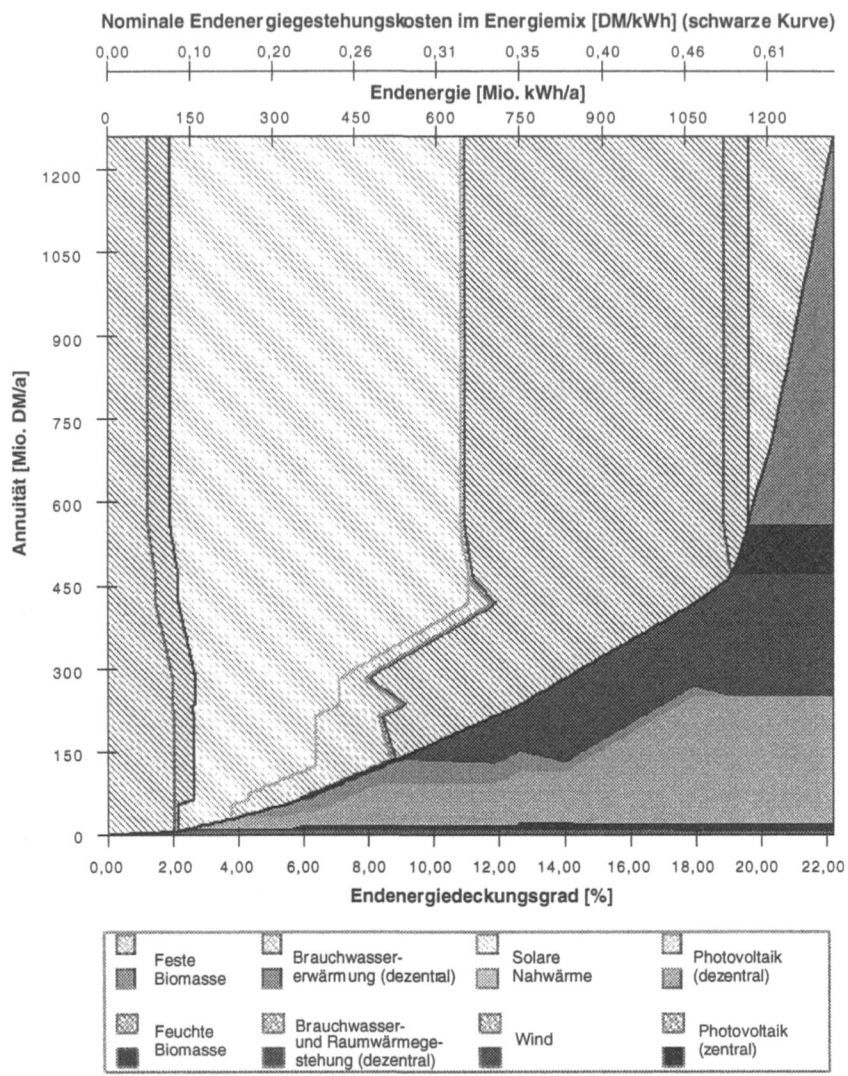

Abb. 3.8. Ökonomisch-energetisch orientierter Endenergiemix erneuerbarer Energieträger in der Modellgemeinde Großstadt
(Endenergiebedarf: 1.526 Mio. kWh$_{el}$/a, 4.474 Mio. kWh$_{th}$/a)

3.2 Erneuerbare Energien im Verbund

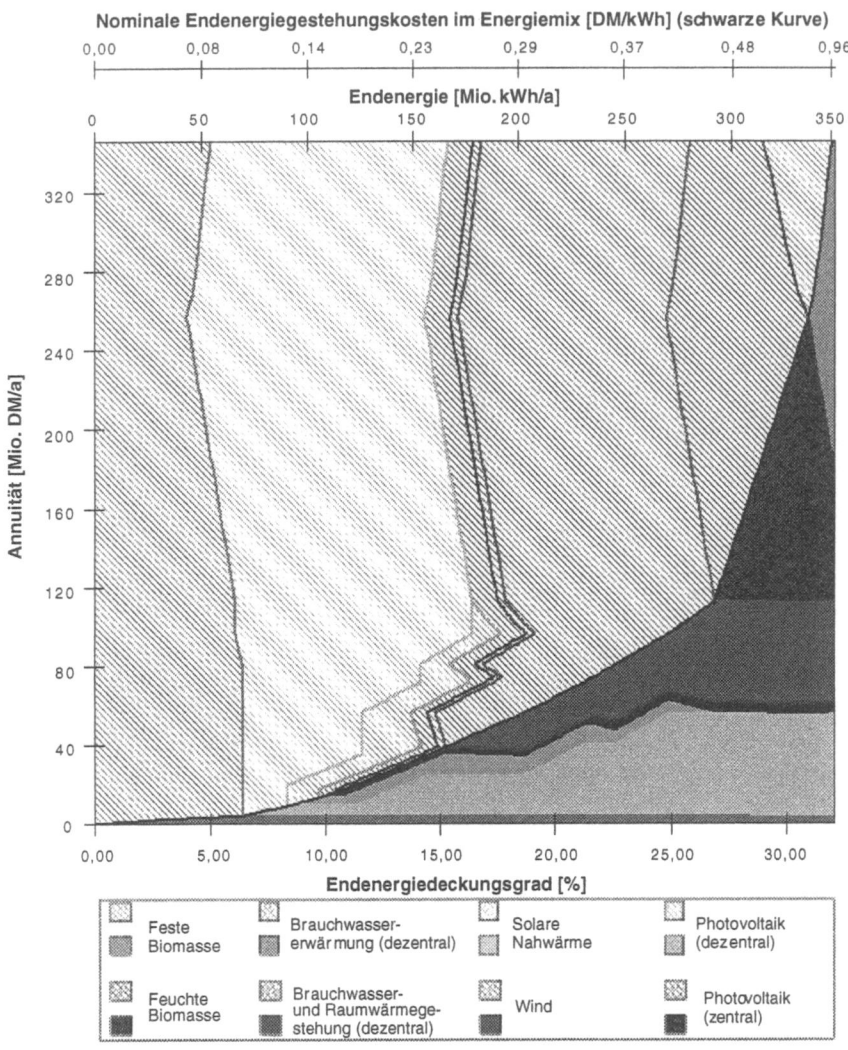

Abb. 3.9. Ökonomisch-energetisch orientierter Endenergiemix erneuerbarer Energieträger in der Modellgemeinde Stadt oder Gemeinde an einer Ballungsrandzone (Endenergiebedarf: 265 Mio. kWh$_{el}$/a, 835 Mio. kWh$_{th}$/a)

80   3 Kommunale Beiträge erneuerbarer Energien

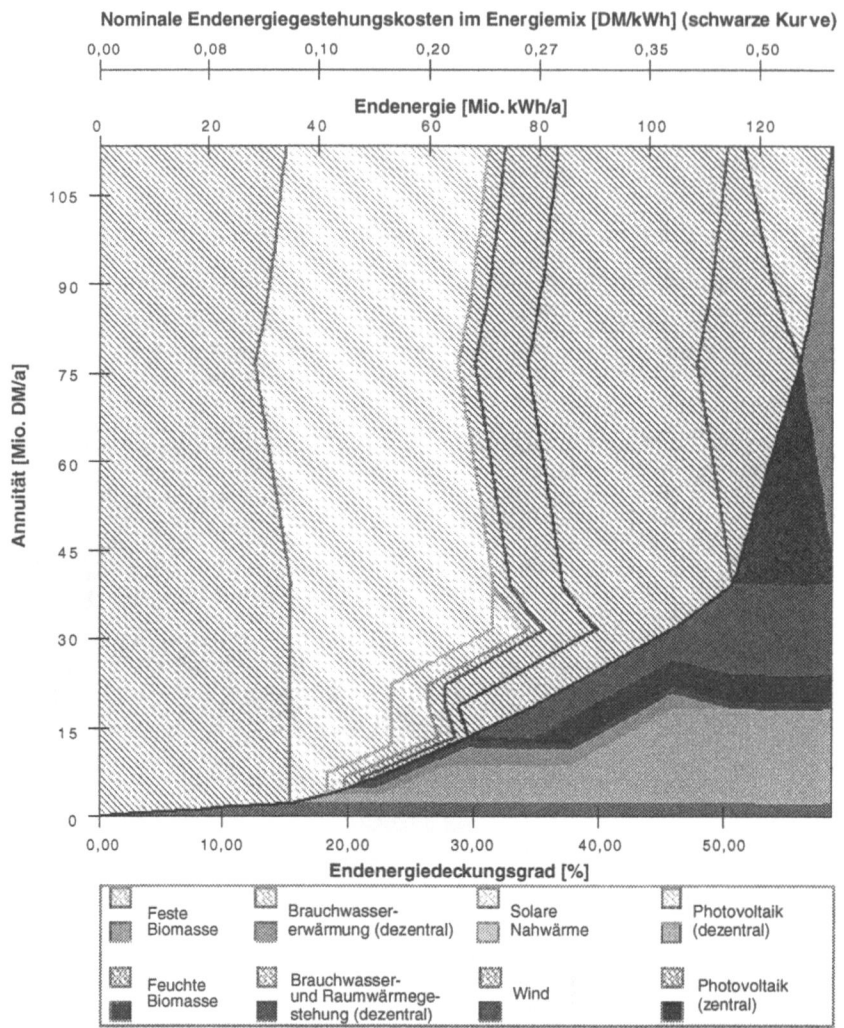

Abb. 3.10. Ökonomisch-energetisch orientierter Endenergiemix erneuerbarer Energieträger in der Modellgemeinde Ländliche Gemeinde
(Endenergiebedarf: 54,5 Mio. kWh_{el}/a, 176,6 Mio. kWh_{th}/a)

3.2 Erneuerbare Energien im Verbund

voll aufzunehmen. Zentrale Photovoltaik-Systeme kommen dort aufgrund mangelnder Flächen nicht zum Einsatz. Abweichend von der Modellgemeinde I könnte in der zweiten Modellgemeinde Strom auch unter wirtschaftlichen Aspekten aus zentralen und dezentralen photovoltaischen Systemen gewonnen werden. So würden ab einem Deckungsgrad von ca. 18 % zentrale, ab einem Deckungsgrad von ca. 19 % dezentrale Photovoltaik-Anlagen sinnvoll einsetzbar.

In Anlehnung an die Modellgemeinden I und II sollte der Ausbau erneuerbarer Energieträger in den Modellgemeinden III und IV mit der Nutzung fester Biomasse beginnen, woran sich ab Deckungsgraden von ca. 7 % bzw. ca. 15 % die Installation solarer Nahwärmesysteme, die ihrerseits die Nutzung der festen Biomasse teilweise verdrängen, anschließen. Zur Erreichung höherer Endenergiedeckungsgrade (ab ca. 8 % bzw. 18 %) wären solare Brauchwarmwassersysteme lohnenswert, erst danach würde sich die Verwendung feuchter Biomasse und Windenergie, die jeweils nur einen kleinen Beitrag zur Energieversorgung beitragen können, anbieten.

Die kombinierte solare Raumwärme-Brauchwarmwassergestehung wäre im nächsten Ausbaustadium (ab Deckungsgraden von ca. 15 % bzw. 30 %) zu beginnen, die zentrale photovoltaische Stromgestehung sollte sich trotz Nutzung der bisher für den Anbau von Miscanthus vorgesehenen Flächen ab Deckungsgraden von ca. 26 % in der Modellgemeinde III bzw. 48 % in der Modellgemeinde IV anschließen. Im letzten Ausbaustadium sollte der Einsatz von dezentralen Photovoltaik-Anlagen erfolgen, der, bedingt durch die Netzpenetration, welche mit 20 % angesetzt wird, einen Abbau der zentralen photovoltaischen Systeme und damit verbunden eine Belebung des Energiepflanzenanbaus nach sich zöge.

Die Energiegestehungskosten des ökonomisch-energetisch orientierten Energiemixes steigen überproportional mit dem Endenergiedeckungsgrad und können näherungsweise für alle Modellgemeinden durch 3 Kurvenabschnitte beschrieben werden, wobei der erste im wesentlichen durch die Nutzung der Biomasse, der zweite durch die Verwendung der Systeme zur Brauchwarmwasser- und Raumwärmegestehung und der dritte durch die Installation photovoltaischer Module beschrieben wird. Besonders transparent wird die Progression der Energiegestehungskosten am Beispiel der solaren Stromerzeugung. In allen Modellgemeinden steigen die Gesamtkostenfunktionen des Energiemixes bei einem Einsatz photovoltaischer Elemente sprunghaft an. Das resultiert zum einen aus den ohnehin schon hohen Grenzkosten photovoltaischer Systeme, zum anderen aus dem zumindest für zentrale Photovoltaik-Systeme notwendigen Abbau der kostengünstigen, aber energetisch ineffizienteren Energiepflanzennutzung.

Im Vergleich des Energiemixaufbaus des ökonomisch-energetisch zum ökonomisch-ökologisch orientierten Einsatzes erneuerbarer Energieträger ergibt sich aufgrund anderer Nutzungsprioritäten eine leichte Verschiebung der Ausbaurangfolge der betrachteten Energieträger zugunsten der Windenergiekonversion, die sich nun direkt an die nach wie vor zuerst genutzte Biomasseverwertung anschließt. Ansonsten treten gegenüber der ökonomisch-energetisch orientierten Kombination erneuerbarer Energieträger zum CO_2-Reduktionsmix keine gravierenden Änderungen auf (vgl. Abb. 3.11–3.14). Der ausgewiesene Reduktionsgrad und die Angabe der CO_2-Emissionen beziehen sich auf einen Zustand nach Durchführung von Maßnahmen zur rationellen Energieverwendung.

Die maximalen Reduktionsgrade des Kohlendioxid-Ausstoßes variieren in einem Bereich von ca. 22 % bei CO_2-Reduktionskosten in Höhe von ca. 2,15 DM/kg eingesparter CO_2-Emission in der Modellgemeinde I bis zu ca. 65 % bei Aufwendungen für das nicht emittierte kg CO_2 von ca. 1,81 DM in der Modellgemeinde IV, wobei die absoluten CO_2-Reduktionen in einem Bereich von jährlich ca. 1,1 Mio. t CO_2 bis 0,06 Mio. t CO_2 schwanken.

Das verbindliche Ziel der Bundesregierung, die Emissionen klimawirksamer Spurengase in der Größenordnung von 25–50 % zu mindern, kann nur unter den genannten Randbedingungen in den Modellgemeinden III Stadt oder Gemeinde an Ballungsrandzonen und IV Ländliche Gemeinde auf Basis der erneuerbaren Energieträger verwirklicht werden. Dieses kann aber nur mit erheblichen jährlichen Aufwendungen verwirklicht werden. So wären bei einer angestrebten Minderung der CO_2-Emissionen in der Modellgemeinde III Annuitäten von ca. 118 Mio. DM (ca. 1,02 DM/kg CO_2-Reduktion) jährlich aufzubringen, in der Modellgemeinde IV aber nur ca. 12 Mio. DM (ca. 0,5 DM/kg CO_2-Reduktion). Diese Summen entsprechen in der Modellgemeinde III in etwa 75 % des mittleren Steueraufkommens (ca. 150 Mio DM/a), in der Modellgemeinde IV ca. 30 % der Gemeindeeinnahmen (ca. 40 Mio. DM).

Diese hohe Diskrepanz beruht im wesentlichen darauf, daß in den Kommunen an Ballungsrandzonen von Systemen zur energetischen Verwertung fester Biomasse bis einschließlich Solarthermieanlagen zur kombinierten Raumwärme- und Brauchwarmwassergestehung auf Einfamilienhäusern sämtliche Energiesysteme installiert werden müßten, wohingegen in der ländlichen Gemeinde die teurere dezentrale Wärmegestehung ersatzlos wegfallen könnte. Photovoltaische Energiesysteme dagegen müßten in keiner der beiden Gemeindetypen aufgebaut werden.

3.3
Hochrechnung auf Nordrhein-Westfalen

Wird der wirtschaftliche Energie- bzw. CO_2-Minderungsmix auf das gesamte Bundesland Nordrhein-Westfalen über eine Hochrechnung der Ergebnisse aus den 4 Modellgemeinden bezogen, ergibt sich ein ähnliches Bild wie bei den Modellgemeinden I und II Metropole und Großstadt. Die Abbildungen 3.15 und 3.16 zeigen den ökonomisch-energetisch sowie ökonomisch-ökologisch orientierten Endenergiemix erneuerbarer Energieträger in Nordrhein-Westfalen. Selbstverständlich sind dies nur theoretische Werte, da bei der Kombination erneuerbarer Energieträger in den Modellgemeinden von einem Sofortausbau ausgegangen wird. Für Gesamt-Nordrhein-Westfalen sind diese Zahlen allein schon aus kapazitätstechnischen Gründen im Solarkollektorbereich und auch im PV-Modulbereich nicht realistisch (vgl. dazu Kap. 4.1.1)

3.3 Hochrechnung auf Nordrhein-Westfalen

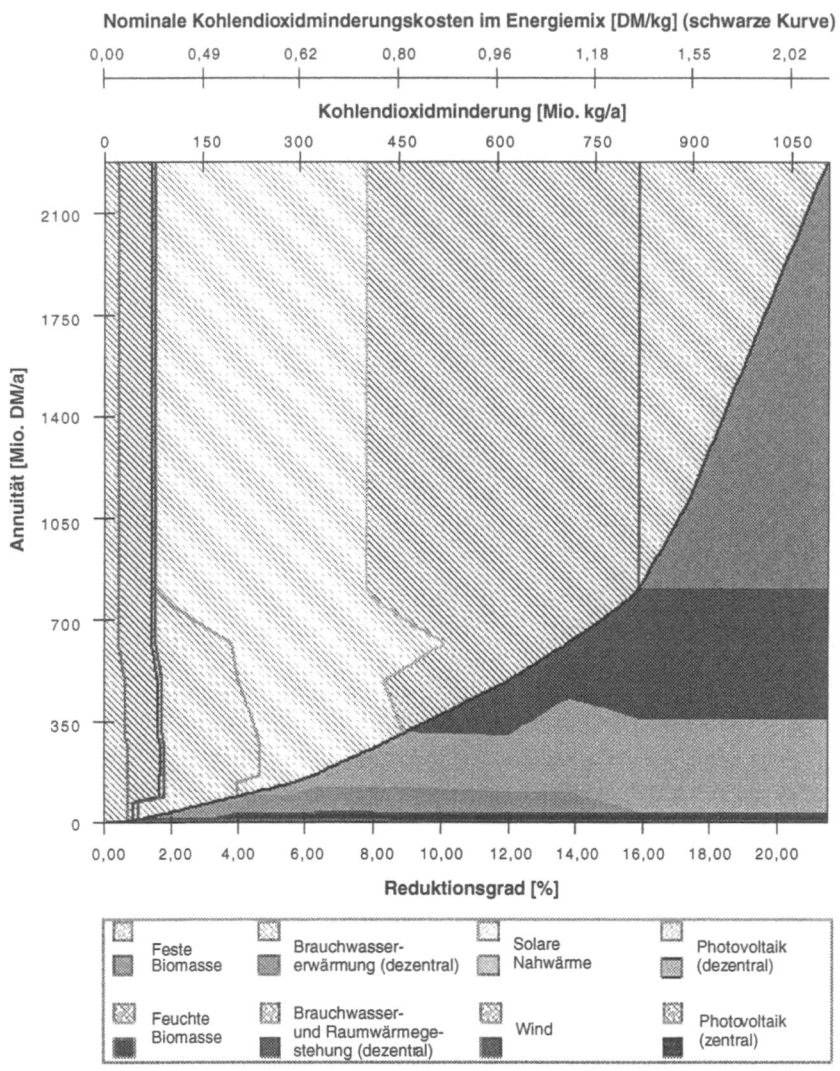

Abb. 3.11. Ökonomisch-ökologisch orientierter Endenergiemix erneuerbarer Energieträger zur Reduktion der CO_2-Emissionen in der Modellgemeinde Metropole
(Emission von Kohlendioxid: ca. 5,17 Mio. t/a)

3 Kommunale Beiträge erneuerbarer Energien

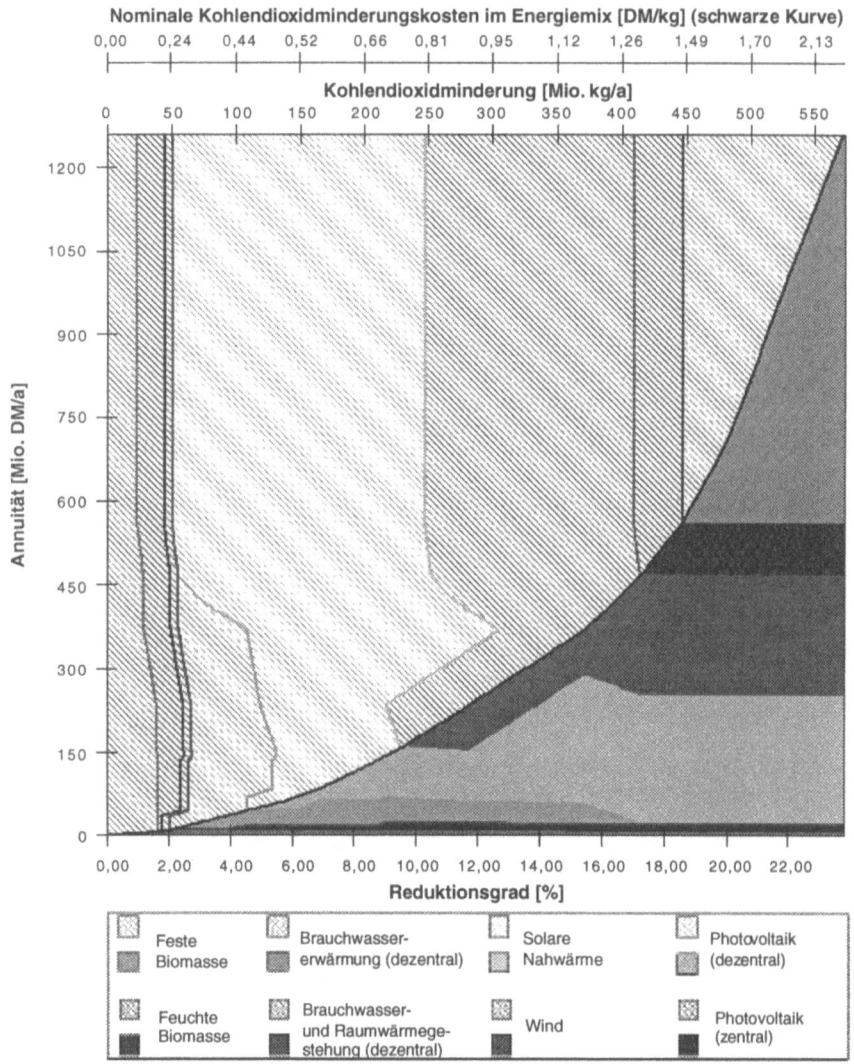

Abb. 3.12. Ökonomisch-ökologisch orientierter Endenergiemix erneuerbarer Energieträger zur Reduktion der CO_2-Emissionen in der Modellgemeinde Großstadt
(Emission von Kohlendioxid: ca. 2,46 Mio. t/a)

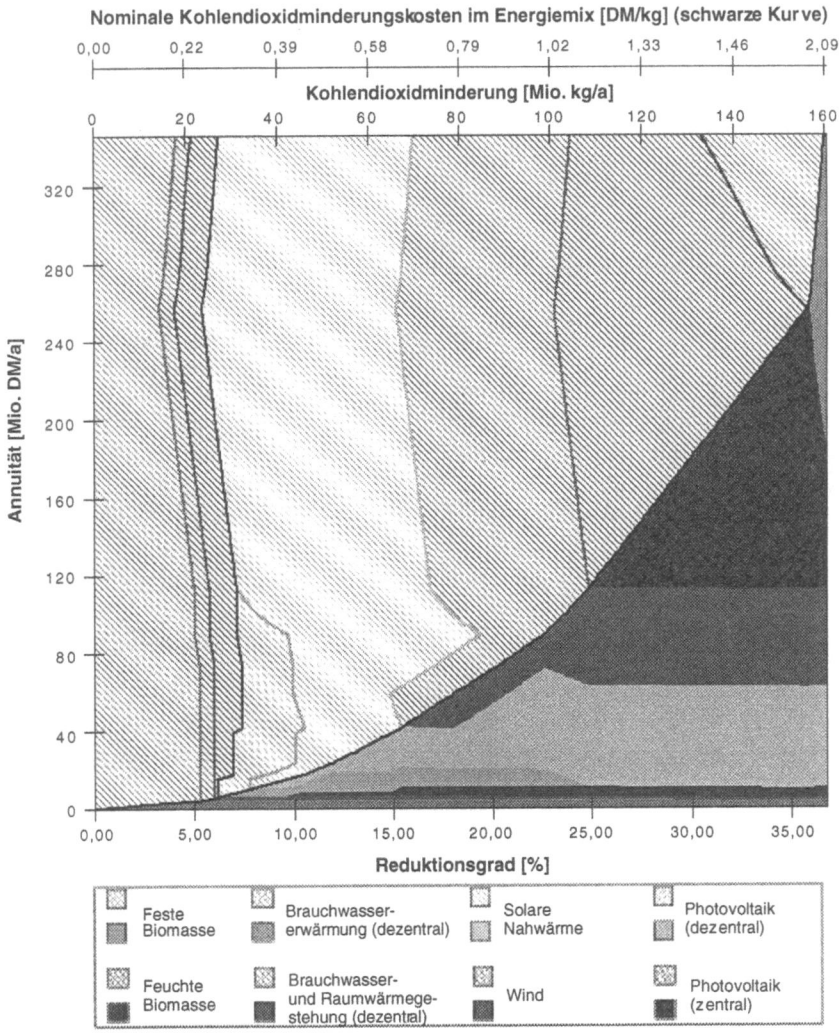

Abb. 3.13. Ökonomisch-ökologisch orientierter Endenergiemix erneuerbarer Energieträger zur Reduktion der CO_2-Emissionen in der Modellgemeinde Stadt oder Gemeinde an einer Ballungsrandzone
(Emission von Kohlendioxid: ca. 0,44 Mio. t/a)

3 Kommunale Beiträge erneuerbarer Energien

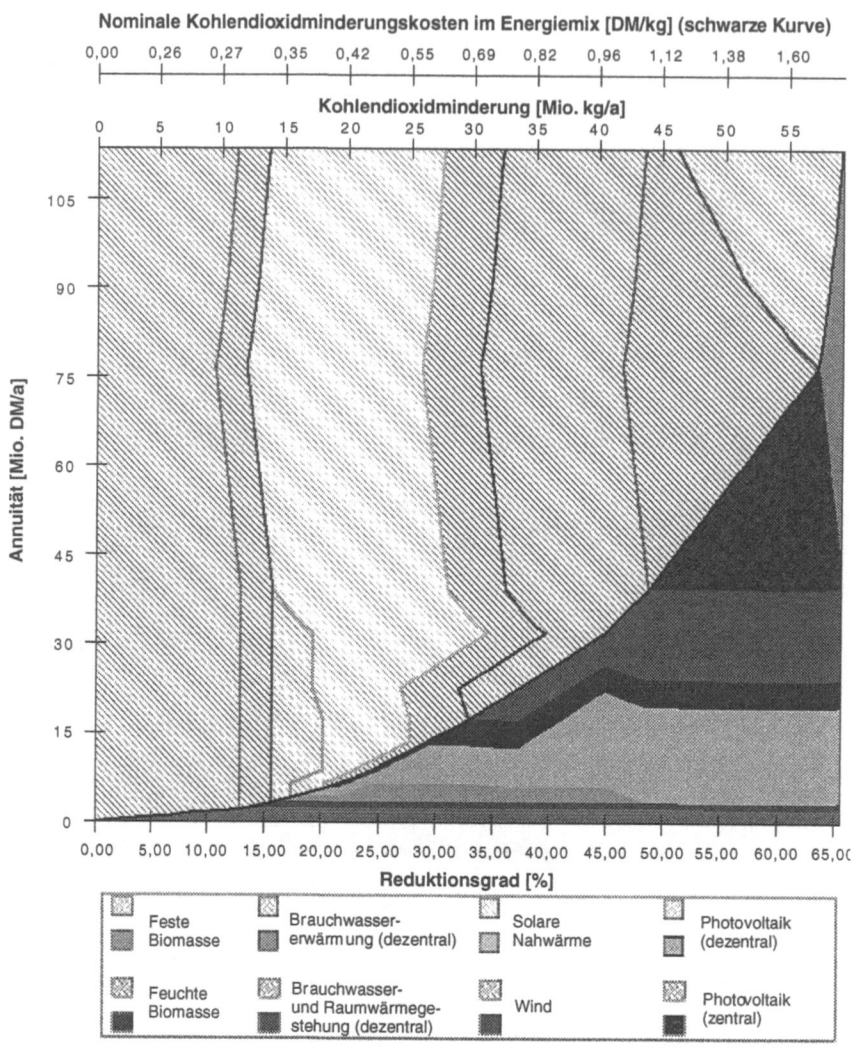

Abb. 3.14. Ökonomisch-ökologisch orientierter Endenergiemix erneuerbarer Energieträger zur Reduktion der CO_2-Emissionen in der Modellgemeinde Ländliche Gemeinde
(Emission von Kohlendioxid: ca. 0,09 Mio. t/a)

3.3 Hochrechnung auf Nordrhein-Westfalen

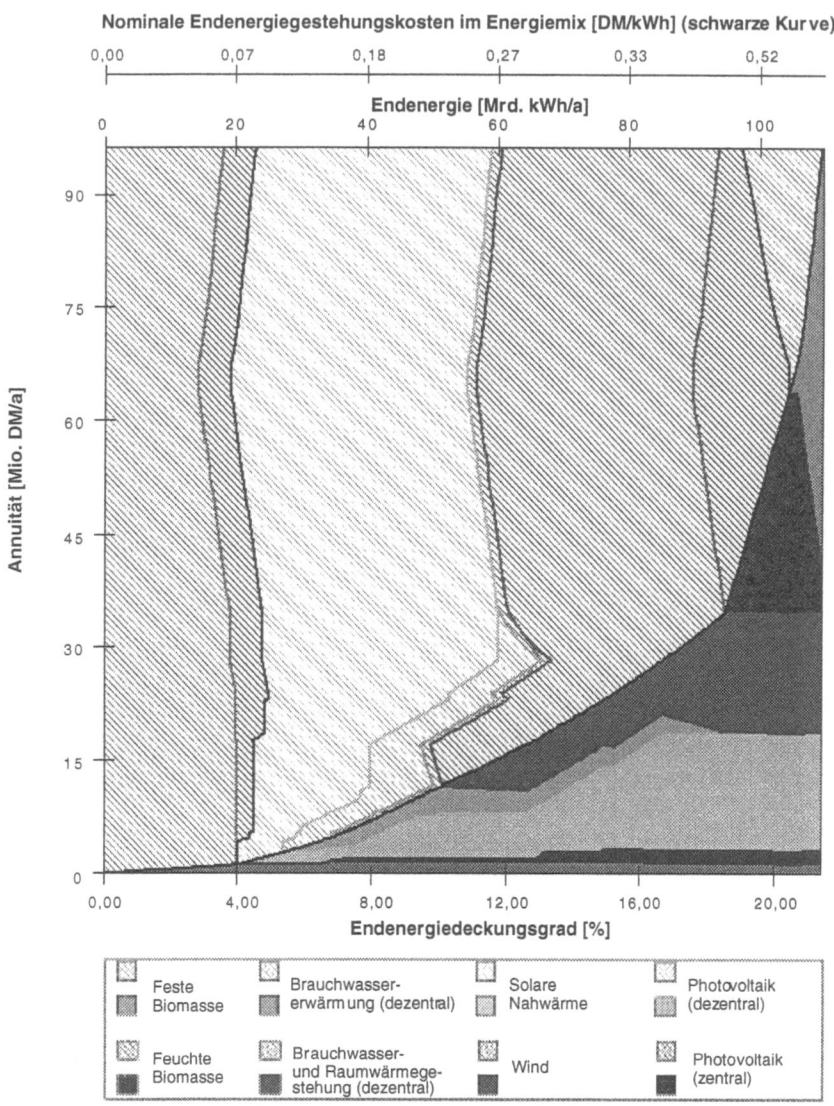

Abb. 3.15. Ökonomisch-energetisch orientierter Endenergiemix erneuerbarer Energieträger in Nordrhein-Westfalen
(Endenergiebedarf: 115 Mrd. kWh$_{el}$/a, 397 Mrd. kWh$_{th}$/a)

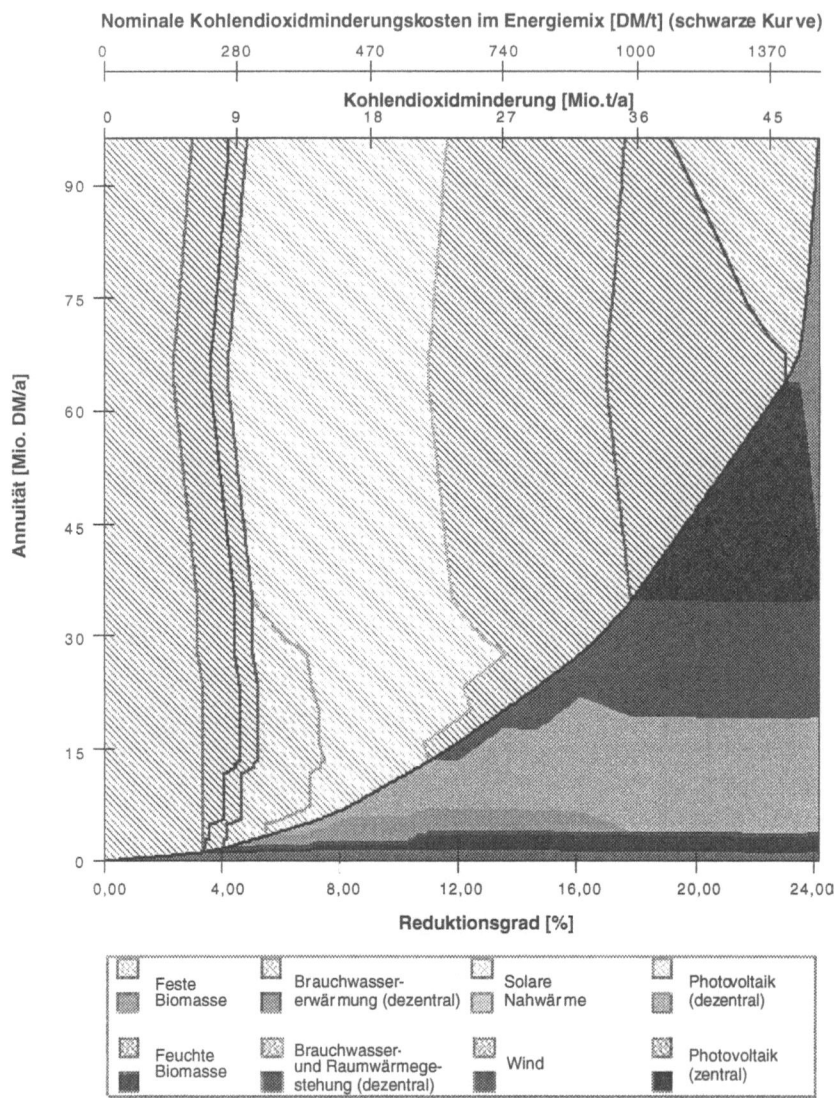

Abb. 3.16. Ökonomisch-ökologisch orientierter Endenergiemix erneuerbarer Energieträger zur Reduktion der CO_2-Emissionen in Nordrhein-Westfalen
(Emission von Kohlendioxid: ca. 200 Mio. t/a)

3.3 Hochrechnung auf Nordrhein-Westfalen

Der ökonomisch-energetisch und ökonomisch-ökologisch orientierte (ausschließliche Betrachtung der Reduktion von CO_2-Emissionen) Endenergiemix erneuerbarer Energieträger in Nordrhein-Westfalen weist prinzipiell – ausgenommen die Konversion zweier erneuerbarer Energieträger – einen ähnlichen Verlauf auf. Bei beiden Varianten des Energiemixes wäre zunächst die Verwertung der festen Biomasse empfehlenswert (bis zu ca. 4 % des Endenergiedeckungs- bzw. CO_2-Minderungsgrades bei spezifischen Energiegestehungs- bzw. CO_2-Reduktionskosten von nominal ca. 7 Pf/kWh bzw. ca. 25 Pf/kg eingesparte CO_2-Emissionen), bevor die Nutzung von Systemen zur Konversion feuchter Biomasse (insbesondere Klärschlammverwertung) zum Einsatz kommen sollte.

Während sich beim energetischen Ausbau daran die solare Nahwärmeversorgung in Verbindung mit der solaren dezentralen Brauchwarmwassergestehung und der Nutzung der Windkraft anböte, wäre bei dem CO_2 reduzierenden Energiemix zunächst die Konversion der Windenergie (ca. 1 % CO_2-Minderung) und anschließend die Verwendung solarer Brauchwarmwassersysteme sinnvoll. Daran anknüpfend wäre bei einem CO_2-Reduktionsgrad von ca. 6 % dann der Ausbau der solaren Nahwärmeversorgung zu befürworten. Erst bei einem Endenergiedeckungsgrad von ca. 10 % bzw. bei einem CO_2-Minderungsgrad von ca. 11 % sollten Anlagen zur dezentralen Raumwärme- und Brauchwarmwassergestehung eingesetzt werden.

Überproportional steigen würden die Energiegestehungskosten bei dem Einsatz zentral und dezentral installierter Photovoltaikanlagen ab Deckungs- bzw. CO_2-Reduktionsgraden von ca. 19 % bzw. ca. 18 %. Bedingt durch die Netzpenetrationsgrenze ist ein vollständiger Ausbau der zur Verfügung stehenden Flächen mit Photovoltaikanlagen nicht möglich, so daß ab einem Endenergiedeckungs- und CO_2-Reduktionsgrad von ca. 20 % bzw. ca. 23 % dem Anbau der Energiepflanze Miscanthus Vorschub geleistet würde. Im Endausbaustadium bei einem Endenergiedeckungsgrad vom 21,4 % (ca. 109 Mrd. kWh erzeugter Endenergie aus erneuerbaren Energieträgern) würde die kWh Endenergie ca. 0,90 DM bzw. das eingesparte kg CO_2 bei einer Reduktion der CO_2-Emissionen von ca. 48 Mio. t (ca. 24,1 % Reduktionsgrad) ca. 2,00 DM kosten.

Landesweit ist in Nordrhein-Westfalen selbst bei Stützung der großen Gemeinden durch kleinere Kommunen das Ziel der Bundesregierung, mindestens 25 % der CO_2-Emissionen gegenüber 1987 (bzw. 1990) zu reduzieren, nicht vollständig durch den alleinigen Einsatz erneuerbarer Energieträger zu erreichen. Durch die Kopplung mit den Maßnahmen der rationellen Energieverwendung – durch die schon ca. 30 % der CO_2-Emissionen vermieden werden könnten – könnten insgesamt mit der Nutzung erneuerbarer Endenergieträger über die Hälfte der derzeitigen Emissionen von CO_2 eingespart werden.

4 Branchenspezifische Kapitalflüsse infolge eines Ausbaus neuer Energiesysteme in Nordrhein-Westfalen

Unter der Annahme einer Umsetzung des in Kapitel 3.3 dargestellten CO_2-Reduktionsmixes für Gesamt-Nordrhein-Westfalen (vgl. Abb. 3.16) werden im folgenden die volkswirtschaftlichen Auswirkungen im Bereich der Beschäftigung quantifiziert. Dafür werden zunächst die für eine Anwendung der Input-Output-Analyse notwendigen exogenen Endnachfragevektoren (vgl. Kap. 2.4) hergeleitet, wobei sowohl die durch Nachfrageerhöhung bzw. ausgelösten positiven als auch die durch Substitutionseffekte und infolge der Rückfinanzierung bedingten Nachfrageeinbußen ausgelösten negativen Kapitalflüsse abgeschätzt werden. Zudem werden auch zusätzliche Kapitalflüsse berücksichtigt, welche aus eingesparten Primärenergieimporten infolge einer angenommenen Umsetzung der dargestellten Strategien auf der Basis neuer Energiesysteme resultieren.

4.1 Positive Kapitalflüsse

Im folgenden werden unter der Annahme verschiedener Randbedingungen, insbesondere zur Abschätzung der heute vorhandenen bzw. zukünftig zu erwartenden Fertigungskapazitäten solarthermischer Kollektoren und photovoltaischer Module (vgl. Kap. 4.1.1) bzw. der zukünftig möglichen Kostenentwicklungen (vgl. Kap. 4.1.2), 2 unterschiedliche Szenarien zur Umsetzung der im CO_2-Reduktionsmix vorgesehenen Ausbauzustände der Nutzung erneuerbarer Energieträger erarbeitet (vgl. Kap. 4.1.3). Denn erst mit einer Analyse der in einem Betrachtungsjahr tatsächlich installierten Anlagenzahl bzw. -art können die volkswirtschaftlichen Auswirkungen einer Umsetzung kostenoptimierter und annuitätisch ausgewiesener Ausbaustrategien abgeschätzt werden.

4.1.1 Entwicklung der Fertigungskapazitäten im Bereich regenerativer Energiesysteme

Wie in Kapitel 3.3 dargestellt, sind für eine Umstrukturierung der Endenergieversorgung in Nordrhein-Westfalen auch unter Berücksichtigung kostenoptimaler Ausbaustrategien hohe Investitionsvolumina notwendig. So erfordert beispielsweise die Umsetzung des vorgesehenen Energiemixes zur CO_2-Reduktion um z.B. 10 % nominale Annuitäten in Höhe von ca. 14,4 Mrd. DM und die maximale Ausschöpfung des regenerativen Potentials (CO_2-Reduktionsgrad 24,1 %) nominale Annuitäten von rund 128 Mrd. DM bei einem Sofortausbau erneuerbarer Energiesysteme. Bevor, aufbauend auf diesen nominal annuitätisch ausgewiesenen Kosten, verschiedene Szenarien für einen Umbau der Energieversorgungsstruktur abgeleitet werden, ist jedoch zunächst zu prüfen, inwieweit die in der Bundesrepublik Deutschland verfügbaren Produktionskapazitäten eine vollständige Umsetzung der vorgesehenen Investitionen in neue Energiesysteme auf der Basis regenerativer Energieträger ermöglichen.

Eine zuverlässige Bestimmung der heute verfügbaren Fertigungskapazitäten ist jedoch problematisch. Einerseits werden aus Wettbewerbsgründen von den meisten Unternehmen keine Daten bezüglich vorhandener Kapazitäten veröffentlicht und andererseits werden statistische Zahlen zu Produktionsumfang und Kapazitätsauslastung vom Statistischen Bundesamt lediglich für den Bereich der Investitionsgüterindustrie ausgewiesen. Eine gesonderte Analyse der Herstellungskapazitäten im Bereich der regenerativen Energiesysteme konnte jedoch bislang nicht realisiert werden.

Um dennoch belastbare Informationen über heute und zukünftig verfügbare Produktionskapazitäten zu erhalten, stützt sich die Analyse auf eine Abschätzung der derzeitigen Entwicklungstendenzen bei den installierten Leistungen und den in Betrieb genommenen Anlagen innerhalb der Bundesrepublik Deutschland. Unter Berücksichtigung der Import- und Exportquoten bzw. der Annahme durchschnittlicher Maschinenauslastungen können Rückschlüsse auf die Produktion bundesdeutscher Unternehmen gezogen werden. Zur Abschätzung zukünftig möglicher Wachstumsraten im Bereich der Produktionskapazitäten werden die Produktionsentwicklungen ausgewählter Investitionsgüter analysiert, um mit Hilfe eines Analogievergleiches Rückschlüsse über maximal mögliche Kapazitätssteigerungen im Bereich der Fertigung infolge eines Überganges zur Serienfertigung einzelner Systemkomponenten zu erhalten.

4.1.1.1
Analogiebetrachtungen zur Abschätzung potentieller Wachstumsraten im Bereich der Fertigungskapazitäten

Anhand statistischer Angaben zu den historischen Produktionsentwicklungen verschiedener Investitionsgüter werden im folgenden Wachstumsgrößen ausgewiesen, welche in der Bundesrepublik Deutschland – unter der Vorgabe einer über Jahre andauernden starken Nachfrage – auch über einen längeren Zeitraum möglich erscheinen. Auf der Basis dieser maximal möglichen jährlichen Steigerung der Fertigungskapazitäten werden in Kapitel 4.1.3 zwei grundlegend verschiedene Szenarien entwickelt. Dabei unterscheiden sich diese Szenarien vor allem in der Annahme der durchschnittlichen jährlichen Produktionssteigerungen. Während im Rahmen eines pessimistischen Szenarios von einer mittleren Steigerungsrate in der Höhe der heutigen jährlichen Kapazitätssteigerung ausgegangen wird, wird das andere als optimistisches Szenario ausgelegt, welches auf der o.a. maximalen historischen Steigerungsrate verschiedener Investitionsgüter basiert.

4.1 Positive Kapitalflüsse

Für diese Analogiebetrachtungen wurden die historischen Produktionsentwicklungen von Farbfernsehgeräten, Mikroprozessoren und Personenkraftwagen ermittelt und mit Produktionszahlen aus dem Bereich der neuen Energiesysteme am Beispiel der Windenergienutzung verglichen. Dabei wurden Produkte ausgewählt, welche über einen längeren Zeitraum eine starke Nachfrage erfuhren, so daß – auch im Zuge eines Überganges zur Serienfertigung – hohe mittlere Produktionssteigerungen pro Jahr resultierten. Eine Übersicht der ermittelten Ergebnisse zeigt Tabelle 4.1.

Es wird deutlich, daß auch über einen Zeitraum von 5–6 Jahren mittlere jährliche Wachstumsraten von 40–60 % erzielt werden können, wenn eine ausreichende Nachfrage existiert [77–79]. Hierbei blieb jeweils das erste Produktionsjahr nach erfolgreicher Markteinführung unberücksichtigt, um unrealistisch hohe Wachstumsraten auszuschließen. Da einerseits auch bei längerfristiger Betrachtung (10–20 Jahre) Wachstumsraten im Bereich der Produktion zwischen 30 % und 50 % ermittelt werden konnten und andererseits bei entsprechender staatlicher Förderung z.T. auch höhere Produktionssteigerungen anzunehmen sind, werden im Rahmen des zweiten Szenarios Wachstumsraten von 60 % im Bereich bisher nicht wirtschaftlicher Energietechnologien angesetzt, wenn die verfügbaren Fertigungskapazitäten die anzunehmende Nachfrage nicht decken können (vgl. Kap. 4.1.3).

Tabelle 4.1. Gemittelte Wachstumsraten der Referenztechnologien über Zeiträume von 5–6 Jahren [77–79]

Produktbereich	Zeitraum	mittlere Wachstumsrate [%/a]
Farbfernsehgeräte	1969 – 1974	40,0
Mikroprozessoren	1975 – 1981	45,0
Personenkraftwagen (VW)	1948 – 1954	60,0
Windenergiekonverter	1988 – 1994	100,0

Das Beispiel der Produktionsentwicklung von Windenergiekonvertern stützt diese Annahme. Die recht junge Technologie erfuhr im Zeitraum zwischen 1988 und 1994 – bezogen auf die jährliche neu installierte Leistung – eine mittlere jährliche Wachstumsrate von rund 100 % (vgl. Tabelle 4.1). Hier wird deutlich, daß einer staatliche Förderung, hier insbesondere die staatlich garantierte Einspeisevergütung für regenerativ erzeugten Strom, hinsichtlich einer hohen Produktionssteigerung eine besondere Bedeutung zukommt.

In Hinblick auf die potentielle Entwicklung der Fertigungskapazitäten im Bereich regenerativer Energiesysteme lassen die o.a. Analogiebetrachtungen darauf schließen, daß konstante Wachstumsraten bis zu 60 % pro Jahr – je nach Länge des betrachteten Zeitraumes – in der industriellen Güterproduktion heute ohne Schwierigkeiten realisiert werden können, insbesondere wenn eine finanzielle Förderung bislang unwirtschaftlicher Energiesysteme vorgesehen wird, welche die einzelnen Systeme betriebswirtschaftlich konkurrenzfähig machen. Inwieweit diese Wachstumsraten jedoch auf die verschiedenen Nutzungskonzepte, welche im ökologisch orientierten CO_2-Reduktionsmix (vgl. Abb. 3.16) vorgesehen sind, übertragbar sind, hängt allerdings vom jeweiligen Entwicklungsstand der einzelnen technischen Systeme bzw. von der zu erwartenden Nachfrage ab.

4.1.1.2
Vorhandene und zukünftig mögliche Produktionskapazitäten neuer Energiesysteme

Die in Tabelle 3.6 im Rahmen des ökologisch orientierten CO_2-Reduktionsmixes vorgesehenen Energiesysteme lassen sich grob unterscheiden in einerseits konventionelle Systeme bzw. Systemkomponenten, die als ausgereifte Technologien bezeichnet werden können, und andererseits neue Technologien, welche zwar verfügbar sind und bereits angewendet werden, aber keiner Serienfertigung unterliegen. Zu der ersten Gruppe zählen dabei die Systeme zur Nutzung von organischen und anorganischen Reststoffen, wie z.B. Heizwerke auf der Basis fester Biomasse, Vergärungsanlagen organischer Müllfraktionen und landwirtschaftliche Biogasanlagen, während beispielsweise Windkraftanlagen, solarthermische und insbesondere photovoltaische Anlagen der zweiten Gruppe zuzurechnen sind.

Obwohl sich sowohl Heizwerke auf der Basis fester Biomasse (insbesondere Holz) und Anlagen zur anaeroben Behandlung von Klärschlämmen, als auch landwirtschaftliche Biogasanlagen zur Vergärung tierischer Exkremente im Wettbewerb mit den Konkurrenzenergien allenfalls in Nischenfunktionen behaupten können, gelten diese Techniken seit langem als etabliert und ausgereift, so daß auch im Falle einer deutlich gesteigerten Nachfrage nicht mit Technologiesprüngen und ebenfalls nicht mit Fertigungsengpässen zu rechnen ist [33, 80–84]. Auch die bei den Anlagen zur Nutzung von Biogas verwendete vergleichsweise jüngste Technologie der Blockheizkraftwerke gilt in der Bundesrepublik Deutschland seit Mitte der 70er Jahre als ausgereift, wobei die Bemühungen um eine rationelle Energienutzung insbesondere in den letzten 10 Jahren zu einem stetigen Ausbau der Anlagenzahl und der installierten Leistung geführt haben [85].

Da für die Systemkomponenten zudem nahezu ausschließlich „konventionelle" Maschinenbauprodukte verwendet werden, die für andere industrielle Einsatzbereiche in großen Stückzahlen hergestellt werden, wird im folgenden davon ausgegangen, daß für die Anlagen zur Nutzung von organischen und anorganischen Reststoffen Produktionsengpässe für eine vollständige Ausschöpfung des regenerativen Potentials nicht auftreten werden.

Während für die Energiesysteme der ersten Gruppe lediglich konventionelle Bauteile benötigt werden, ist damit zu rechnen, daß, eine erheblich gesteigerte Nachfrage vorausgesetzt, im Falle eines verstärkten Ausbaus der recht jungen Technologien der Windkraftanlagen und solarthermischer bzw. photovoltaischer Energiesysteme Engpässe im Bereich der Fertigungskapazitäten entgegenstehen werden. Dies begründet sich dadurch, daß einzelne Systemkomponenten, wie beispielsweise solarthermische Kollektoren und insbesondere photovoltaische Module, in der Bundesrepublik Deutschland nur in einem vergleichsweise geringen Umfang gefertigt werden und auch „nicht konventionelle" Anlagenkomponenten Verwendung finden.

Produktionsentwicklung im Bereich Windenergiekonverter

Die Nutzung der Windenergie hat sich in den vergangenen Jahren zu einer der größten Wachstumsbranchen innerhalb der Bundesrepublik Deutschland entwickelt. Dabei stieg die kumulierte Leistung seit Ende der 80er Jahre u.a. aufgrund des neuen Einspeisegesetzes vom 1.1.1991 nahezu stetig um rund 100 %/a (vgl. Tabelle 4.1). In Abbildung 4.1 ist diese Entwicklung anhand der seit 1986 jährlich installierten Leistung graphisch dargestellt [86].

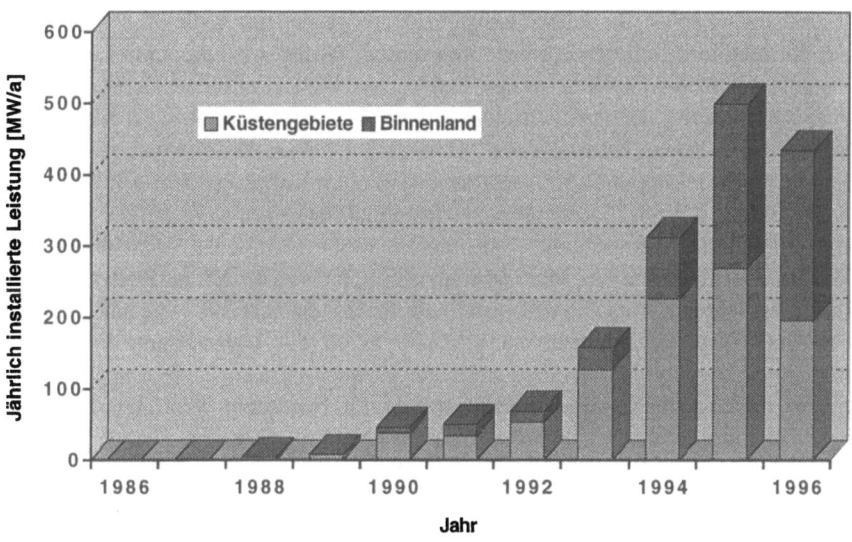

Abb. 4.1. Entwicklung der jährlich installierten Leistung aus Windkraftanlagen in der Bundesrepublik Deutschland [86]

In der Bundesrepublik Deutschland waren Ende 1996 Windkraftanlagen mit einer kumulierten Leistung von rund 1.550 MW installiert. Dabei sind die Installationszahlen bezüglich der neu installierten Leistung, nach einem kontinuierlichen

Anstieg bis zum Jahr 1995, im Jahr 1996 gegenüber dem Vorjahr um rund 15 % zurückgegangen. Zurückzuführen ist diese Entwicklung auf die Unsicherheiten bezüglich der weiteren finanziellen Förderung regenerativer Energiesysteme. Deutlich wird jedoch, daß im Falle einer staatlichen Förderung sehr hohe jährliche Produktionssteigerungen über einen längeren Zeitraum möglich sind.

Für das Land Nordrhein-Westfalen ist im kostenoptimierten CO_2-Reduktionsmix bei maximaler Ausschöpfung des regenerativen Potentials eine zu installierende Leistung im Jahr 1999 von rund 110 MW vorgesehen. Dieser jährliche Zubau liegt erheblich unter der im Jahr 1996 installierten Leistung von ca. 427 MW. Dadurch kann im folgenden davon ausgegangen werden, daß die Herstellungskapazitäten im Bereich der Windkraftanlagen eine Ausschöpfung des vorgegebenen Endenergiepotentials nicht einschränken, insbesondere wenn berücksichtigt wird, daß die bundesdeutsche Exportquote für das Jahr 1996 bezüglich Windkonverter im Jahr lediglich bei rund 20 % lag [86].

Produktionsentwicklung im Bereich der solarthermischen Anlagen

Die heute verfügbaren Fertigungskapazitäten für solarthermische Anlagen zur Brauchwassererwärmung und zur kombinierten Brauchwassererwärmung und Raumheizung sowie für solare Nahwärmenetze werden durch die Wachstumsraten der Kollektorherstellung begrenzt. Aus diesem Grund wird die Entwicklung der installierten Kollektorfläche in der Bundesrepublik Deutschland als Maßstab für eine Abschätzung der Fertigungskapazitäten im Bereich der aktiven thermischen Solarenergienutzung herangezogen. Abbildung 4.2 zeigt die Entwicklung der jährlich in der Bundesrepublik Deutschland installierten Kollektorfläche seit 1987 [87].

Abbildung 4.2 zeigt einen nahezu stetigen und starken Anstieg der jährlich in der Bundesrepublik Deutschland installierten solarthermischen Kollektorfläche. Während bis Ende der 80er Jahre jährlich lediglich bis zu 50.000 m^2 Kollektorfläche installiert wurden, stieg die neu installierte Kollektorfläche bis zum Jahr 1996 auf rund 360.000 m^2 auf insgesamt ca. 1,77 Mio. m^2 an [87]. Dabei konnte die Branche in den vergangenen Jahren einen jährlichen Zuwachs von ca. 25 % verbuchen.

Die im kostenoptimierten Reduktionsmix für Nordrhein-Westfalen ausgewiesene Leistungsbereitstellung aus solarthermischen Energiesystemen kann jedoch in einen jährlich auszubauenden Flächenbedarf von rund 6,6 Mio. m^2 solarthermischer Kollektoren umgerechnet werden. Unter Berücksichtigung einer anzunehmenden Exportquote von 50 % bei Einfuhrleistungen in derselben Höhe (weitere Erhöhung der aktuellen Exportquote von derzeit 30 % [88]) und der Annahme einer weiteren Steigerung der Kollektorproduktion bis zum Jahr 1999 zeigt sich demzufolge, daß der im Energiemix vorgesehene jährliche Kollektorbedarf bei weitem nicht gefertigt werden kann und sich hierdurch Engpässe ergeben, die erst bei hohen Produktionssteigerungen über mehrere Jahre ausgeglichen werden können.

Im Rahmen der im Kapitel 4.1.3 zu entwickelnden Kostenverläufe wird – aufbauend auf den durchgeführten Analogievergleichen – in einem Szenario von einer jährlichen Steigerungsrate in Höhe von 60 % ausgegangen, während im

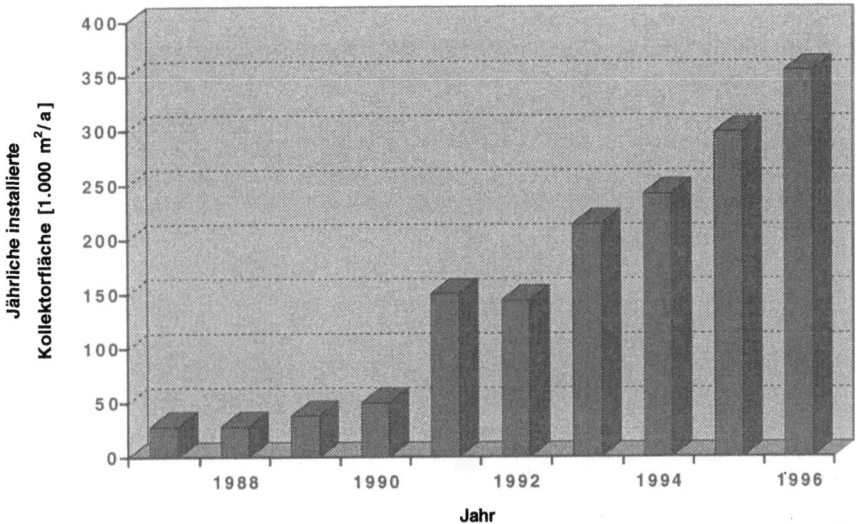

Abb. 4.2. Entwicklung der jährlich installierten Leistung solarthermischer Anlagen in der Bundesrepublik Deutschland [87]

Rahmen des gemäßigteren Szenarios eine Steigerungsrate im Bereich der Kollektorproduktion in Höhe von 20 %/a angenommen wird.

Produktionsentwicklung im Bereich der photovoltaischen Anlagen

Bei der Herstellung photovoltaischer Module hat die Produktion noch in keinem Bereich den Status einer industriellen Großserienfertigung erreicht. Dies gilt sowohl für die Solarzellen- und Modulherstellung als auch für die Fertigung sämtlicher übriger Systemkomponenten. Die für einen selbsttragenden Markt notwendigen Kostendegressionen konnten auch bisher nicht realisiert werden, so daß die Hersteller von Solarmodulen ihrerseits nur mit vorsichtigen Kapazitätserweiterungen auf die kontinuierlich gestiegene Nachfrage in den vergangenen Jahren reagiert haben. Da die Photovoltaikzellenproduktion in der Bundesrepublik Deutschland nahezu eingestellt worden ist, zeigt Abbildung 4.3 die weltweite PV-Produktion im Zeitraum zwischen 1980 und 1996.

Es wird deutlich, daß die weltweite PV-Produktion seit 1980 kontinuierlich gestiegen ist, wobei die mittlere Wachstumsrate seit dem Jahr 1990 rund 15 %/a betrug. Im Jahr 1996 ergab sich ein Modulumsatz in Höhe von rund 90 MW_p, wobei lediglich rund 25 % in Europa gefertigt wurden. Für das Jahr 1997 wurde jedoch

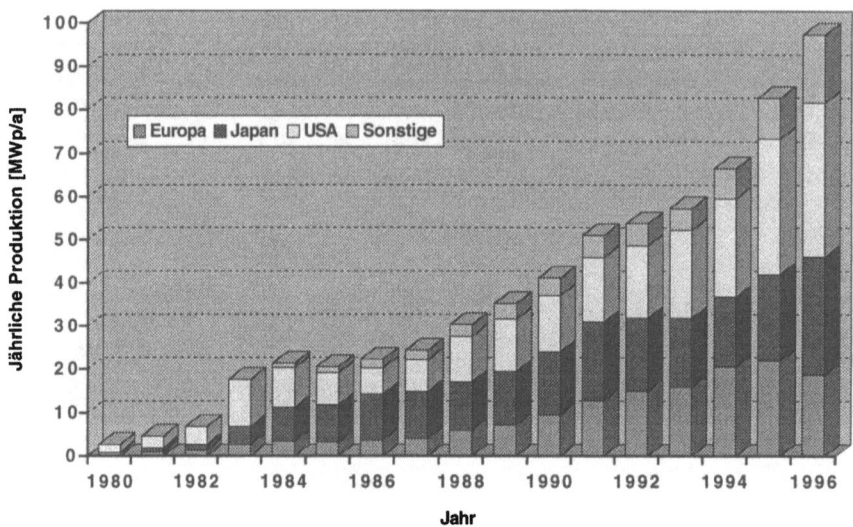

Abb. 4.3. Entwicklung der jährlichen weltweiten PV-Produktion [89]

bereits ein Wachstum des Weltmarkts im Bereich der PV-Produktion um ca. 30 % prognostiziert [90]. Passend dazu wurden 1997 von der Bundesregierung und den Bundesländern Nordrhein-Westfalen bzw. Bayern 2 Absichtserklärungen über die Förderung einer verstärkten Solarzellenfertigung in den 2 bevölkerungsreichsten Bundesländern unterzeichnet. Demnach soll mit dem Bau je einer Solarfabrik in Gelsenkirchen und Alzenau Deutschland zu den führenden Photovoltaikproduzenten in der Welt aufschließen. Geplant sind Solarzellenfabriken, in denen ab dem Jahr 2000 Solarzellen mit einer Leistung von insgesamt rund 40 MW_p gefertigt werden können [90].

Werden jedoch die im ökologisch orientierten Energiemix vorgesehenen photovoltaischen Leistungszahlen berücksichtigt, zeigt sich, daß auch diese Fertigungskapazitäten bei weitem nicht ausreichen, um die in dem Energiemix vorgesehenen Größenordnungen herstellen zu können, da im Fall der maximal möglichen CO_2-Reduktion für PV-Systeme eine jährliche Leistungsbereitstellung in Höhe 1.250 GW_p ausgewiesen wurde.

Hieraus wird deutlich, daß die für das Jahr 1998 vorausgesagte weltweite PV-Produktion von ca. 130 MW_p um einen Faktor 10 unter der für Nordrhein-Westfalen

4.1 Positive Kapitalflüsse

im Fall einer maximal möglichen CO_2-Reduktion vorgesehenen zu installierenden Leistung liegt. Da zunächst auch von keiner nennenswerten PV-Produktion in der Bundesrepublik Deutschland gesprochen werden kann, wird ersichtlich, daß die für die Realisierung des ökonomisch orientierten Energiemixes auch bei einer hohen anzunehmenden jährlichen Wachstumsrate und einer hohen Importquote photovoltaischer Module vorgesehenen PV-Installationen zunächst auf spätere Jahre verschoben werden müssen.

Im ersten optimistischen Szenario wird dementsprechend von einer inländischen jährlichen Kapazitätssteigerungsrate von 60 % (übrige Welt: 15 %) ausgegangen, während im Rahmen des zweiten, realistischeren Szenarios angenommen wird, daß die jährliche Kapazitätssteigerung bei 25 % (übrige Welt: 20 %) liegen wird. Dabei wird angenommen, daß die bundesdeutschen Fertigungskapazitäten im Jahr 2000 infolge des Ausbaus der PV-Produktion in Nordrhein-Westfalen und Bayern auf 40 MW_p gesteigert werden.

4.1.1.3
Zusammenfassung der verfügbaren Fertigungskapazitäten im Bereich neuer Energiesysteme

Zusammenfassend zeigt sich, daß von den im Energiemix vorgesehenen Energietechnologien auf der Basis regenerativer Energieträger ausschließlich die solarthermischen und photovoltaischen Systeme Produktionsbeschränkungen infolge fehlender Fertigungskapazitäten unterliegen. Die in einem Jahr vorgesehenen aber nicht realisierbaren Investitionen müssen demzufolge auf spätere Jahre in dem auf 20 Jahre anzusetzenden Umbau der Energieversorgungsstruktur Nordrhein-Westfalens bei dann ausreichenden Herstellungskapazitäten verschoben werden. Die übrigen betrachteten Energiesysteme sind entweder aus vornehmlich konventionellen Maschinenbauteilen aufgebaut oder sie sind in den verschiedenen CO_2-Minderungsstrategien (CO_2-Reduktionsgrad RG: 1–24,1 %) aufgrund fehlender Potentiale nur in geringem Maße vorgesehen, so daß die Fertigungskapazitäten die vorgesehenen Installationen nicht beschränken werden.

Abbildung 4.4 verdeutlicht die in dieser Untersuchung angenommenen Produktionsbeschränkungen durch fehlende Fertigungskapazitäten im Bereich neuer Energiesysteme.

Abbildung 4.4 zeigt dabei die heute anzunehmenden Produktionsbeschränkungen, ohne auf die im Kapitel 4.1.1 dargestellten zeitlichen Veränderungen der jeweiligen Fertigungskapazitäten einzugehen. Es wird deutlich, daß von den im CO_2-Reduktionsmix (vgl. Abb. 3.16) vorgesehenen Energiesystemen zunächst lediglich die dezentralen und zentralen Photovoltaikanlagen sowie die solarthermischen Systeme zu Brauchwassergestehung und zur kombinierten Brauchwasser- und Raumwärmegestehung Produktionsbeschränkungen unterliegen, da selbst die weltweiten Fertigungskapazitäten den vorgesehenen Bedarf heutzutage z.T. nicht decken können.

4 Branchenspezifische Kapitalflüsse

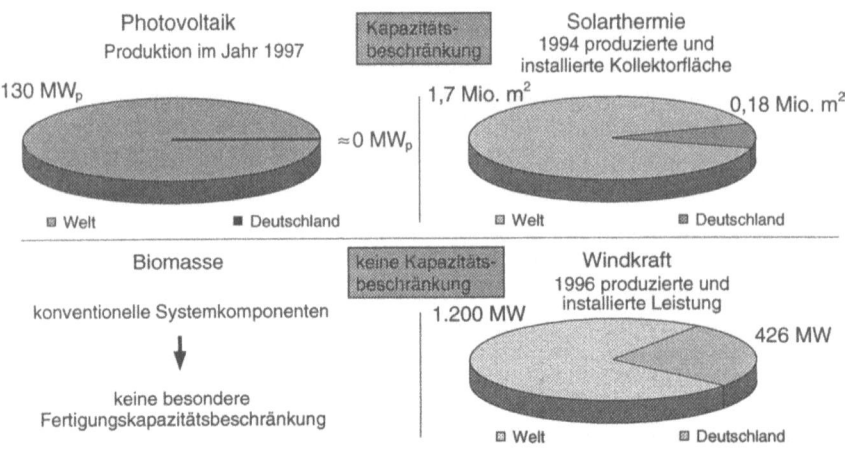

Abb. 4.4. Produktionsbeschränkungen durch fehlende Fertigungskapazitäten im Bereich neuer Energiesysteme

Keinerlei Kapazitätsbeschränkungen werden für alle übrigen vorgesehenen Energiesysteme auf der Basis fester und feuchter Biomasse und den einbezogenen Windkraftkonvertern angenommen.

4.1.2
Abschätzung der zukünftig möglichen Kostenreduktionen der betrachteten Energiesysteme

Die im Falle einer Umsetzung der im Energiemix vorgesehenen Investitionen auftretende verstärkte Nachfrage nach neuen Energiesystemen bzw. deren Komponenten wird nicht nur zu einer Erweiterung der Produktionskapazitäten führen, sondern im Zuge des Überganges zur Serienfertigung auch eine Kostenreduktion einzelner Energiesysteme bewirken. Dabei werden die betrachteten Systeme unterschiedlich hohe Kostenreduktionspotentiale aufweisen, so daß zunächst eine Analyse der zu erwartenden Kostenreduktionen erfolgen muß, bevor für die beiden o.a. Szenarien zur Umsetzung des dargestellten Energiemixes jeweils ein pessimistischer und ein optimistischer Kostenverlauf bestimmt werden kann.

Als Anhaltspunkt für eine mögliche zukünftige Kostenentwicklung der untersuchten Energiesysteme gilt die in der Betriebswirtschaftslehre bekannte „Erfahrungs-" oder „Lernkurve", welche die erwartete Verringerung der Herstellungskosten eines Produktes mit zunehmender gefertigter Stückzahl abbildet. Dabei wird vorausgesetzt, daß das Produkt im wesentlichen unverändert und wiederholt hergestellt wird und die Produktionsmittel und Fertigungsverfahren beibehalten werden. Ein allgemeiner Ansatz für die Kosten der n-ten Einheit eines Industrieproduktes P infolge eines Überganges zur Serienfertigung ergibt sich aus der Multiplikation der Kosten der ersten Einheit B und der Stückzahl N, welche mit dem Logarithmus aus dem Technologiefaktor T potentiert wird, um den aktuellen Status des Produktes hinsichtlich einer Serienfertigung berücksichtigen zu können [79]:

$$P_N = P_0 \cdot N^{(\ln T / \ln 2)} \tag{4.1}$$

Der in Gleichung 4.1 enthaltene Technologiefaktor T liegt für industriell gefertigte Produkte meist zwischen 0,85 und 0,95, wobei ein kleiner Technologiefaktor eine größere Kostendegression bei steigender Stückzahl bedeutet. Mögliche Kostendegressionen, die sich für verschiedene Technologiefaktoren in Abhängigkeit von der Stückzahl ergeben, sind in Abbildung 4.5 dargestellt, wobei hier von einem Startwert von $N = 1$, d.h. von einem gefertigten Produkt ausgegangen wird.

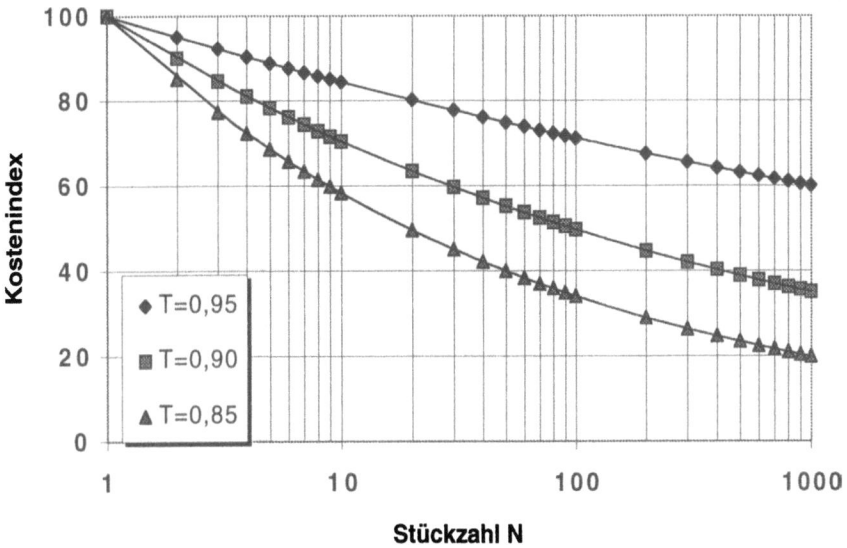

Abb. 4.5. Verringerung der Herstellungskosten in der Serienfertigung in Abhängigkeit vom Technologiefaktor

Abhängig vom produktionstechnisch erzielbaren Technologiefaktor T sind nach Abbildung 4.5 Kostendegressionen von 40–80 % zu erwarten, wenn die 1000fache Menge eines Produkts hergestellt wird. Für die einzelnen Komponenten regenerativer Energiesysteme bzw. für die kompletten Anlagen, welche im ökologisch orientierten CO_2-Reduktionsmix vorgesehen sind, wurden die charakteristischen und zukünftig evtl. möglichen Kostendegressionen abgeschätzt, mit den theoretischen Verläufen nach Abbildung 4.5 verglichen und z.T. ergänzt.

Die möglichen Kostenreduktionen, welche für die betrachteten Energiesysteme infolge der erhöhten Nachfrage und des möglichen Überganges zu einer Serienfertigung einzelner Komponenten für den angenommenen Ausbauzeitraum von 20 Jahren abgeschätzt wurden, sind in Abbildung 4.6 für 9 zusammengefaßte Gruppen neuer Energiesysteme graphisch dargestellt, wobei die Zahlenwerte als optimistische Betrachtung zu werten sind [91].

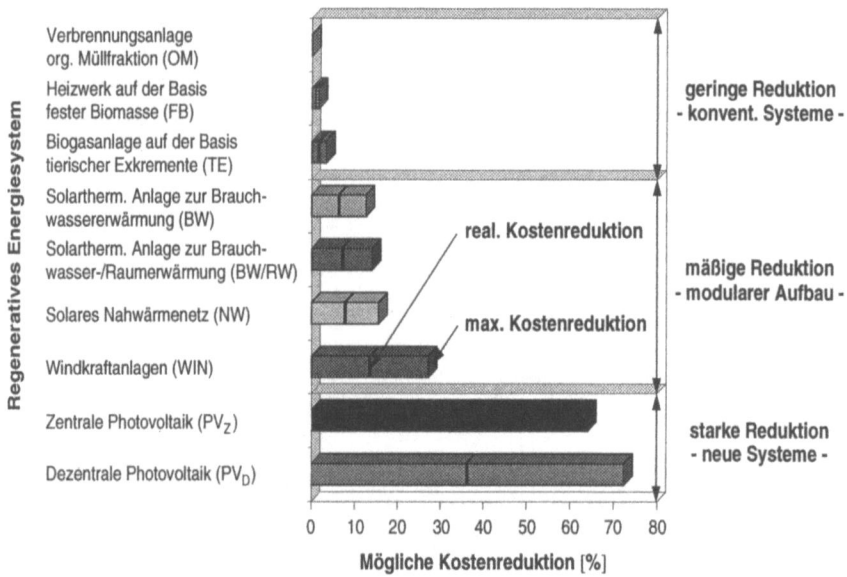

Abb. 4.6. Zukünftig mögliche Kostendegressionen neuer Energiesysteme beim Übergang zur Serienfertigung [91]

Aus Abbildung 4.6 wird deutlich, daß aufgrund der grundsätzlich verschiedenen Ausgangssituationen hinsichtlich des derzeitigen Einsatzes der unterschiedlichen Energiesysteme große Unterschiede bezüglich zukünftig möglicher Kostenreduktionen bestehen. Diesbezüglich läßt sich grob eine Einteilung der betrachteten Energiesysteme in 3 Gruppen vornehmen. Zum einen handelt es sich hierbei um die Anlagen zur energetischen Umsetzung fester Biomasse (FB) und die Anlagen zur anaeroben Behandlung organischer Müllfraktionen und tierischer Exkremente (OM, TE), zum anderen um die Anlagen auf der Basis solarthermischer Kollektoren

4.1 Positive Kapitalflüsse

(BW, BW/RW, NW) und Windkraftanlagen (WIN) und schließlich um die dezentralen und zentralen Photovoltaikanlagen (PV_Z, PV_D).

Die vergleichsweise geringsten Kostenreduktionen lassen sich bei den Energiesystemen auf der Basis fester und feuchter Biomasse abschätzen, da sie einerseits nahezu vollständig aus konventionellen Maschinenbauteilen zusammengesetzt sind und technisch als ausgereift angesehen werden können und andererseits es sich um z.T. großtechnische Projekte handelt, die in geringer Zahl gebaut und spezifisch nach den jeweiligen Standortbedingungen ausgelegt werden müssen. Bei diesen Anlagen liegen die zu erwartenden Kostenreduktionen innerhalb des angenommenen Ausbauzeitraumes von 20 Jahren lediglich zwischen 1 % und 3 %.

Weitaus optimistischer sind die Kostensenkungspotentiale der zweiten Gruppe anzusehen, wobei für die solarthermischen Energiesysteme vergleichsweise geringere Kostensenkungen als bei Windkraftanlagen zu erwarten sind. Während für heutzutage schon als technisch ausgereift anzusehende solarthermische Brauchwasseranlagen (BW) ein Kostensenkungspotential in Höhe von ca. 11 % angenommen werden kann, steigt dieses Potential auf ca. 13 % bei solarthermischen Anlagen zur kombinierten Brauchwasser- und Raumwärmeversorgung (BW/RW) und auf rund 21 % bei heutzutage lediglich als Pilotprojekte installierten solarthermischen Nahwärmenetzen (NW). Während für alle Systeme Kostenreduktionen im Bereich der Fertigung solarthermischer Module angenommen werden können, wird eine verstärkte Nachfrage nach bislang kaum eingesetzten Großspeichern die anzusetzenden Kosten für solare Nahwärmenetze erheblich senken. Für den Bereich der Windkraftanlagen (WIN) wird bei weiterer Steigerung der Produktion (vgl. Abb. 4.1) ebenfalls von einer erheblichen Reduktion der Herstellungskosten in Höhe von bis zu 35 % ausgegangen [70].

Die vergleichsweise höchsten Kostenreduktionen können jedoch im Bereich der Herstellungskosten photovoltaischer Energiesysteme erwartet werden. Aufgrund des innovativen Charakters und insbesondere aufgrund des bislang fehlenden Übergangs zur Serienfertigung von photovoltaischen Modulen und den notwendigen Wechselrichtern können innerhalb der nächsten 20 Jahre – eine entsprechend starke Nachfrage nach Solarzellen vorausgesetzt – Kostensenkungen bei zentralen photovoltaischen Systemen (PV_Z) in Höhe von bis zu 60 % bzw. bei dezentralen photovoltaischen Systemen (PV_D) von max. rund 70 % erwartet werden [91].

Um die möglichen Kostenreduktionen in die Kostenverläufe zur Umsetzung des Energiemixes einrechnen zu können, wird zunächst ein allgemeiner Verlauf bestimmt, dem die Kostenreduktionen – mit der Vorgabe des gesamten Reduktionspotentials – in einem Zeitraum von 20 Jahren folgen könnten. Da Kostensenkungen nach der Markteinführung eines Produktes und dem nachfolgenden Übergang zur Serienfertigung in der Investitionsgüterindustrie übereinstimmend verlaufen – zunächst zeigen sie eine stark fallende, mit abnehmender Produktionssteigerungsrate eine exponentiell sinkende Kostedegression –, werden die in Abbildung 4.6 dargestellten Kostendegressionen diesem Verlauf angeglichen berücksichtigt.

4.1.3 Anzunehmende Kostenentwicklung verschiedener CO_2-Minderungsszenarien mit Berücksichtigung limitierender Randbedingungen

Ausgehend von den im kostenoptimalen ökonomisch orientierten Energiemix ausgewiesenen annuitätischen Kosten verschiedener CO_2-Reduktionsszenarien (vgl. Abb. 3.16) werden im folgenden die jährlichen Investitions- und Betriebskosten für einen auf 20 Jahre (dies entspricht der mittleren Nutzungsdauer der betrachteten Energiesysteme) ausgelegten Umbau der Energieversorgungsstruktur Nordrhein-Westfalens umgerechnet. Dabei werden einerseits die jeweiligen System- und Betriebskostenanteile (vgl. dazu [92]) zugrunde gelegt und andererseits die im jeweiligen Ausbaujahr zur Verfügung stehenden Fertigungskapazitäten für solarthermische Kollektoren und photovoltaische Module bzw. die Importe der jeweiligen Energiesysteme berücksichtigt (vgl. Kap. 4.1.1).

Darüber hinaus werden die im vorigen Kapitel dargestellten Kostenreduktionen der einzelnen Energiesysteme in die Kostenverläufe der einzelnen CO_2-Minderungsszenarien eingerechnet, indem die in Abbildung 4.6 dargestellten, zwischen optimistischer und pessimistischer Betrachtung gemittelten Reduktionspotentiale bei der Kostenanalyse der jeweiligen Energiesysteme Berücksichtigung finden. Bei dieser realistisch einzustufenden Betrachtung wird davon ausgegangen, daß zwar von einer z.T. erheblichen Reduktion der nominalen Investitionskosten im Falle eines Überganges zur Serienfertigung einzelner Energiesysteme bzw. deren Komponenten auszugehen ist, daß aber die als optimistisch einzustufenden Kostenreduktionen nicht im vollen Umfang umgesetzt werden können.

Infolge der in Kapitel 4.1.1 dargestellten Engpässe hinsichtlich der Fertigung solarthermischer und photovoltaischer Energiesysteme bzw. einzelner Komponenten werden im folgenden 2 verschiedene Szenarien unterschieden: I (optimistisches Szenario) und II (pessimistisches Szenario). Basierend auf den heutigen Erwartungen bezüglich der zukünftigen Entwicklung der Fertigungskapazitäten dieser Systeme unterscheiden sich die beiden Szenarien insbesondere in der Erwartung hinsichtlich der zukünftigen Entwicklung der mittleren jährlichen Steigerungsrate der Fertigungskapazitäten. Eine Übersicht der in den beiden Szenarien unterschiedlichen Annahmen zeigt Tabelle 4.2.

Tabelle 4.2. Unterschiedliche Annahmen in den Ausbauszenarien I und II

Bezeichnung	optimistisches Szenario I	pessimistisches Szenario II
Jährliche Steigerung der bundesdeutschen Fertigungskapazitäten solarthermischer Kollektoren	60 %/a	20 %/a

Tabelle 4.2. Unterschiedliche Annahmen in den Ausbauszenarien I und II

Bezeichnung	optimistisches Szenario I	pessimistisches Szenario II
Jährliche Steigerung der ausländischen Fertigungskapazitäten solarthermischer Kollektoren	15 %/a	10 %/a
Jährliche Steigerung der bundesdeutschen Fertigungskapazitäten photovoltaischer Module	60 %/a	25 %/a
Jährliche Steigerung der ausländischen Fertigungskapazitäten photovoltaischer Module	20 %/a	15 %/a
Bundesdeutsche Fertigung photovoltaischer Module (Jahr 2000)	40 MW$_p$	
Maximale Importquote solartherm. Kollektoren	kein Limit	50 %
Maximale Importquote photovoltaischer Module	kein Limit	150 %

Aus Tabelle 4.2 wird deutlich, daß sich die beiden Ausbauszenarien zur Umsetzung des ökonomisch orientierten CO_2-Reduktionsmixes insbesondere hinsichtlich der jährlichen Steigerungsrate der bundesdeutschen Fertigungskapazitäten solarthermischer Kollektoren und photovoltaischer Module unterscheiden. Während im ersten Szenario, in Anlehnung an die längerfristig mögliche Steigerungsrate anderer Industrieprodukte (vgl. Kap. 4.1.1.1), von einer jährlichen Steigerungsrate in der Bundesrepublik Deutschland von 60 % und bezüglich der ausländischen Produktion von 20 % ausgegangen wird, werden diese Steigerungsraten in Szenario II zu 25 % im Bereich photovoltaischer Module (Ausland: 15 %) bzw. zu 20 % im Bereich solarthermischer Kollektoren (Ausland: 10 %) angenommen.

Infolge der bislang nahezu fehlenden Produktion photovoltaischer Module in der Bundesrepublik Deutschland wird es notwendig, eine Annahme über das zukünftige Produktionsvolumen im ersten Ausbaujahr 1999 zu treffen. Dabei wird in beiden Szenarien von der Umsetzung der Ausbaupläne in Nordrhein-Westfalen und Bayern ausgegangen, so daß angenommen wird, daß ab dem Jahr 2000 eine Fertigungskapazität photovoltaischer Module in Höhe von 40 MW_p zur Verfügung steht (vgl. Kap. 4.1.1). Abbildungen 4.7 und 4.8 zeigen die angenommenen Gesamtkostenverläufe verschiedener CO_2-Reduktionsstrategien in den Szenarien I bzw. II für den auf 20 Jahre angesetzten Ausbauzeitraum neuer Energiesysteme zwischen den Jahren 1999 und 2018.

Für die ausgewählten CO_2-Reduktionsgrade (RG) von 10 %, 15 %, 20 % und dem in Nordrhein-Westfalen maximal möglichen CO_2-Reduktionsgrad von 24,1 % (vgl. Abbildung 3.16) werden in den Abbildungen 4.7 und 4.8 die Kostenverläufe innerhalb des angesetzten Ausbauzeitraums von 20 Jahren dargestellt. Dabei wird nicht nur ein pessimistischer Kostenverlauf auf der Basis heutiger Kostenstrukturen dargestellt (untere Linien), sondern zusätzlich ein optimistischer Kostenverlauf auf der Basis zukünftig möglicher Kostendegressionen der einzelnen Energiesysteme (obere Linien), wobei davon ausgegangen wird, daß die Hälfte der in Abbildung 4.6 dargestellten Kostenreduktionen tatsächlich erreicht werden können.

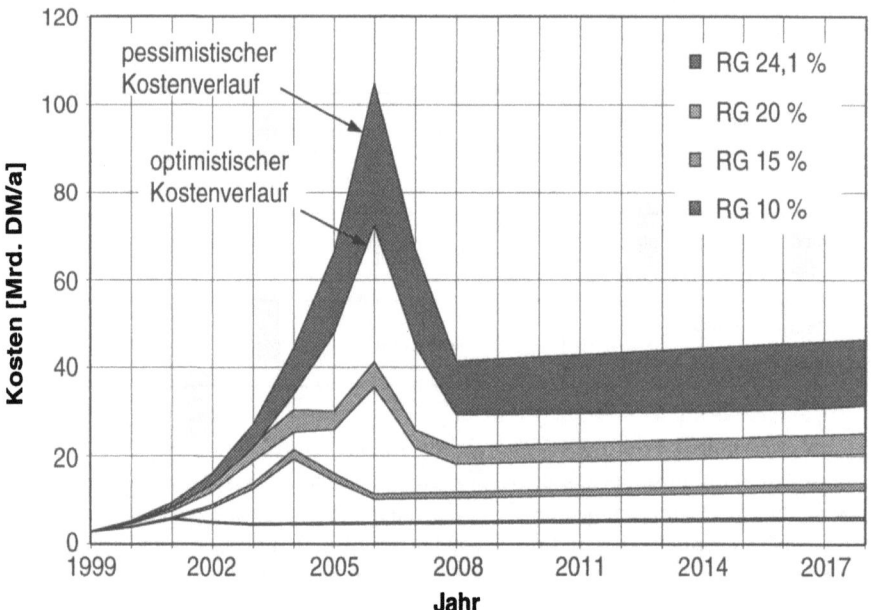

Abb. 4.7. Anzunehmende Kostenverläufe ausgesuchter CO_2-Reduktionsstrategien für das Ausbauszenario I

Ausgehend von Investitionen und Betriebskosten von 2,5–3,0 Mrd. DM im Jahr 1999 steigen die jährlichen Ausgaben, bedingt durch die steigenden Fertigungskapazitäten, bspw. beim maximalen CO_2-Reduktionsgrad von 24,1 % bis zu einem zwischen pessimistischer und optimistischer Kostenlinie gemittelten Maximalwert von rd. 90 Mrd. DM im Jahr 2006 (Szenario I) bzw. im Jahr 2018 (Szenario II) an. In diesen Jahren treten jeweils die höchsten Kosten auf, da – bedingt durch ausrei-

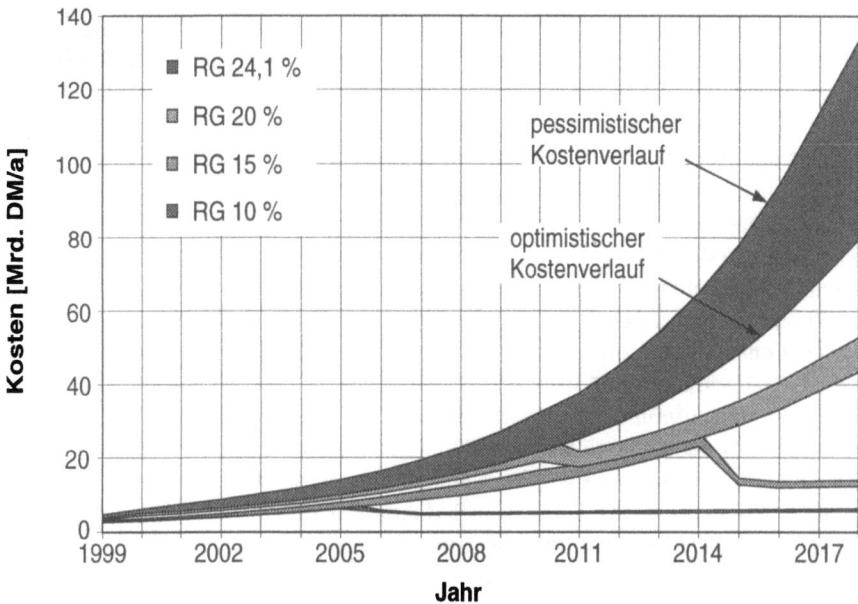

Abb. 4.8. Anzunehmende Kostenverläufe ausgesuchter CO_2-Reduktionsstrategien für das Ausbauszenario II

chende Fertigungskapazitäten – nicht nur die im jeweiligen Jahr vorgesehenen, sondern auch die bis dahin infolge des Fertigungsengpasses aufgeschobenen Investitionen getätigt werden können.

Wird von mittleren Kostenverläufen ausgegangen, welche sich als arithmetisches Mittel aus pessimistischer und optimistischer Kostenlinie ergeben, lassen sich durchschnittliche jährliche Kosten (Investitionen und Betriebskosten) in Höhe von z.B. rd. 5,1 Mrd. DM (RG = 10 %), rd. 11,2 Mrd. DM (RG = 15 %), rd. 20 Mrd. DM (Szenario II: 19,4 Mrd. DM, RG = 20 %) bzw. rd. 35 Mrd. DM (Szenario II: 32,8 Mrd. DM, RG = 24,1 %) ermitteln (vgl. Abb. 4.7 und 4.8). Bei höheren CO_2-Reduktionsgraden ergeben sich im ersten Szenario höhere Kosten im Vergleich zum zweiten Szenario infolge des rascheren Ausbaus neuer Energiesysteme sowie infolge der somit in gleichen Jahren vergleichsweise höheren installierten Anlagenzahl und der dadurch bedingten höheren jährlichen Betriebskosten.

Im Vergleich zwischen den beiden angenommenen Szenarien lassen sich charakteristische Unterschiede bezüglich des Verlaufs der Kostenentwicklung feststellen. Während im ersten Szenario infolge der höheren jährlichen Steigerungsraten bezüglich der Fertigungskapazitäten solarthermischer Kollektoren und photovoltaischer Module die maximalen Kosten schon nach einigen Jahren nach Beginn des Umbaus der Energieversorgungsstruktur (RG = 24,1 %: Jahr 2006) erreicht sind, steigen die jährlichen Kosten im zweiten Szenario beim maximalen Reduktionsgrad bis zum

Abschluß des Ausbaus neuer Energiesysteme im Jahr 2018 stetig an. Hier zeigt sich, daß eine Steigerungsrate der bundesdeutschen Fertigungskapazitäten photovoltaischer Module von 25 %/a (Ausland: 20 %/a) gerade ausreichend ist, den Bedarf eines maximalen Ausbaus photovoltaischer Energiesysteme in Nordrhein-Westfalen bis zum Jahr 2018 zu decken.

Aus den Abbildungen 4.7 und 4.8 wird weiterhin ersichtlich, daß lediglich eine CO_2-Minderung unter 10 % in Nordrhein-Westfalen nahezu ohne Ausbau der Fertigungskapazitäten schon heute realisierbar ist. Bei allen höheren Reduktionsstrategien wird ein deutliches Investitionsvolumen infolge fehlender Produktionskapazitäten zunächst aufgeschoben und erst später umgesetzt. Dabei treten die charakteristischen Knicke bezüglich der Kostenverläufe jeweils in dem Jahr auf, in dem die Investitionen auf die durchschnittlich vorgesehene Höhe zurückgeführt werden. Ab dem CO_2-Reduktionsgrad von 20 % zeigen sich dabei zwei überlagerte Kostenverläufe, die sich aufgrund der verstärkten Nachfrage nach solarthermischen Kollektoren einerseits und photovoltaischen Modulen andererseits ergeben. Hier wird deutlich, daß photovoltaische Energiesysteme infolge der hohen Energiegestehungskosten im ökonomisch orientierten CO_2-Reduktionsmix erst ab dem CO_2-Reduktionsgrad von 18 % vorgesehen sind (vgl. Abb. 3.16).

Um eine Zuordnung der Kosten auf die betrachteten Energiesysteme zu ermöglichen, sind die dargestellten Kostenverläufe beider Szenarien für den CO_2-Reduktionsgrad von 10 % in den Abbildungen 4.9 (optimistisches Szenario) und 4.10 (pessimistisches Szenario) detailliert bezüglich der Kostenanteile aufgeschlüsselt.

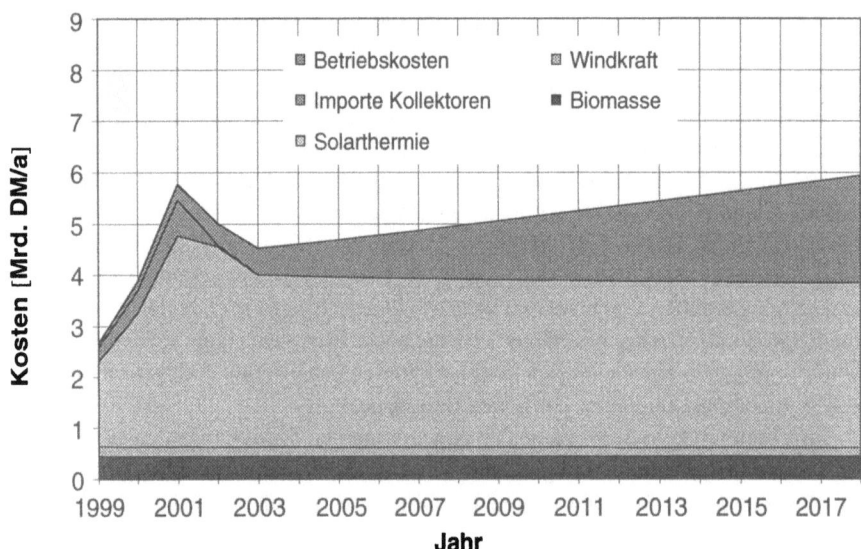

Abb. 4.9. Jährliche System- und Betriebskosten sowie notwendiger Importanteil beim CO_2-Reduktionsgrad 10 %, Szenario I

Aus Abbildung 4.9 wird deutlich, daß der größte Teil der durchschnittlichen Kosten in Höhe von 5,1 Mrd. DM/a mit rd. 3,2 Mrd. DM/a auf die Investitionen im Bereich der solarthermischen Energiesysteme entfallen. Vergleichbar klein sind dagegen die jährlichen Investitionen im Bereich der Windkraftnutzung mit rd. 0,2 Mrd. DM/a und der Biomassenutzung mit rd. 0,5 Mrd. DM/a. Hier spiegeln sich einerseits die relativ kleinen Ausbaupotentiale in Nordrhein-Westfalen und andererseits die geringen CO_2-Reduktionspotentiale dieser Energiesysteme wider (vgl. Abb. 3.16).

Deutlich wird aber auch, daß die bundesdeutschen Fertigungskapazitäten im Jahr 2002 infolge der hohen jährlichen Steigerungsraten ausreichen werden, den angesetzten Bedarf solarthermischer Energieanlagen zu decken. Obwohl die Summe der jährlichen Systeminvestitionen nach ausreichender Erhöhung der Fertigungskapazitäten aufgrund der zu erwartenden Kostenreduktionen leicht zurückgeht, weisen die Gesamtkosten einen stetig steigenden Verlauf auf. Hier wird deutlich, daß bei einer angenommenen mittleren Nutzungsdauer von 20 Jahren die insgesamt installierte Anlagenzahl während des Ausbaus neuer Energiesysteme kontinuierlich steigt, so daß auch die Betriebskosten bis zum Ausbauende im Jahr 2018 auf rd. 2,1 Mrd. DM/a stetig anwachsen.

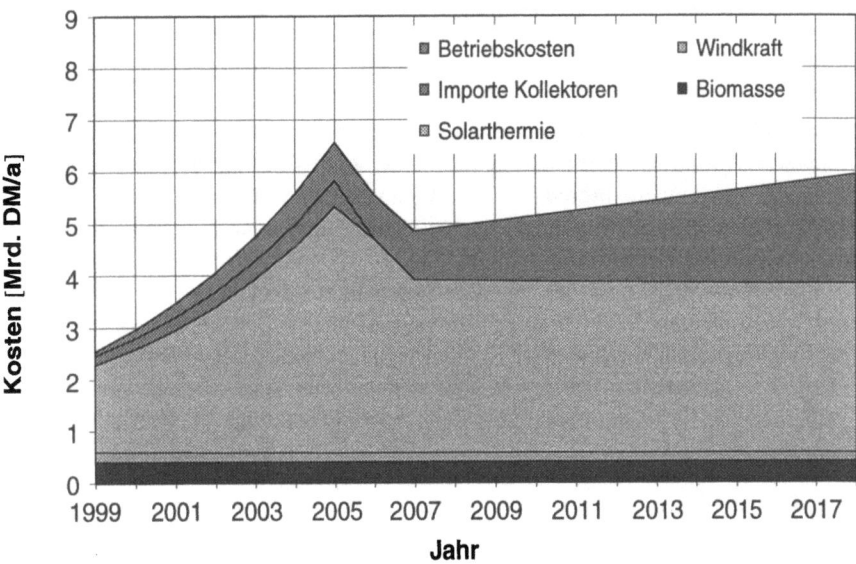

Abb. 4.10. Jährliche System- und Betriebskosten sowie notwendiger Importanteil beim CO_2-Reduktionsgrad 10 %, Szenario II

Im Vergleich zum ersten Szenario zeigt sich aus Abbildung 4.10, daß die durchschnittlichen, über den Umbauzeitraum gemittelten Kosten im Szenario II nahezu identisch sind. Infolge der geringeren jährlichen Steigerungsraten im Bereich der

Produktion solarthermischer Energiesysteme reichen die bundesdeutschen Fertigungskapazitäten jedoch erst im Jahr 2006 aus, den jährlichen Bedarf und die bis dahin vorgesehenen Anlagen zu fertigen.

4.1.4
Kostenstrukturen der regenerativen Energiesysteme

Um die in den Abbildungen 4.9 und 4.10 dargestellten jährlichen Investitions- und Betriebskosten für die Anwendung einer Input-Output-Analyse sektoriell aufzuteilen, werden im folgenden die Kostenstrukturen sowohl der Investitionen als auch der Betriebskosten analysiert, um die Kostenanteile den produzierenden Wirtschaftsbranchen bzw. den entsprechenden Dienstleistungssektoren zuzuordnen. Dabei erfolgt die Zuordnung der einzelnen Kostenanteile nach der „Systematik der Wirtschaftszweige" des Statistischen Bundesamtes [93], die auch der im Modell verwendeten Input-Output-Tabelle zugrunde liegt.

Die Vorgehensweise bei der Analyse der Kostenstrukturen ist wegen der unterschiedlichen Marktdurchdringung der betrachteten Anlagenkonzepte und der daraus resultierenden Differenzen in der Quantität und Qualität des verfügbaren Datenmaterials nicht einheitlich. Sofern keine statistischen Erhebungen über die Investitionsverteilung bereits installierter Systeme zur Verfügung stehen, stützt sich die kostenseitige Untersuchung auf Forschungsstudien, Hersteller-Preislisten, Richtpreisangebote von Ingenieur- und Planungsbüros sowie auf projektierte Anlagenkosten für standortgebundene Einzelanlagen.

Um eine möglichst detaillierte Zuordnung der kumulierten Kapitalflüsse zu den einzelnen Wirtschaftsbranchen zu ermöglichen, werden die Kostenstrukturen im folgenden für alle im zugrundeliegenden CO_2-Reduktionsmix vorgesehenen Anlagentypen bzw. übergeordneten Technologiegruppen dargestellt. Dabei sind die prozentualen Aufschlüsselungen bezüglich der einzelnen Systemkomponenten detailliert in [91] aufgeführt.

Zu berücksichtigen ist, daß bei allen Anlagenkonzepten bezüglich der Betriebskosten pauschal eine Versicherungssumme in Höhe von 1 % der Investitionskosten pro Jahr angenommen wird [94,95]. Nicht eingerechnet werden die Kosten für die von den verschiedenen Anlagen beanspruchten Grundstücksflächen. Hier wird in Anlehnung an [52] von einer möglichen Sekundärnutzung des Betriebsgeländes ausgegangen.

4.1.4.1
Solarthermische Anlagen zur Brauchwassererwärmung

Beim verstärkten Ausbau neuer Energiesysteme sind für die solarthermische Brauchwassererwärmung Flachkollektoren vorgesehen, mit deren Nutzung im Vergleich zu Vakuumröhren- und -flachkollektoren die niedrigsten spezifischen Wärmegestehungspreise ermittelt werden konnten. Mit rd. 32 % entfällt der überwiegende Anteil der Investitionskosten auf die kompletten Kollektormodule. Als weitere Kostenfaktoren sind die Montagearbeiten mit rd. 21 % (Zuweisung von jeweils rd. 10,5 % der Systemkosten zu den Branchen „Hoch- und Tiefbau" und

„Ausbauleistungen"), der isolierte Speichertank mit ca. 15 % („Eisen-, Blech- und Metallwaren") sowie die Wärmetauscher mit einem Kostenanteil von ca. 10 % („Maschinenbauerzeugnisse") zu nennen (vgl. [96]).

Die Analyse der Kostenstrukturen der kompletten Kollektoren ergibt, daß rd. 8,5 % der Kollektorkosten für die Glasabdeckung („Glas- und Glaswaren"), rd. 1 % für die Kollektordämmung („Steine- und Erden, Baustoffe") und ca. 90,5 % für die eigentlichen Kollektoren zu veranschlagen sind. Da die Herstellung von Kollektoren nach der Systematik der Wirtschaftszweige keinem entsprechenden Sektor zugeordnet werden kann, wird ihr Kostenanteil der Branche („Maschinenbauerzeugnisse") zugewiesen. Zusammen mit den anteiligen Kosten für die Wärmetauscher und Umwälzpumpe entfallen so mehr als 40 % der Vorleistungslieferungen für solarthermische Anlagen zur Brauchwassergestehung auf diesen Produktionsbereich.

4.1.4.2
Solarthermische Anlagen zur kombinierten Brauchwasser- und Raumwärmegestehung

Die Unterschiede von kombinierten Systemen zur Brauchwassererwärmung und Raumheizung im Vergleich zu einfachen Brauchwasser-Solaranlagen liegen vornehmlich in der Integration eines zusätzlichen Heizungspufferspeichers zur Überbrückung mehrtägiger Schwankungen des solaren Strahlungsangebotes und aufgrund eines erhöhten Wärmebedarfes in der größeren Kollektorfläche. Diese Unterschiede in der Anlagenkonzeption spiegeln sich gleichfalls bei der Verteilung der Investitionskosten wider. Die kompletten Kollektormodule stellen bei den kombinierten solarthermischen Anlagen ebenfalls den größten Kostenfaktor dar. Mit rd. 35 % des gesamten Kapitalbedarfes fällt der prozentuale Anteil der Kollektorkosten an den Gesamtinvestitionen infolge der größeren Modulfläche höher aus als bei den einfachen solarthermischen Brauchwasseranlagen (vgl. Kap. 4.1.4.1).

Die sektorielle Verteilung der Investitionskosten stimmt weitgehend mit Anlagen zur einfachen Brauchwassererwärmung überein. Von den Investitionskosten für Anlagen zur kombinierten Brauchwasser- und Raumwärmegestehung können rd. 42 % dem Sektor „Maschinenbauerzeugnisse" zugerechnet werden. Weitere 17 % fließen in die Herstellung von „Eisen-, Blech- und Metallwaren". Auf „Hoch- und Tiefbauleistungen" bzw. „Ausbauleistungen" entfallen rd. 12 % der gesamten Anlagenkosten.

4.1.4.3
Solare Nahwärmesysteme

Da sich solare Nahwärmekonzepte mit saisonaler Wärmespeicherung in der Bundesrepublik Deutschland noch im Versuchsstadium befinden und somit keine detaillierte Kostenaufteilung bestehender Anlagen zur Analyse der Kostenstruktur herangezogen werden konnte, wird bei der sektoriellen Aufschlüsselung der Investitionen auf ein Pilotprojekt zur Versorgung von 500 Wohneinheiten zurückgegriffen [97]. Demnach entfallen die Investitionen für solare Nahwärmesysteme vornehmlich auf den Langzeit-Wärmespeicher und auf die Kollektoren, wobei – wie bei den Anlagen zur reinen Brauchwassererwärmung und der kombinierten solarthermischen Anlagenkonzeption – Flachkollektoren im kostenoptimalen Energiemix vorgesehen sind. Der Kostenanteil an den Gesamtinvestitionen beträgt für den Speicher, einschließlich der Isolation und der bauseitigen Installationsmaßnahmen, rd. 30 % und für die Kollektoren ca. 27 %.

Bezüglich der sektoriellen Verteilung der Investitionen auf die einzelnen Wirtschaftsbranchen zeigt sich, daß neben dem großen Anteil des Sektors „Maschinenbauerzeugnisse" mit rd. 30 % der Kosten ca. 18 % der Investitionen auf die Branche „Stahl- und Leichtmetallbauerzeugnisse" und ca. 16 % auf den Sektor „Hoch- und Tiefbau" entfallen. Hier werden die vergleichsweise hohen Aufwendungen für den Speichertank und das Rohrleitungssystem einerseits und die Erdarbeiten für die Speicherinstallation und für die Verrohrung andererseits deutlich.

4.1.4.4
Heizwerke zur energetischen Umsetzung fester Biomasse

Die Kostenstruktur für Biomasseanlagen wird exemplarisch für holzbefeuerte Heizwerke angegeben, da von deutschen Herstellern bislang keine praxisreifen Großanlagen zur Strohverbrennung und zur Verfeuerung von Energiepflanzen angeboten werden [33]. Im Unterschied zu konventionellen öl- oder gasbefeuerten Anlagen ist mit einem deutlich höheren Betriebskostenaufwand zu rechnen, der durch die Brennstofflagerung und -aufbereitung sowie dem aufwendigen Brennstofftransport zur Feuerungseinheit und der Reststoffbehandlung bedingt ist. Bezüglich der Anlageinvestitionen entfallen rd. 40 % der Kosten eines holzbefeuerten Heizwerkes auf die Feuerungseinheit einschließlich der Kesselanlage. Als weitere Kostenfaktoren sind mit einem Anteil von rd. 13 % der Baukörper und mit ca. 11 % die Rauchgasreinigung zu nennen.

Werden die Investitionen nach der Systematik der Wirtschaftszweige in die einzelnen Wirtschaftsbranchen aufgeschlüsselt [93], können dem Sektor „Maschinenbauerzeugnisse" rd. 56 % der Investitionen und dem Sektor „Hoch- und Tiefbau" ca. 17 % der Anlagenkosten zugerechnet werden. Bei der Verteilung der Betriebskosten kann davon ausgegangen werden, daß nahezu 80 % der laufenden Kosten für die Bereitstellung der festen Biomasse benötigt werden, welche dem Sektor „Landwirtschaft" zuzurechnen sind.

4.1.4.5
Anlagen zur anaeroben Vergärung von Klärschlämmen und organischen Müllfraktionen

Die Technik der anaeroben Vergärung organischer Müllfraktionen zur Gewinnung von Biogas ist in der Bundesrepublik Deutschland noch wenig verbreitet. Die Kostenstrukturanalyse der einzelnen Anlagenkomponenten orientiert sich deshalb an den projektierten Investitionskosten einer geplanten, jedoch nicht realisierten Bioabfallvergärungsanlage. Die größten Investitionskostenanteile entfallen – unter der Berücksichtigung des integrierten Blockheizkraftwerkes – mit rd. 18 % auf die notwendigen Tiefbauarbeiten, mit rd. 11 % auf den Stofflöser (Pulper) und mit ca. 10 % auf die Baunebenkosten.

Bezüglich der sektoriellen Verteilung der Investitionskosten zeigt sich, daß ca. 35 % des kumulierten Investitionsaufwandes der Branche „Maschinenbauerzeugnisse" zugerechnet werden können. Weitere 29 % der Kosten entfallen auf „Hoch- und Tiefbauleistungen", rd. 10 % auf den Sektor „Dienstleistungen" infolge der entstehenden Baunebenkosten und ca. 8 % auf die Branche „Stahl- und Leichtmetallbauerzeugnisse". Hinsichtlich der variablen Kosten fällt auf, daß rd. 70 % der entstehenden Betriebskosten auf den Sektor „Elektrizität, Dampf, Warmwasser" entfallen.

4.1.4.6
Landwirtschaftliche Biogasanlagen

Bezüglich landwirtschaftlicher Biogasanlagen ist eine äußerst heterogene Preisstruktur vorzufinden, welche auf unterschiedliche Bauarten, Techniken und Verfahrensmodifikationen zurückzuführen ist. Insbesondere eine nicht bewertete Einbringung von Eigenleistungen bzw. eine fehlende Verrechnung ausgedienter Systemkomponenten führt zu sehr unterschiedlichen Anlagenkosten. Im oberen Preisbereich bewegen sich schlüsselfertige Anlagen, die in der Bundesrepublik Deutschland allerdings eine untergeordnete Rolle spielen [98].

Die Kostenstruktur einer einstufigen Durchfluß-Biogasanlage dient in erster Näherung als charakteristisches Beispiel für eine branchenspezifische Aufteilung der Kosten derartiger Anlagen (vgl. [99]). Es zeigt sich, daß für das BHKW mit rd. 24 % der gesamten Investitionen der größte Kostenanteil vorzusehen ist. Darüber hinaus werden rd. 17 % für den Fermenter und ca. 15 % der Anlagenkosten für den Gasspeicher benötigt.

Für die untersuchte Biogasanlage entfallen – unter Berücksichtigung der anteiligen Komponentenkosten des Blockheizkraftwerkes – ca. 29 % der Investitionen auf den Sektor „Maschinenbauerzeugnisse". Weitere 15 % des gesamten Kapitalaufwandes fließen in die Herstellung von „Eisen-, Blech- und Metallwaren" und rd. 12 % in die Branche „Ausbauleistungen".

4.1.4.7
Dezentrale netzgekoppelte Photovoltaikanlagen

Die Kostenstrukturanalyse für dezentrale netzgekoppelte PV-Anlagen basiert auf einer statistischen Auswertung verschiedener Herstellerangebote. Dabei entfallen rd. 60 % der gesamten Anlageinvestitionen auf die Solarmodule, jeweils rd. 12 % entfallen auf den notwendigen Wechselrichter sowie auf die Montage bzw. Installation. Gut 8 % der Gesamtkosten entfallen auf die Modul-Montagegestelle, d.h. auf die Aufständerung der PV-Module. Mit wachsender Anlagenleistung erhöht sich dabei der relative Kostenanteil der Solarmodule, was vor allem auf einen unterproportionalen Anstieg der Investitionskosten für den Wechselrichter bzw. für die Installationsarbeiten zurückzuführen ist.

Infolge der branchenspezifischen Zuordnung der „Zell- und Modulfertigung" zum Sektor „Elektrotechnische Erzeugnisse" und des hohen Anteils elektrotechnischer Systemkomponenten (z.B. Wechselrichter, Generatorkasten, Modulanschlußleitungen) entfallen auf diesen Sektor durchschnittlich rd. 54 % des gesamten Kapitalbedarfes. Dem Sektor „Chemische Erzeugnisse" lassen sich weitere rd. 18 % der Gesamtkosten zuordnen, was vor allem auf die Herstellung der Silizium-Wafer zurückzuführen ist.

4.1.4.8
Zentrale netzgekoppelte Photovoltaikanlagen

Eine großtechnische Anwendung netzgekoppelter Photovoltaikanlagen findet derzeit in der Bundesrepublik Deutschland nicht statt. Die wenigen realisierten Großanlagen dienen als Pilotprojekte und Energieversorgungsunternehmen lediglich zu Forschungszwecken. Aus diesem Grund ist eine allgemeingültige Kostenabschätzung der installierten Großprojekte problematisch, so daß zur Kostenstrukturanalyse derartiger Anlagen auf eine detaillierte Kostenanalyse verschiedener photovoltaischer Anlagenkonzepte auf der Basis fiktiver Standortbedingungen in Mitteleuropa zurückgegriffen wird [100].

Der Anteil der Solarmodule am gesamten Kapitalbedarf für die betrachtete Photovoltaikanlage beträgt 62 %. Neben den Modulkosten fällt bei zentralen netzgekoppelten PV-Systemen vor allem ein erhöhter Investitionsbedarf für die Modulmontage und die Feldaufständerungen ins Gewicht. Diese beiden Komponenten verursachen zusammen mehr als 20 % der Anlagenkosten. Die Verteilung der Anlagenkosten auf die relevanten Wirtschaftsbereiche ergibt bei zentralen Großanlagen eine ähnliche Investitionsstruktur wie bei dezentralen PV-Systemen. Der Anteil der Vorleistungslieferungen aus dem Sektor „Elektrotechnische Erzeugnisse" beläuft sich bei Solarkraftwerken ebenfalls auf mehr als 50 %, während rund 18 % der Investitionen in den Sektor „Chemische Erzeugnisse" fließen.

4.1.4.9
Windkraftanlagen

Windkraftanlagen weisen je nach Auslegungsart und Bauweise z.T. erhebliche Unterschiede in den Kostenstrukturen auf. Die sektorielle Kostenaufteilung einer dänischen Standardanlage mit einer Nennleistung von 500 kW, welche der im CO_2-Reduktionsmix vorgesehenen Anlage entspricht, dient daher als charakteristisches Beispiel einer Investitionsverteilung [70]. Demnach entfallen die Investitionskosten im wesentlichen auf das Maschinenhaus und den Antriebsstrang, bestehend aus Rotorwelle und -lager, Getriebe, Bremssystem und Welle einschließlich Kupplung. Etwa 28 % der gesamten Investitionen sind für diese Anlagenkomponenten vorzusehen. Des Weiteren betragen die Kosten für die Rotorblätter sowie für die Netzanbindung inklusive der Trafostation jeweils rund 14 %.

Werden die Investitionen für die betrachtete Windkraftanlage auf die entsprechenden Wirtschaftssektoren aufgeschlüsselt, fließen rund 29 % der notwendigen Anlageinvestitionen in den Produktionsbereich „Elektrotechnische Erzeugnisse" und ca. 28 % in den Wirtschaftssektor „Maschinenbauerzeugnisse". Rund 14 % der Investitionen verteilen sich aufgrund der Ausgaben für glasfaserverstärkte Rotorblätter auf den Sektor „Chemische Erzeugnisse" und ca. 13 % infolge der Investitionen in den Turm (Stahlrohrkonstruktion) auf die Branche „Stahl- und Leichtmetallbauerzeugnisse".

4.1.4.10
Zusammenfassung der sektoriellen Kostenverteilungen

In den Kapiteln 4.1.4.1 bis 4.1.4.9 wurden die Kostenstrukturen der vorgesehenen Anlagen zur Nutzung regenerativer Energieträger branchenspezifisch bezüglich der hauptsächlich profitierenden Wirtschaftssektoren aufgeschlüsselt. Bezüglich der Betriebskostenanteile wird auf eine derart detaillierte Aufschlüsselung verzichtet, da die sektorielle Verteilung der Betriebskosten wesentlich konstanter ist und die Höhe der Betriebskosten im Vergleich zu den Investitionen weitaus geringer ausfällt. Die angenommenen Anteile der laufenden Betriebskosten an den Anlageninvestitionen wurden dabei, wie in Tabelle 4.3 dargestellt, angenommen.

Tabelle 4.3. Anteile der Betriebskosten an den Anlageninvestitionen

Art der Anlage	Anteil der Betriebskosten an den Anlageninvestitionen [%]
Solarthermische Anlagen	1,5
Heizwerke auf der Basis fester Biomasse	35,0
Anlagen zur Vergärung organischer Müllfraktionen	3,0
Landwirtschaftliche Biogasanlagen	7,5
Photovoltaische Anlagen	1,0
Windkraftanlagen	3,0

Aus Tabelle 4.3 wird deutlich, daß die Betriebskostenanteile an den Investitionen bei den solarthermischen und photovoltaischen Anlagen sowie den Windkraftkonvertern und den Anlagen zur Vergärung organischer Müllfraktionen mit 1–3 % relativ gering sind. Lediglich bei den landwirtschaftlichen Biogasanlagen (7,5 %) und vor allem bei den Heizwerken zur Nutzung fester Biomasse (35 %) sind die Anteile der variablen Kosten an den notwendigen Investitionen wesentlich erhöht. Bei diesen Anlagen wird insbesondere die Bedeutung der Brennstoffbeschaffung deutlich.

Während sich die jeweiligen Betriebskosten bei den solarthermischen und photovoltaischen Anlagen sowie den Windkraftkonvertern nahezu konstant auf die

4 Branchenspezifische Kapitalflüsse

Sektoren „Versicherungen" (10 %) bzw. „Sonstige Dienstleistungen" (90 %) und lediglich bei den Anlagen zur Nutzung fester und feuchter Biomasse auch auf die Sektoren „Landwirtschaft", „Elektrizität, Dampf, Warmwasser", „Chemische Erzeugnisse" und „Mineralölerzeugnisse" in unterschiedlicher Höhe verteilen, sind o.a. Kostenstrukturen der Anlageninvestitionen sehr viel differenzierter.

Um diese Kostenstrukturen der notwendigen Anlageninvestitionen miteinander vergleichen zu können, sind diese in Abbildung 4.11 zusammenfassend dargestellt.

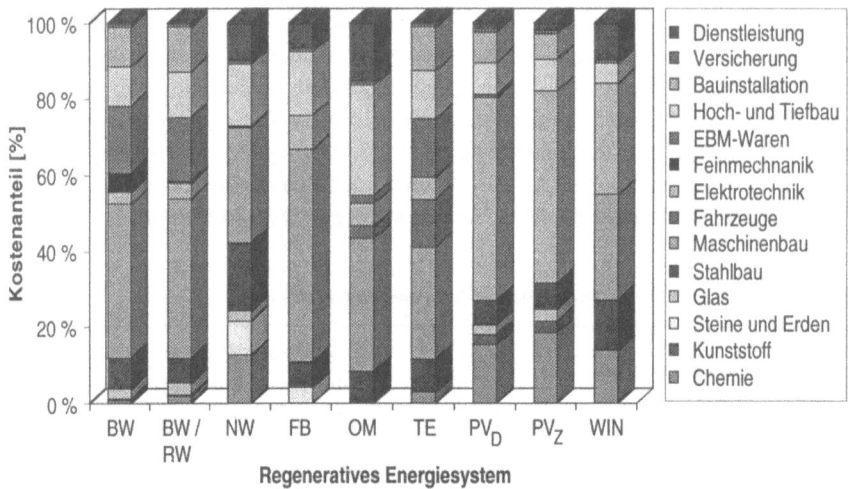

Abb. 4.11. Branchenspezifische Kostenstrukturen der vorgesehenen Energiesysteme auf der Basis regenerativer Energieträger

Aus Abbildung 4.11 wird deutlich, wie unterschiedlich sich die Investitionen in die neuen Energiesysteme auf die einzelnen Wirtschaftsbereiche verteilen. Durch einen Ausbau neuer Energiesysteme in Nordrhein-Westfalen würden demnach davon vor allem die Branchen „Maschinenbau" mit Investitionsanteilen bis zu rund 56 % (Heizwerke auf der Basis fester Biomasse) und „Elektrotechnische Erzeugnisse" mit bis zu rund 53 % (photovoltaische Anlagen) profitieren. Weitere hohe Investitionsanteile fließen in die Sektoren „Hoch- und Tiefbau" und „Eisen-, Blech- und Metallwaren".

4.2 Negative Kapitalflüsse

Zur Abschätzung der volkswirtschaftlichen Auswirkungen bzw. der Beschäftigungseffekte eines Ausbaus neuer Energiesysteme in Nordrhein-Westfalen sind nach Kapitel 2.4 die Vektoren der jährlich veränderten Endnachfrage Δy_J, abhängig vom Untersuchungsjahr und von der gewählten CO_2-Reduktionsstrategie, zu bestimmen. Hierfür sind nicht nur die positiven Systeminvestitionen und die laufenden Betriebskosten, sondern auch die negativen Kapitalflüsse infolge der Förderung des Umbaus der Energieversorgungsstruktur einerseits und der finanziellen Belastungen der Anlagenbetreiber andererseits bis auf Sektorenebene aufzuschlüsseln.

Da durch eine verstärkte Nutzung neuer Energieträger im Zuge eines Ausbaus neuer Energiesysteme im Laufe des Untersuchungszeitraumes ein wachsender Anteil der konventionell erzeugten Endenergie substituiert wird, sind darüber hinaus zukünftig verminderte Primärenergieimporte in der Bundesrepublik Deutschland zu berücksichtigen, die dazu führen werden, daß mit steigender Tendenz Kapital im Inland verbleibt. Dieser Entwicklung wird in diesem Kapitel insofern Rechnung getragen, als auch das zusätzlich in der Bundesrepublik Deutschland verbleibende Kapital unter Berücksichtigung der jeweiligen Importquoten und -preise den sektoriell aufgeschlüsselten Vektoren der jährlich veränderten Endnachfrage Δy_J zugerechnet werden.

4.2.1 Abschätzung der aufzubringenden Förderkosten

Die drei vorgestellten Finanzierungsinstrumentarien sind unter Berücksichtigung des jeweiligen Szenarios bzw. der vorgesehenen CO_2-Minderungsstrategie derart auszulegen, daß Finanzmittel lediglich in der Höhe bereitgestellt werden, welcher dem – gegenüber der konventionellen Energiegestehung – erhöhten Anteil der jährlich vorgesehenen Investitionen entspricht. Hierzu sind zunächst die regenerativen Energiegestehungskosten der betrachteten Energiesysteme abzuschätzen, wobei die speziellen – im zugrunde liegenden CO_2-Minderungsmix vorgesehenen – Systemeigenschaften bzw. die daraus resultierenden z.T. erhöhten Energiegestehungskosten (z.B. photovoltaische Fassadensysteme) zu berücksichtigen sind.

Die für die Abschätzung der spezifischen Referenzkosten unterstellten Charakteristika hinsichtlich dezentraler und zentraler bzw. Art der Energiegestehung zeigt Tabelle 4.4.

Die durchschnittlich resultierenden spezifischen Energiegestehungskosten konventioneller Referenzsysteme wurden, aufbauend auf den in Tabelle 4.4 zusammengefaßten charakteristischen Merkmalen, unter Berücksichtigung sowohl der verschiedenen Stromtarife für die Industrie, Kleinverbraucher und private Haushalte gemäß ihrer Verbrauchsstruktur als auch der von den einzelnen Verbrauchern beim Einsatz neuer Energiesysteme jeweils substituierten Energieträger abgeschätzt.

4 Branchenspezifische Kapitalflüsse

Tabelle 4.4. Charakteristika regenerativer Energiesysteme

	BW	BW/RW	NW	FB	OM	TE	PV_D	PV_Z	WIN
Wärme-anteil [%]	100	100	100	100	65	75	0	0	0
Strom-anteil [%]	0	0	0	0	35	25	100	100	100
zentrale Gestehung			x	x	x			x	x
dezentrale Gestehung	x	x				x	x		x

Dabei wurden bei einer kombinierten Erzeugung von Strom und Wärme charakteristische Energiegestehungskosten entsprechend ihrer jeweiligen Anteile bestimmt. Die dargestellten Werte für die spezifischen Strom- und Wärme- bzw. kombinierten konventionellen Energiegestehungskosten stellen also die gewichteten Mittelwerte der vom Verbraucher jeweils substituierten Energie dar und repräsentieren nicht die Energiegestehungskosten eines einzelnen Systems.

Abbildung 4.12 zeigt diese Energiegestehungskosten für die neun übergeordneten Gruppen der betrachteten Energiesysteme. Darüber hinaus werden die abgeschätzten spezifischen Energiegestehungskosten der konventionellen Referenzsysteme und die daraus resultierenden Zuschußanteile (wirtschaftliche Kostenanteile) dargestellt.

Aus Abbildung 4.12 wird deutlich, daß der Einsatz keines der betrachteten neuen Energiesysteme zu wirtschaftlichen Energiegestehungskosten führt. Vielmehr liegt der o.a. definierte wirtschaftliche Kostenanteil auch bei den vergleichsweise kostengünstigsten Heizwerken auf der Basis fester Biomasse bei lediglich 80 % der spezifischen Wärmegestehungskosten. Bei den solarthermischen Energiesystemen liegt dieser Kostenanteil bei rund 35 % (Flachkollektoranlage zur Brauchwassergestehung) bis 46 % (solare Nahwärmesysteme) und sinkt auf ca. 7 % bei den dezentralen und zentralen Photovoltaikanlagen. Insbesondere bei den in dieser Untersuchung betrachteten dezentralen Photovoltaikanwendungen berechneten sich mit rund 2,90 DM/kWh vergleichsweise hohe Stromgestehungskosten, da bei hohen CO_2-Reduk-

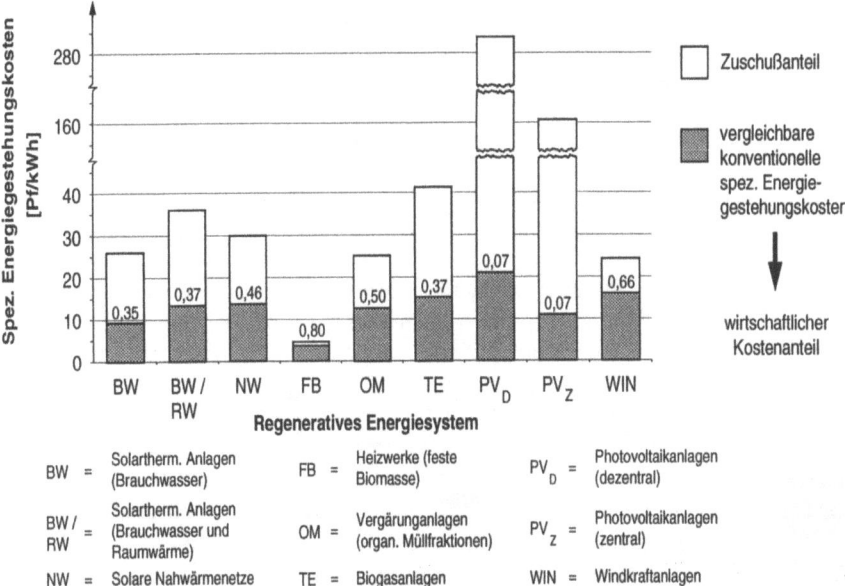

Abb. 4.12. Wirtschaftlicher Anteil der spezifischen Energiegestehungskosten der vorgesehenen regenerativen Energiesysteme

tionsstrategien z.B. auch relativ unwirtschaftliche Fassadensysteme berücksichtigt werden.

Die aus den regenerativen und konventionellen Energiegestehungskosten ermittelten „wirtschaftlichen Kostenanteile" spiegeln also den Wirtschaftlichkeitsgrad der im CO_2-Reduktionsmix vorgesehenen Energiesysteme wider und lassen nun eine Aufteilung der notwendigen Investitionen in einen Zuschußanteil einerseits und einen Betreiberanteil andererseits zu. Während der Betreiberanteil demnach dem Kostenanteil entspricht, welcher über die Nutzungsdauer der einzelnen Anlagen zu wirtschaftlichen Energiegestehungskosten führt, ist der Zuschußanteil vom Land Nordrhein-Westfalen mittels der o.a. Instrumentarien bereitzustellen. Für deren Auslegung, d.h. zur Festlegung, in welcher Höhe die einzelnen Instrumentarien zur Deckung des Zuschußanteils eingesetzt werden sollen, werden dabei verschiedene Szenarien angenommen.

Ausgehend von der gesamten jährlich vorzusehenden Förderung innerhalb der einzelnen Ausbaustrategien neuer Energiesysteme (CO_2-Reduktionsgrad RG 1 % – RG 24,1 %) wird der in Tabelle 4.5 dargestellte Einsatz der unterschiedlichen Finanzierungsinstrumentarien innerhalb der verschiedenen Szenarien festgelegt. Dabei ist die Wahl der einzelnen Maßnahmen bzw. deren Zuordnung zu bestimmten CO_2-Reduktionsbereichen beispielhaft und insbesondere hinsichtlich des jeweils möglichen und zu erwartenden Finanzvolumens durchgeführt worden.

4 Branchenspezifische Kapitalflüsse

Tabelle 4.5. Einsatz der unterschiedlichen Finanzierungsinstrumentarien innerhalb der verschiedenen Szenarien

Szenario	RG 1 % - RG 7 %	RG 8 % - RG 14 %	RG 15 % - RG 24,1%
I / II	Strompreiserhöhung	Kohlesubventionskürzung / Strompreiserhöhung	Kohlesubventionskürzung / Energiesteuererhebung
III / IV	Rückfinanzierung allein durch die Erhebung einer Energiesteuer (vgl. Kap. 2.3.3) – Investitionsverläufe analog zu Szenario I bzw. II		

Aus Tabelle 4.5 wird ersichtlich, daß die vorgesehene Rückfinanzierung des Umbaus der nordrhein-westfälischen Energieversorgungsstruktur in den o.a. Szenarien I und II (vgl. Tabelle 4.2) identisch abläuft. Dabei wird innerhalb der Strategien zur CO_2-Emissionsreduktion zwischen 1 % und 7 % lediglich auf eine Anhebung der Stromtarife zurückgegriffen. Erst ab dem Reduktionsgrad RG 8 % werden bis zum Szenario RG 14 % zusätzlich die freiwerdenden Mittel aus der angenommenen Kürzung der Steinkohlesubventionen in die Rückfinanzierung eingebunden, wobei diese Finanzmittel zunächst vollständig bis zur Bedarfsgrenze verwendet werden, bevor die Stromtarife angehoben werden. Ab dem CO_2-Reduktionsgrad RG = 15 % wird schließlich neben den vollständig einzubringenden Mitteln aus der Kürzung der Steinkohlesubventionen eine Energiesteuer auf alle konventionellen Primärenergien vorgesehen. Um eine doppelte Besteuerung des Stroms zu vermeiden, wird im Rahmen dieser Szenarien (RG > 14 %) auf eine Anhebung der Stromtarife verzichtet.

Da die Kürzung der Steinkohlesubventionen von der Bundesregierung bereits im April 1997 beschlossen wurde und die Verwendung dieser Finanzmittel für den Ausbau neuer Energiesysteme insbesondere unter Berücksichtigung der geplanten Konsolidierung des Finanzhaushaltes der Bundesrepublik Deutschland fraglich ist, wird in einem weiteren Szenario von der Rückfinanzierung durch die freiwerdenden Mittel aus der Kürzung der Steinkohlesubventionen abgesehen und nur auf die Erhebung einer Energiesteuer zurückgegriffen. Dabei werden – wie aus Tabelle 4.5 ersichtlich – dieselben Szenarien I und II bezüglich des Ausbaus neuer Energiesysteme betrachtet (vgl. Tabelle 4.2), lediglich die Rückfinanzierung erfolgt in diesen definierten Szenarien III und IV ausschließlich auf der Basis einer Primärenergiebesteuerung.

Für den beispielhaften CO_2-Reduktionsgrad RG = 10 % ist die Rückfinanzierung des notwendigen Zuschußanteils für den Ausbau neuer Energiesysteme in Abbildung 4.13 für die Szenarien I–IV dargestellt.

Es wird deutlich, daß in beiden Szenarien (I/II) in der Summe durchschnittlich 2 Mrd. DM/a als Zuschuß den Betreibern der vorgesehenen Energieanlagen bereitgestellt werden müssen, so daß sich für die Anlagenbetreiber wirtschaftliche Energie-

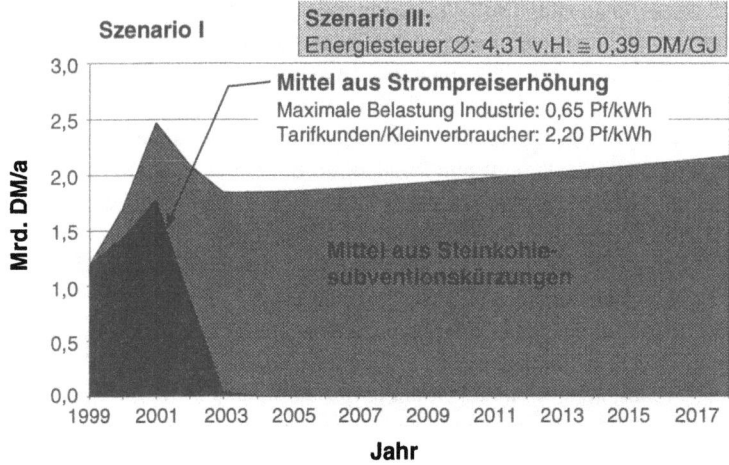

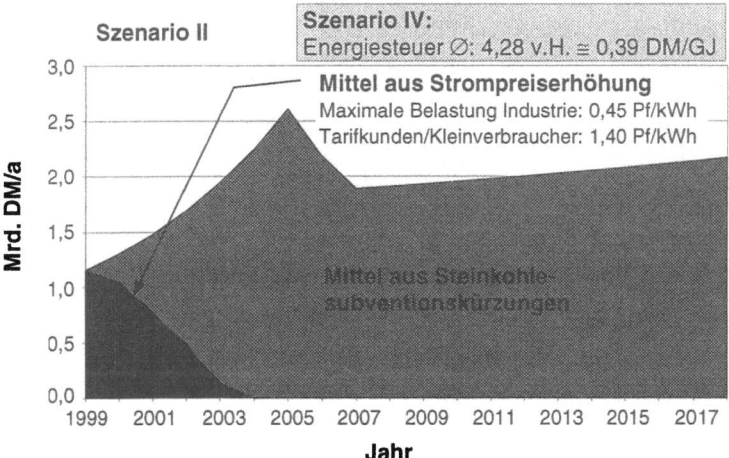

Abb. 4.13. Finanzierung eines Umbaus der Energieversorgungsstruktur zur Reduktion der CO_2-Emissionen um 10 %

gestehungskosten ergeben. Die Differenz zu den in den Abbildungen 4.9 und 4.10 dargestellten gesamten System- und Betriebskosten haben demnach die Betreiber selbst zu tragen. Diese staatlichen Zuschüsse werden nach Abbildung 4.13 in den Szenarien I und II – infolge der Zusage der Bundesregierung – aufgrund der zunächst noch fehlenden Finanzmittel aus der Kürzung der Steinkohlesubventionen für ca. 4 Jahre durch die einmalige Anhebung der Stromtarife gedeckt.

Diese Anhebung wird dabei aus den in Kapitel 2.3.2 genannten Gründen für die Industriekunden und die privaten Haushalte unterschiedlich hoch vorgesehen. Während die maximale Belastung der privaten Haushalte und Kleinverbraucher im Szenario I bei rund 2,2 Pf/kWh (Szenario II: 1,4 Pf/kWh) liegt, ist der Stromtarif für

Industriekunden mit ca. 0,65 Pf/kWh (Szenario II: 0,45 Pf/kWh) ausreichend für die Finanzierung des Umbaus der Energieversorgungsstruktur in Nordrhein-Westfalen.

Infolge der ab dem Jahr 1999 steigenden Finanzmittel aus der Kürzung der Steinkohlesubventionen kann auf die zweckgebundene Anhebung der Stromtarife mehr und mehr verzichtet werden, so daß schließlich der Ausbau neuer Energiesysteme in Nordrhein-Westfalen ab dem Jahr 2004 allein mit einem Teil des Mittelaufkommens aus den gekürzten Steinkohlesubventionen finanziert werden kann. Dabei wird deutlich, daß von dem in Abbildung 2.5 dargestellten Mittelaufkommen von bis zu 7,3 Mrd. DM/a lediglich ein Teil (ca. 30 %) für die Förderung des Ausbaus neuer Energiesysteme bereitgestellt werden muß.

Wird nicht auf diese beiden Finanzierungsinstrumentarien, sondern allein auf die Erhebung einer Primärenergiesteuer zurückgegriffen, läßt sich unter Berücksichtigung des zu erwartenden fossilen Primärenergieverbrauchs in Nordrhein-Westfalen die notwendige Höhe dieser Energiesteuer abschätzen. Dabei läßt sich für die Szenarien III und IV eine über den Ausbauzeitraum von 20 Jahren gemittelte Primärenergiesteuer in Höhe von rund 4,3 % berechnen. Dies bedeutet, daß sich der durchschnittliche Grundpreis für Primärenergie über den Zeitraum von 20 Jahren von 9 DM/GJ [61] infolge der Energiesteuer um durchschnittlich ca. 0,4 DM/GJ erhöhen würde. Im Falle eines maximalen Ausbaus neuer Energiesysteme (RG = 24,1 %) wäre – unter der Einbeziehung sämtlicher Finanzmittel aus der Kürzung der Steinkohlesubventionen – eine Energiesteuer von ca. 37 % bzw. in den Szenarien III und IV in Höhe von ca. 48 % notwendig.

4.2.2
Branchenspezifische Verteilung der negativen Kapitalflüsse

Um mit dem im Kapitel 2.4 vorgestellten Modell auf der Basis einer Input-Output-Analyse auch die negativen Auswirkungen infolge verminderter Kapitalflüsse in anderen Sektoren zu berücksichtigen und so überhaupt die volkswirtschaftlichen Gesamtwirkungen eines verstärkten Ausbaus neuer Energiesysteme in Nordrhein-Westfalen darstellen zu können, ist die Analyse der Kostenstrukturen sowohl der Betreiberanteile, als auch der staatlichen Zuschüsse notwendig. Es wird so die sektorielle Zuweisung einerseits der Kostenanteile, die zu wirtschaftlichen Energiegestehungskosten führen, und andererseits derer, die dem unwirtschaftlichen Anteil der Energiegestehungskosten entsprechen, ermöglicht.

4.2.2.1
Betreiberkosten

Die in Abbildung 4.12 für alle vorgesehenen Gruppen neuer Energiesysteme dargestellten wirtschaftlichen Kostenanteile sind ein Indikator für die Wirtschaftlichkeit dieser Anlagen. Sie basieren auf den Energiegestehungskosten der konventionellen Energiesysteme, welche durch den Einsatz dieser Anlagen substituiert würden. In der vorliegenden Untersuchung wird davon ausgegangen, daß ein verstärkter Ausbau neuer Energiesysteme in Nordrhein-Westfalen in jedem Fall zu realisieren ist, wenn den Betreibern der unterschiedlichen Anlagen lediglich diese wirtschaftlichen Vergleichskosten über die Nutzungsdauer der neuen Energiesysteme entstehen.

Im Falle eines Umbaus der Energieversorgungsstruktur würden infolge der Substitution fossiler durch regenerative Energieträger insbesondere in den Sektoren der konventionellen Energiegestehung negative Kapitalflüsse auftreten, welche im Rahmen einer belastbaren Analyse zu berücksichtigen sind. Um die quantitative Verteilung dieser negativen Kapitalflüsse abzuschätzen, wird auf der Basis des zugrunde liegenden CO_2-Reduktionsmixes die konventionell erzeugte Nutzenergie bestimmt, welche infolge der zuvor definierten Betreiberinvestitionen substituiert würde.

Dabei wird insbesondere zwischen thermischer und elektrischer Nutzenergie unterschieden, da nach der „Systematik der Wirtschaftszweige" [93] ein eigener Sektor „Elektrizität, Dampf, Warmwasser" unterschieden wird, während zur sektoriellen Zuordnung der thermischen Energie eine weitere Aufteilung notwendig wird. Diese Aufschlüsselung wird auf der Basis der Hauptverbrauchergruppen „Private Haushalte", „Kleinverbraucher" und „Industrie" durchgeführt, da sich diese Abnehmergruppen vornehmlich beim Einsatz der Primärenergieträger zur Gestehung thermischer Endenergie unterscheiden. Abbildung 4.14 verdeutlicht die Vorgehensweise zur sektoriellen Verteilung der infolge der Betreiberinvestitionen ausgelösten negativen Kapitalflüsse durch die Substitution fossiler Energieträger.

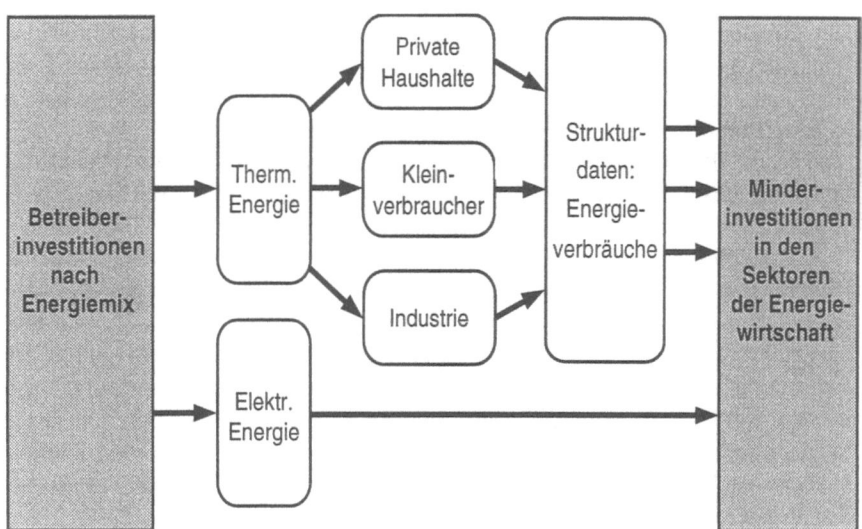

Abb. 4.14. Sektorielle Verteilung der durch Betreiberinvestitionen ausgelösten negativen Kapitalflüsse

Nach Abbildung 4.14 werden im Anschluß an die Differenzierung zwischen thermischer und elektrischer Nutzenergie die Anlagenstrukturen der o.a. Hauptverbrauchergruppen analysiert. Hierbei wird auf Strukturdaten bezüglich des aktuellen Einsatzes der verschiedenen fossilen Energieträger zurückgegriffen [101,102], wobei die Unterscheidung der jeweiligen Anteile an Raumwärme- und Brauchwassergestehung zu berücksichtigen ist. Auf diese Weise lassen sich die durch Betreiberinvestitionen substituierten fossilen Energieträger monetär bewertet den verschiedenen Branchen der konventionellen Energiewirtschaft zuordnen.

Schließlich lassen sich im Rahmen beider Szenarien I und II sowie für alle vorgesehenen CO_2-Minderungsstrategien bis zu einem Reduktionsgrad von 24,1 % die negativen Kapitalflüsse infolge der Substitution fossiler durch regenerative Energieträger bis auf Sektorenebene ausweisen. Dabei werden im Durchschnitt über alle Szenarien ca. 45 % der monetär bewerteten Energiesubstitutionen im Sektor „Elektrizität, Dampf, Warmwasser", rund 26 % im Sektor „Gas", rund 5 % im Sektor „Kohle, Erzeugnisse des Kohlebergbaus" und ca. 24 % im Sektor „Mineralölerzeugnisse" auftreten.

4.2.2.2
Staatliche Zuschüsse

Der Anteil der Energiegestehungskosten, welcher den wirtschaftlichen Anteil übersteigt (vgl. Abb. 4.12), ist in Form von finanziellen Zuschüssen den Betreibern zur Verfügung zu stellen, um einen Ausbau regenerativer Energiesysteme in der vorgesehenen Höhe und in der vorgesehenen Zeit sicherzustellen. Dabei wurden in Kapitel 4.2.1 die vorgesehenen Finanzierungsinstrumentarien für die verschiedenen CO_2-Minderungsstrategien bezüglich ihrer Höhe ausgewiesen. Die mit Hilfe dieser Finanzierungsinstrumentarien dem verstärkten Ausbau neuer Energiesysteme zur Verfügung stehenden Mittel werden in einer geschlossenen Volkswirtschaft in anderen Bereichen zu negativen Kapitalflüssen führen.

Um diese Kapitalflüsse zu quantifizieren, werden die bereitgestellten Finanzmittel auf der Basis verschiedener Strukturdaten den entsprechenden Wirtschaftsbranchen zugeordnet. Die genaue Vorgehensweise wird in Abbildung 4.15 verdeutlicht.

Aus Abbildung 4.15 wird ersichtlich, daß lediglich die Finanzmittel aus der Rückführung der Steinkohlesubventionen direkt einer Wirtschaftsbranche, dem Sektor „Kohle, Erzeugnisse des Kohlebergbaus", zugeordnet werden, da die Erhaltungssubventionen lediglich das Fortbestehen dieser Branche sichern sollten. Die Finanzmittel, welche mit Hilfe der beiden anderen Instrumentarien aufgebracht werden, werden – im Vergleich dazu – alle Bereiche der Volkswirtschaft belasten, da eine Erhöhung der Stromtarife bzw. die Erhebung einer Energiesteuer sämtliche Verbraucher betrifft. Auf der Basis der jeweiligen Verbrauchsstrukturen lassen sich die hieraus resultierenden negativen Kapitalflüsse sektoriell quantifizieren.

Zur Abschätzung der branchenspezifischen Auswirkungen werden die Finanzmittel, welche aus der Erhöhung der Stromtarife bzw. aus der Erhebung einer Energiesteuer resultieren, zunächst auf der Basis der aktuellen Strom- bzw. Energieverbrauchsstrukturen in der Bundesrepublik Deutschland bezüglich der Anteile der „Privaten Haushalte" und „Kleinverbraucher" sowie der „Industrie" aufgeschlüs-

4.2 Negative Kapitalflüsse

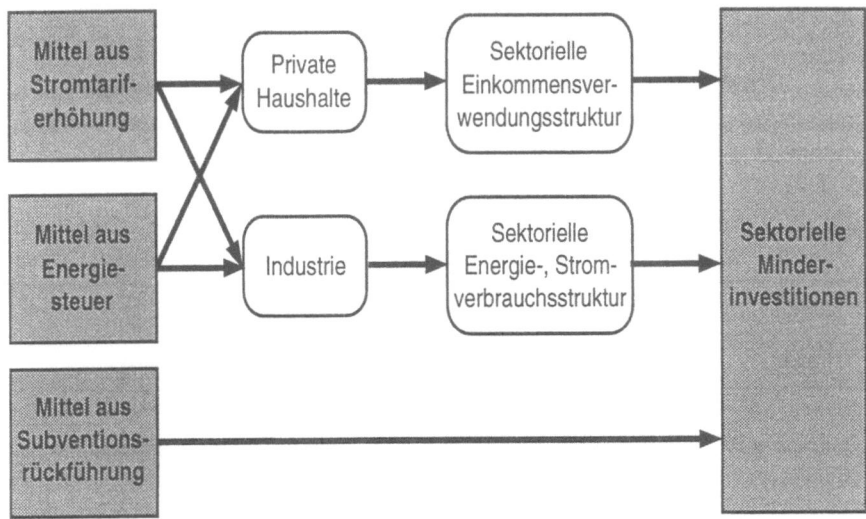

Abb. 4.15. Sektorielle Verteilung der durch staatliche Zuschüsse ausgelösten negativen Kapitalflüsse

selt. Dabei zeigen sich für das Land Nordrhein-Westfalen die in den Tabellen 4.6 und 4.7 angegebenen Strukturen.

Bezüglich des Stromverbrauchs in Nordrhein-Westfalen fällt auf, daß mit 63,6 Mrd. kWh/a genau die Hälfte des landesweiten Verbrauchs an elektrischer Endenergie auf den Bereich „Industrie" entfällt, während der Verbrauch der „Privaten Haushalte" mit rund 32,7 Mrd. kWh/a (ca. 25,7 %) bzw. der der „Kleinverbraucher" mit rund 28,1 Mrd. kWh/a (ca. 22,1 %) wesentlich geringer ausfällt. Da im kostenoptimalen CO_2-Reduktionsmix jedoch keine Maßnahmen im Sektor „Verkehr" vorgesehen sind, wird dieser Bereich auch im weiteren nicht berücksichtigt.

Tabelle 4.6. Struktur des Stromverbrauchs in Nordrhein-Westfalen [103]

Verbraucher	Stromverbrauch [Mrd. kWh]	Stromverbrauch [%]
Private Haushalte	32,7	25,7
Kleinverbraucher	28,1	22,1
Verkehr	2,9	2,2
Industrie	63,6	50,0
Gesamt	**127,3**	**100,0**

Tabelle 4.7. Struktur des Endenergieverbrauchs in Nordrhein-Westfalen [103]

Verbraucher	Endenergieverbrauch [Mrd. kWh]	Endenergieverbrauch [%]
Private Haushalte	110,8	18,8
Kleinverbraucher	79,6	13,5
Verkehr	146,2	24,9
Industrie	251,6	42,8
Gesamt	**588,2**	**100,0**

Auch bezüglich des Endenergieverbrauchs in Nordrhein-Westfalen zeigt sich, daß die Industrie mit rund 251,6 Mrd. kWh/a (42,8 %) die größte Verbrauchsgruppe ist. Hier ist jedoch der „Verkehr" mit ca. 24,9 % der zweitgrößte Verbraucher, während die „Privaten Haushalte" ca. 18,8 % und die Kleinverbraucher nur rund 13,5 % des gesamten Endenergieverbrauchs benötigen.

Die auf die Verbrauchsgruppe „Private Haushalte" und „Kleinverbraucher" entfallenden und im Laufe des Projektzeitraumes zu erwartenden finanziellen Belastungen aus einer Anhebung der Stromtarife bzw. der Erhebung einer Energiesteuer werden schließlich über die Einkommensverwendungsstruktur aus den volkswirtschaftlichen Gesamtrechnungen auf die einzelnen Wirtschaftsbranchen der Bundesrepublik Deutschland verteilt [66]. Bei den Industrieabnehmern erfolgt die Zuweisung der finanziellen Belastungen mit Hilfe der sektoriellen Energie- und Stromverbrauchsstrukturen, welche ebenfalls vom Statistischen Bundesamt bis auf Sektorenebene disaggregiert ausgewiesen werden [66].

4.3 Zusätzliche Kapitalflüsse infolge einer Minderung der Primärenergieimporte

Innerhalb des vorgesehenen Ausbauzeitraumes von 20 Jahren werden in Nordrhein-Westfalen mehr und mehr neue Energiesysteme auf der Basis regenerativer Energieträger eingesetzt, wodurch die heutige Energieversorgungsstruktur nachhaltig verändert wird. Infolge dieser Entwicklung wird der Verbrauch an Primärenergie im Laufe der Zeit über die erwartete Entwicklung eines sinkenden Energieverbrauchs (vgl. Abb. 2.6) hinaus eine weiter rückgängige Entwicklung zeigen. Da die Bundesrepublik Deutschland – außer im Bereich Stein- und Braunkohle – kaum über eigene Energieressourcen verfügt und daher z.T. auf erhebliche Primärenergieimporte angewiesen ist, wird die Tendenz sinkender Nachfrage anteilig auch zu sinkenden Importen führen. Hierdurch wird mehr Kapital in der bundesdeutschen Volkswirtschaft verbleiben, welche zu positiven Arbeitsmarkteffekten führen wird.

Die Abschätzung dieser in der bundesdeutschen Volkswirtschaft zukünftig verbleibenden positiven Kapitalflüsse verdeutlicht Abbildung 4.16.

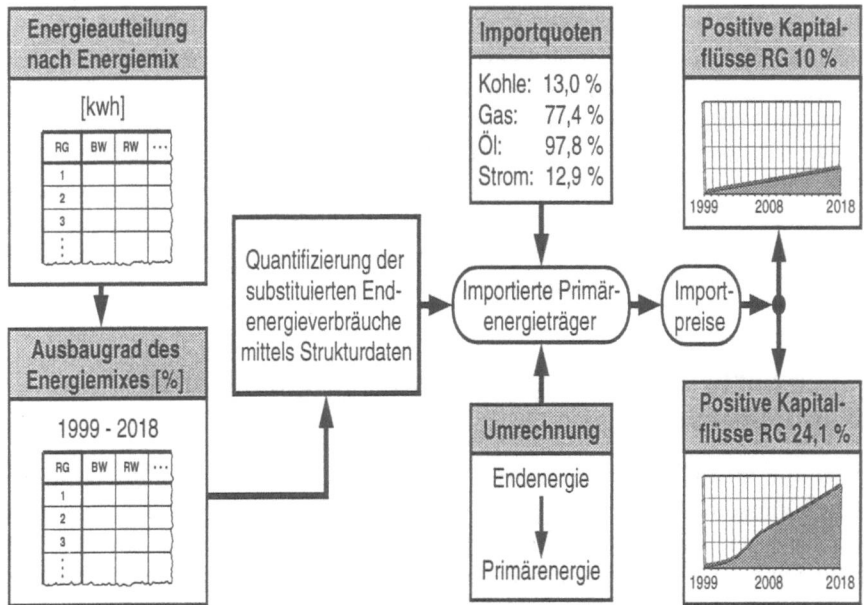

Abb. 4.16. Zusätzliche positive Kapitalflüsse aufgrund verringerter Primärenergieimporte infolge der Substitution fossiler Energieträger

Aus Abbildung 4.16 wird ersichtlich, daß zur Quantifizierung der aus verringerten Primärenergieimporten resultierenden positiven Kapitalflüsse auf den ökonomisch orientieren Energiemix zurückgegriffen wird. Dabei werden die ausgewiesenen Energiemengen, welche nach einem vollständigen Ausbau der vorgesehenen Energiesysteme durch die installierten neuen Energiesysteme bereitgestellt würden, mit Hilfe der in den Abbildungen 4.9 und 4.10 dargestellten Ausbauverläufe verrechnet, um die jährlich substituierten fossilen Energiemengen zu bestimmen, welche infolge der während des Umbaus der Energieversorgungsstruktur stetig steigenden Anlagenzahl bis zum Jahr 2018 kontinuierlich ansteigen.

Hierfür werden auf der Basis von Strukturdaten zu den bundesdeutschen Energieverbräuchen [102] die durch neue Energiesysteme bereitgestellten Energiemengen jeweils den unterschiedlichen fossilen Energieträgern zugeordnet, um die substituierten Energieträger bezüglich ihrer Art aufzuschlüsseln. Mit der Kenntnis üblicher Wirkungsgrade bei der Umwandlung von Primär- in Endenergie [56] und der für die Bundesrepublik Deutschland aktuellen Importquoten für Primärenergieträger (Kohle: 13,0 %, Gas: 77,4 %, Mineralöl: 97,8 % und Strom: 12,9 % [104]) läßt sich die mögliche Minderung der heutigen Primärenergieimporte berechnen.

Unter Berücksichtigung der durchschnittlichen Preise für Importenergie [56] kann schließlich das in der Bundesrepublik Deutschland verbleibende Finanzvolumen abhängig vom gewählten Umbauszenario und vom Jahr bestimmt werden. Die sektorielle Aufteilung richtet sich dabei nach der Einordnung der substituierten Energieträger in die Wirtschaftsbranchen der Volkswirtschaftlichen Gesamtrechnungen [62]. Es zeigt sich, daß – verteilt über die Sektoren der konventionellen Energiewirtschaft – im Durchschnitt über den Ausbauzeitraum von 20 Jahren ca. 190 Mio. DM/a im Szenario RG = 10 % bzw. ca. 550 Mio. DM/a im Szenario RG = 24,1 % in der bundesdeutschen Volkswirtschaft zusätzlich verbleiben. Dabei wird dieses Finanzvolumen nach Abschluß des Umbaus der Energieversorgungsstruktur (im Jahr 2019) unter der Annahme eines kontinuierlichen Ersatzes ausgedienter Anlagen und heutige gültiger Importquoten auf ca. 350 Mio. DM/a (RG = 10 %) bzw. ca. 1,1 Mrd. DM/a (RG = 24,1 %) steigen.

4.4 Bilanzierte Darstellung der branchenspezifischen Kapitalflüsse

Nachdem in den vorangegangenen Kapiteln sowohl die Aufteilung der positiven Kapitalflüsse infolge der auftretenden Investitionen und variablen Betriebskosten einerseits und der verminderten Primärenergieimporte andererseits, als auch die Aufteilung der negativen Kapitalflüsse infolge der notwendigen Rückfinanzierung analysiert wurden, sind abschließend sämtliche sektoriellen Kapitalflüsse zu bilanzieren. Diese für die einzelnen Minderungsstrategien bzw. für die verschiedenen Szenarien definierten Endnachfragevektoren werden im Kapitel 5 zur Quantifizierung der resultierenden Nettobeschäftigungseffekte eines Ausbaus neuer Energiesysteme in Nordrhein-Westfalen Verwendung finden.

Dabei ist zu berücksichtigen, daß sich infolge verschiedener CO_2-Minderungsstrategien bzw. der unterschiedlichen Szenarien nicht nur die Höhe der sektoriellen Kapitalflüsse, sondern auch die relative Bedeutung einzelner Wirtschaftsbereiche verändert. Abbildung 4.17 stellt diese sektoriellen Veränderungen für die wichtigsten Sektoren im Szenario I für die ausgewählten CO_2-Minderungsstrategien RG = 10 % und RG = 24,1 % dar.

Aus Abbildung 4.17 wird deutlich, in welchem Umfang ein verstärkter Ausbau neuer Energiesysteme in Nordrhein-Westfalen in den einzelnen Sektoren der bundesdeutschen Wirtschaft zu Nachfrageeffekten bzw. Minderinvestitionen führt. Aufgeschlüsselt nach 58 Sektoren werden diese Endnachfragevektoren insbesondere in den Wirtschaftsbereichen hohe Kapitalflüsse aufweisen, in denen aufgrund der Investitionen und Betriebskosten bzw. der sektoriellen Konsumstruktur der „Privaten Haushalte" eine hohe Nachfrage bewirkt wird.

Darüber hinaus werden infolge der Substitution fossiler durch regenerative Energieträger negative Kapitalflüsse vor allem in den Sektoren der konventionellen Energiewirtschaft auftreten. Die in Abbildung 4.17 dargestellten Kapitalflüsse stel-

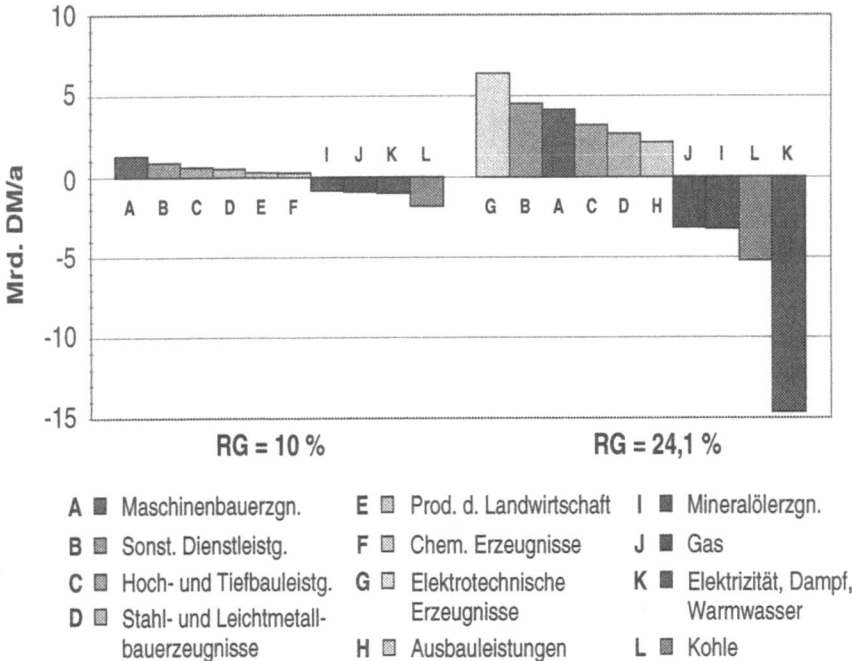

Abb. 4.17. Sektorielle Nettokapitalflüsse infolge eines Umbaus der Energieversorgungsstruktur in NRW im Szenario I

len dabei die über den vorgesehenen Umbauzeitraum von 20 Jahren gemittelten Nachfrageänderungen dar.

Zusätzliche Nachfrageeffekte treten insbesondere in den Bereichen „Maschinenbauerzeugnisse", „Sonstige Dienstleistungen", „Hoch- und Tiefbauleistungen" und „Stahl- und Leichtmetallbauerzeugnisse" sowie bei höheren CO_2-Reduktionsgraden im Sektor „Elektrotechnische Erzeugnisse" auf. Hier spiegeln sich einerseits die zusätzliche Nachfrage nach Systemkomponenten neuer Energiesysteme, andererseits aber auch die Tendenz zu wachsenden Nachfrageeffekten nach Dienstleistungen wider. Da bei hohen CO_2-Reduktionsgraden vor allem in den Ausbau photovoltaischer Anlagen investiert würde (vgl. Abb. 3.16) und bei diesen Energiesystemen nach Abbildung 4.11 ein hoher Kostenanteil (ca. 50 %) auf den Sektor „Elektrotechnische Erzeugnisse" entfällt, treten im Umbauszenario RG = 24,1 % mit ca. 6,4 Mrd. DM/a die höchsten Nachfrageeffekte in diesem Wirtschaftsbereich auf.

Mit durchschnittlich ca. 14,6 Mrd. DM/a werden die höchsten Nachfrageverluste in diesem Szenario im Sektor „Elektrizität, Dampf, Warmwasser" zu finden sein. Nachfrageeinbußen sind darüber hinaus in den übrigen Sektoren der konventionellen Energiewirtschaft „Kohle, Erzeugnisse des Kohlebergbaus" (ca. 5 Mrd. DM/a), „Gas" und „Mineralölerzeugung" (jeweils rund 3 Mrd. DM/a) infolge der Substitution fossiler durch regenerative Energieträger zu erwarten. Beim CO_2-Minderungsgrad RG = 10 % sind auf der negativen Seite zwar die gleichen Sektoren betroffen,

130 4 Branchenspezifische Kapitalflüsse

die Reihenfolge ist infolge der vorgesehenen Art der Rückfinanzierung jedoch unterschiedlich (vgl. Tabelle 4.5). Im Rahmen dieser Reduktionsstrategie werden die höchsten negativen Kapitalflüsse im Wirtschaftsbereich „Kohle, Erzeugnisse des Kohlebergbaus" (rund 2 Mrd. DM/a) auftreten. Die Auswirkungen eines langsameren Ausbaus neuer Energiesysteme unter den im Szenario II angenommenen Randbedingungen hinsichtlich der Veränderungen der sektoriellen Kapitalflüsse zeigt Abbildung 4.18.

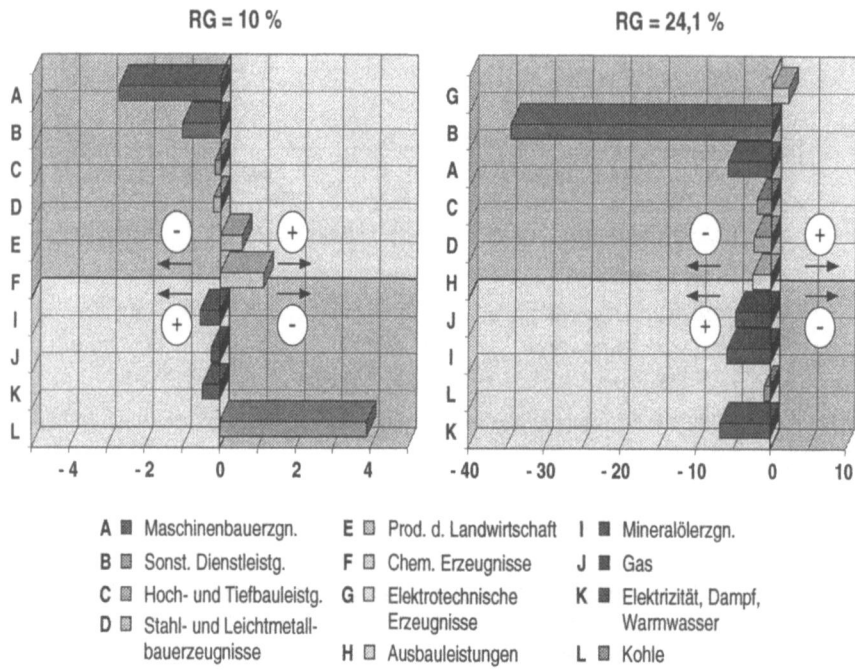

A ■ Maschinenbauerzgn.
B ▨ Sonst. Dienstleistg.
C ▨ Hoch- und Tiefbauleistg.
D ▨ Stahl- und Leichtmetallbauerzeugnisse
E ▨ Prod. d. Landwirtschaft
F ▨ Chem. Erzeugnisse
G ▨ Elektrotechnische Erzeugnisse
H ▨ Ausbauleistungen
I ■ Mineralölerzgn.
J ■ Gas
K ■ Elektrizität, Dampf, Warmwasser
L ▨ Kohle

Abb. 4.18. Prozentuale Veränderungen der sektoriellen Nettokapitalflüsse im Szenario II im Vergleich zum Szenario I

In Abbildung 4.18 werden nicht absolute Kapitalflüsse, sondern deren prozentuale Veränderungen im Szenario II gegenüber dem in Abbildung 4.17 beschriebenen Szenario I dargestellt. Dabei werden für beide betrachteten CO_2-Minderungsstrategien die jeweils positiven Veränderungen in den hellgrau unterlegten Quadranten (Zunahme der positiven bzw. Abnahme der negativen Kapitalflüsse) und die negativen Veränderungen in den dunkelgrau unterlegten Quadranten (Abnahme der positiven bzw. Zunahme der negativen Kapitalflüsse) aufgezeigt.

Es wird deutlich, daß sich ein langsamer Ausbau neuer Energiesysteme nach Szenario II insbesondere für die Sektoren überwiegend negativ auswirken würde, welche im Szenario I positive Kapitalflüsse verzeichnen konnten. Dabei sind die prozentualen Veränderungen bezüglich des CO_2-Reduktionsgrades RG = 24,1 %

4.4 Bilanzierte Darstellung

mit z.B. rund – 34 % im Sektor „Dienstleistungen" und rund – 5 % im Sektor „Maschinenbauerzeugnisse" wesentlich höher als beim moderaten Umbau der Energieversorgungsstruktur RG = 10 %. Hier liegen die maximalen Veränderungen im Szenario II gegenüber dem Szenario I bei rund – 3 %, wobei im Sektor „Maschinenbauerzeugnisse" die größten negativen Veränderungen auftreten würden.

Leichte positive Veränderungen zeigen sich für die Wirtschaftsbereiche der konventionellen Energiewirtschaft. In diesen Wirtschaftsbereichen sind im Vergleich zu Szenario I bei einem Ausbau neuer Energiesysteme nach Szenario II leicht geringere Nachfrageminderungen zu verzeichnen. Dabei belaufen sich diese Veränderungen auf rund 0,5 % für RG = 10 % bzw. rund 5–7 % für RG = 24,1 %. Entgegen dieser allgemeinen Entwicklung zeigt sich im Falle der moderaten CO_2-Minderungsstrategie durch die Nutzung erneuerbarer Energieträger, daß im Bereich „Kohle, Erzeugnisse des Kohlebergbaus" mit – 4 % vergleichsweise hohe negative Veränderungen auftreten werden.

Der Grund hierfür ist darin zu sehen, daß im Falle eines langsameren Ausbaus neuer Energiesysteme die notwendigen Ausgaben in den Jahren 1999–2003 im Vergleich zum Szenario I geringer sein werden (vgl. Abb. 4.9 und 4.10). Da zu Beginn des Umbaus der Energieversorgungsstruktur jedoch auch die verfügbaren Finanzmittel aus der – im Rahmen dieser Strategie vorgesehenen – Rückführung der Steinkohlesubventionen noch gering sind (vgl. Abb. 4.13), wird dieses Instrumentarium in späteren Jahren bei dann vergleichsweise höheren Investitionen verstärkt Anwendung finden, so daß der Sektor „Kohle, Erzeugnisse des Kohlebergbaus" durchschnittlich höher belastet wird.

Wird eine Rückfinanzierung dieser Ausbauszenarien allein über die Erhebung einer Energiesteuer durchgeführt (Szenario III und IV, vgl. Tabelle 4.5) zeigen sich auffällige Veränderungen der sektoriellen Kapitalflüsse in den Sektoren „Kohle, Erzeugnisse des Kohlebergbaus" und „Elektrizität, Dampf, Warmwasser". In den übrigen Wirtschaftsbereichen treten Nachfrageveränderungen gegenüber Szenario I und II auf, welche derart gering ausfallen, daß sie hier nicht näher diskutiert werden.

Es zeigt sich, daß im Falle einer Rückfinanzierung über eine Energiesteuer unabhängig vom gewählten Szenario bei einer CO_2-Reduktionsstrategie von RG = 10 % (RG = 24,1 %) rund 90 % (86 %) mehr Kapital im Wirtschaftsbereich „Kohle, Erzeugnisse des Kohlebergbaus" verbleibt als bei einer gemischten Rückfinanzierung mit den in Kapitel 2.3 angeführten Finanzierungsinstrumentarien. Während sich diese Art der Rückfinanzierung in diesem Wirtschaftsbereich sehr positiv auswirken würde, wären negative Effekte im Sektor „Elektrizität, Dampf, Warmwasser" zu erwarten. Hier lassen sich Veränderungen von ca. – 78 % im Falle von RG = 10 % bzw. rund – 14 % bei RG = 24,1 % quantifizieren.

Der Grund für diese Veränderungen liegt in der gewählten Art der Rückfinanzierung in den Szenarien I und II. Während bei einem CO_2-Reduktionsgrad von RG = 10 % hauptsächlich die freiwerdenden Finanzmittel aus der Rückführung der Steinkohlesubventionen für die Finanzierung des Umbaus der Energieversorgungsstruktur Verwendung finden, wird im Rahmen der maximalen CO_2-Minderungsstrategie bereits zusätzlich auf die Finanzmittel aus der Erhebung einer Energiesteuer zurückgegriffen. Demzufolge wird beim Verzicht auf die freiwerdenden Steinkohlesubventionen im Rahmen vom Szenario III und IV insbesondere im Falle der CO_2-Minderungsstrategie von RG = 10 % der Wirtschaftsbereich „Elektrizität, Dampf, Warmwasser" weitaus mehr belastet.

5 Sektorielle Beschäftigungseffekte eines Ausbaus neuer Energiesysteme in Nordrhein-Westfalen

Nachdem die für die Anwendung der in Kapitel 2.4 dargestellten Input-Output-Analyse notwendigen Inputdaten hergeleitet bzw. abgeschätzt worden sind, lassen sich die zu erwartenden Nettobeschäftigungseffekte quantifizieren. Dabei werden die resultierenden Arbeitsmarkteffekte sektoriell ausgewiesen, wobei durch die Berücksichtigung der bundesdeutschen und weltweiten Fertigungskapazitäten auch die im Ausland entstehenden Arbeitsmarkteffekte abgeschätzt werden. Infolge der Verwendung bilanzierter Kapitalflüsse werden nicht nur die positiven, sondern auch die negativen Beschäftigungseffekte berücksichtigt, so daß in diesem Kapitel ein vollständiges Bild der in der bundesdeutschen Volkswirtschaft resultierenden Arbeitsplatzeffekte dargestellt wird.

Werden im Rahmen der Input-Output-Analyse nicht die bilanzierten Änderungen der sektoriellen Endnachfrage, sondern lediglich die positiven Kapitalflüsse im Endnachfragevektor Δy_J berücksichtigt, lassen sich über die Darstellung der Gesamteffekte hinaus auch die positiven Strukturänderungen im Bereich der Beschäftigung abschätzen. Da für den Ausbau neuer Energiesysteme insbesondere technologisch moderne Systeme bzw. deren Komponenten nachgefragt werden und so Kapital vor allem in fortschrittliche Wirtschaftsbereiche fließt, wird in diesem Kapitel mit der Quantifizierung der positiven Beschäftigungseffekte eine Aussage über den Strukturwandel getroffen, welcher durch einen Ausbau neuer Energiesysteme in Nordrhein-Westfalen ausgelöst werden kann.

Durch die Verwendung einer bundesdeutschen Input-Output-Tabelle (vgl. Kap. 2.4) werden die Beschäftigungseffekte quantifiziert, welche in der gesamten Bundesrepublik Deutschland zu erwarten sein werden. Da jedoch Ausbaustrategien neuer Energiesysteme lediglich für Nordrhein-Westfalen betrachtet werden, wird ein Großteil der positiven Arbeitsplatzeffekte in diesem Bundesland geschaffen. Zur Abschätzung dieser auf Nordrhein-Westfalen entfallenden Beschäftigungseffekte wird deshalb in diesem Kapitel auf ein Analyseverfahren zurückgegriffen, welches eine Abschätzung der regionalen bzw. landesweiten Arbeitsmarktauswirkungen erlaubt.

5.1
Nettobeschäftigungseffekte

Der vorgesehene Ausbau neuer Energiesysteme in Nordrhein-Westfalen wurde nicht nur bezüglich 2 verschiedener Szenarien (vgl. Kap. 4.1.3) bzw. – unter Berücksichtigung der Art der Rückfinanzierung – bezüglich 4 Szenarien (vgl. Tabelle 4.5) über einen Ausbauzeitraum von 20 Jahren abgeschätzt, sondern auch hinsichtlich der Höhe der vorgesehenen CO_2-Minderungsstrategien (kontinuierlich von RG = 1 % bis RG = 24,1 %). Infolge der hohen Anzahl der unterschiedlichen Szenarien und des Datenaufwandes werden im folgenden zunächst die Beschäftigungseffekte dargestellt, welche sich im Mittel über den Ausbauzeitraum 1999–2018 quantifizieren lassen. Dabei zeigt Abbildung 5.1 die resultierenden Nettoarbeitsmarkteffekte für das Szenario I für die bereits in Kapitel 4.1.3 beispielhaft betrachteten CO_2-Minderungsszenarien RG = 10 % und RG = 24,1 % (Maximalszenario).

Die in Abbildung 5.1 dargestellte Übersicht zeigt nicht nur die über den Ausbauzeitraum von 20 Jahren durchschnittlich resultierenden positiven und negativen Beschäftigungseffekte für 2 CO_2-Minderungsstrategien im Ausbauszenario I bis auf Sektorenebene disaggregiert, sondern auch die im Ausland geschaffenen Arbeitsplätze. Diese sind ebenfalls zu berücksichtigen, da ein rascher Ausbau neuer Energiesysteme und ein hieraus resultierender Fertigungsengpaß im Bereich solarthermischer und photovoltaischer Systeme – über die heute aktuellen Importquoten hinaus – zu notwendigen Importen führen werden, welche im Ausland beschäftigungswirksam sind. Weiterhin sind die positiven Beschäftigungseffekte berücksichtigt und einzeln ausgewiesen, welche sich infolge der verminderten Primärenergieimporte während des Umbaus der Energieversorgungsstruktur durchschnittlich ergeben.

Aus Abbildung 5.1 wird deutlich, daß abhängig vom CO_2-Reduktionsgrad die Arbeitsplätze in denselben Wirtschaftsbereichen auftreten, in welchen die Kapitalflüsse infolge der Ausgabenstruktur fließen (vgl. Abb. 4.17 und 4.18). Hinsichtlich der Beschäftigungseffekte lassen sich aber große Unterschiede erkennen. Während die Bilanz der in der bundesdeutschen Wirtschaft verbleibenden kumulierten Kapitalflüsse infolge der Importe negativ ist, können im Durchschnitt über den Ausbauzeitraum vor allem bei niedrigen CO_2-Minderungsstrategien für die Bundesrepublik Deutschland mehr positive als negative Beschäftigungseffekte quantifiziert werden.

Ein Grund hierfür ist in den durchschnittlichen Arbeitsproduktivitäten bzw. in den sogenannten Beschäftigungskoeffizienten der einzelnen Sektoren zu sehen, welche über die Matrix D^L in die Berechnung der Beschäftigungseffekte eingehen (vgl. Kap. 2.4.2). Während die positiven Kapitalflüsse insbesondere in vergleichsweise arbeitsintensiven Wirtschaftsbereichen, wie beispielsweise der Systemfertigung und den Dienstleistungen, auftreten, ist mit einer verminderten Nachfrage vor allem in den Sektoren der relativ kapitalintensiven konventionellen Energiewirtschaft zu rechnen.

5.1 Nettobeschäftigungseffekte

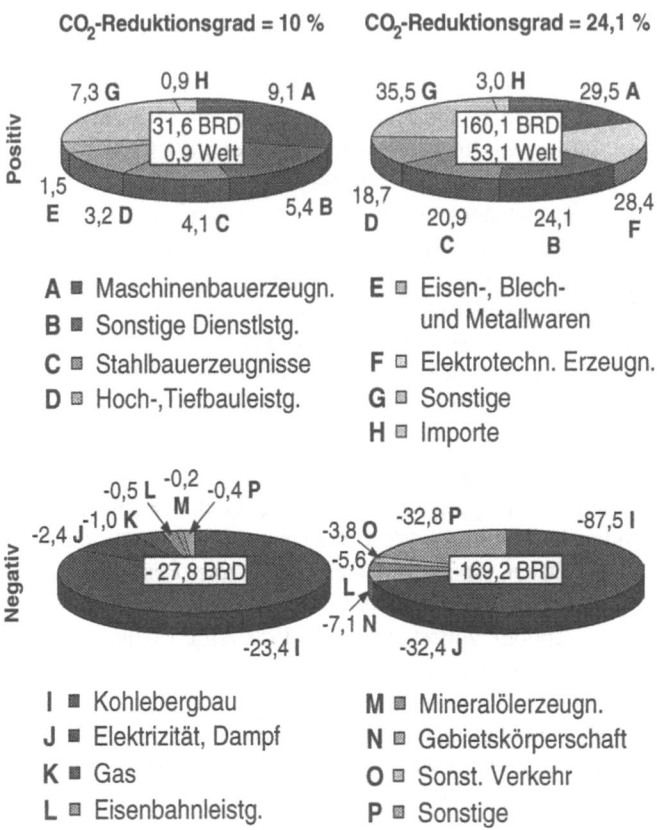

Abb. 5.1. Mittlere Nettobeschäftigungseffekte nach Sektoren für RG = 10 % und RG = 24,1 % im Szenario I

Werden nämlich die durchschnittlichen sektoriellen Beschäftigungskoeffizienten [62] nicht nur mit den anzunehmenden branchenspezifischen Produktivitätsänderungen [66] verrechnet (vgl. Kap. 2.4.2), sondern auch mit der zu erwartenden Kapitalhöhe über den Zeitraum von 20 Jahren gewichtet, läßt sich im Bereich der positiven Kapitalflüsse ein mittlerer Beschäftigungskoeffizient von rund 5,9 Beschäftigte/Mio. DM Produktionswert und bezüglich der negativen Kapitalflüsse ein Koeffizient von ca. 3,8 Beschäftigte/Mio. DM Produktionswert abschätzen. Infolge dieses Ungleichgewichtes zwischen den durchschnittlichen Arbeitsproduktivitäten, aber auch infolge der Berücksichtigung der zusätzlichen Beschäftigungseffekte durch die verminderten Primärenergieimporte können bei ausgeglichenem Saldo der Kapitalflüsse positive Beschäftigungseffekte erzielt werden.

So werden nach Abbildung 5.1 bei einem vorgesehenen CO_2-Reduktionsgrad in Höhe von RG = 10 % im Szenario I während des Projektzeitraumes insgesamt durchschnittlich rund 31.600 neue Arbeitsplätze geschaffen. Die am meisten profitierenden Wirtschaftsbereiche werden dabei die Sektoren „Maschinenbauerzeugnisse" mit ca. 9.100, „Sonstige Dienstleistungen" mit ca. 5.400, „Stahlbauerzeugnisse" mit ca. 4.100, „Hoch- und Tiefbauleistungen" mit ca. 3.200 neu beschäftigten Personen sein. Infolge der Importe werden durchschnittlich rund 900 neue Arbeitsverhältnisse im Ausland geschlossen werden.

Vor allem im Bereich der konventionellen Energiewirtschaft ist dagegen infolge der Substitution fossiler durch regenerative Energieträger mit Arbeitsplatzverlusten in Höhe von insgesamt durchschnittlich rund 27.800 Arbeitsplätzen zu rechnen. Hierbei wird beim CO_2-Reduktionsgrad von 10 % infolge der angenommenen Finanzierung über die Rückführung der Steinkohlesubventionen (Szenario I) mit rund – 23.400 Beschäftigten ein Großteil dieser Verluste im Sektor „Kohle, Erzeugnisse des Kohlebergbaus" auftreten. Mit weiteren Verlusten ist nach Abbildung 5.1 in den Sektoren „Elektrizität, Dampf, Warmwasser" mit – 2.400 und „Gaswirtschaft" mit rund – 1.000 Beschäftigten zu rechnen. Bilanziert ergeben sich demnach rund 3.800 neue Beschäftigungsverhältnisse, die durch den Umbau der Energieversorgungsstruktur in Nordrhein-Westfalen innerhalb von 20 Jahren geschaffen werden können. Dabei ist zu beachten, daß diese Beschäftigungsverhältnisse infolge der Verwendung einer bundesdeutschen Input-Output-Tabelle [62] in der gesamten Bundesrepublik auftreten werden. Eine Abschätzung der auf Nordrhein-Westfalen entfallenden Beschäftigungsverhältnisse wird in Kapitel 5.3 durchgeführt.

Beim in Nordrhein-Westfalen maximal möglichen CO_2-Reduktionsgrad RG = 24,1 % würde es bei einem raschen Ausbau neuer Energiesysteme (Szenario I) zu einem bilanzierten durchschnittlichen Arbeitsplatzverlust in Höhe von rund 9.100 Beschäftigten kommen. Zwar überwiegen auch bei dieser Umbaustrategie die gesamten positiven Beschäftigungseffekte mit ca. 160.100 neu Beschäftigten in der Bundesrepublik Deutschland und ca. 53.100 neu Beschäftigten in den Ländern, aus denen fehlende Systemkomponenten importiert würden, die gesamten negativen Beschäftigungseffekte (rund – 169.200) würden jedoch ausschließlich in der Bundesrepublik Deutschland auftreten.

An dieser Stelle wird die Bedeutung der angenommenen zusätzlichen Importquoten deutlich, welche aus den bundesdeutschen Fertigungskapazitätsengpässen im Bereich solarthermischer und photovoltaischer Energiesysteme resultieren. Während ein zügiger Ausbau neuer Energiesysteme auf der Basis solarthermischer und photovoltaischer Energiewandler nur mit verstärkten Importen realisiert werden könnte und zu bilanzierten negativen Beschäftigungseffekten führen würde, könnte ein wesentlich langsamerer Ausbau derartiger Energieanlagen unter Berücksichtigung bundesdeutscher Kapazitäten dazu führen, daß die im angenommenen Szenario im Ausland geschaffenen Arbeitsplätze zumindestens z.T. in der Bundesrepublik Deutschland erzielt werden. Auf diese Weise könnte ein Ausbau neuer

5.1 Nettobeschäftigungseffekte

Energiesysteme allein in Nordrhein-Westfalen netto durchweg zu positiven Beschäftigungseffekten führen (4.700 bei RG = 10 %, 44.000 bei RG = 24,1 %).

Die negativen Beschäftigungseffekte verteilen sich wiederum sehr ungleich auf die verschiedenen Wirtschaftsbranchen. So würde mit rund 87.500 Arbeitsplatzverlusten im Bereich „Kohle, Erzeugnisse des Kohlebergbaus" und rund 32.400 Verlusten im Sektor „Elektrizität, Dampf, Warmwasser" in 2 Wirtschaftsbereichen besonders mit Arbeitsplatzverlusten zu rechnen sein, während sich die restlichen ca. 30 % der gesamten negativen Beschäftigungseffekte auf die übrigen 56 Sektoren verteilen würden.

Positive Arbeitsmarktimpulse ergäben sich beim CO_2-Reduktionsgrad von RG = 24,1 % wiederum im Sektor „Maschinenbauerzeugnisse" mit rund 29.500 neuen Arbeitsplätzen. Nahezu in gleicher Höhe würden jedoch auch positive Beschäftigungseffekte im Bereich „Elektrotechnische Erzeugnisse" mit rund 28.400 Beschäftigten ausgelöst. Hier wird nochmals deutlich, daß im Maximalszenario vor allem photovoltaische Energiesysteme ausgebaut würden (vgl. Abb. 3.16) und die dafür notwendigen Investitionen zu einem Großteil dem Sektor „Elektrotechnische Erzeugnisse" zugeordnet würden (vgl. Abb. 4.11). Weitere profitierende Branchen wären bei der Annahme dieser Strategie die Sektoren „Sonstige Dienstleistungen" mit rund 24.100, „Stahl- und Leichtmetallbauerzeugnisse" mit ca. 20.900 und „Hoch- und Tiefbauleistungen" mit ca. 18.700 neuen Arbeitsplätzen.

In Abbildung 5.1 wird für beide Strategien außerdem die Größenordnung der positiven Beschäftigungseffekte dargestellt, welche sich infolge der Substitution fossiler durch regenerative Energieträger und der dadurch verminderten Primärenergieimporte durchschnittlich während des Ausbauzeitraumes ergeben. Für RG = 10 % belaufen sich diese positiven Effekte auf rund 900 und im Falle des Maximalszenario RG = 24,1 % auf rund 3.000 neue Beschäftigte.

Die sektoriellen Veränderungen der Höhe der resultierenden Beschäftigungseffekte unter der Annahme des Szenarios II im Vergleich zum dargestellten Szenario I (vgl. Tabelle 4.2) zeigt Abbildung 5.2.

In Abbildung 5.2 werden wiederum nicht absolute Zahlen bezüglich neu geschaffener oder abgebauter Beschäftigungverhältnisse, sondern deren prozentuale Veränderungen im Szenario II gegenüber dem beschriebenen Szenario I dargestellt. Dabei werden für beide betrachteten CO_2-Minderungsstrategien RG = 10 % und RG = 24,1 % die jeweils positiven Veränderungen in den hellgrau unterlegten Quadranten (Zunahme der positiven bzw. Abnahme der negativen Kapitalflüsse) und die negativen Veränderungen in den dunkelgrau unterlegten Quadranten (Abnahme der positiven bzw. Zunahme der negativen Kapitalflüsse) aufgezeigt.

Es wird deutlich, daß unter der Berücksichtigung der im Szenario II getroffenen Annahmen (vgl. Tabelle 4.2) – mit einer Ausnahme – wiederum vor allem die Branchen aus dem Bereich der konventionellen Energiewirtschaft in bezug auf einen Beschäftigungszuwachs profitieren werden, während für die Sektoren, welche im Rahmen des ersten Szenarios positive Beschäftigungseffekte verzeichnen konnten, leichte negative Veränderungen zu erwarten sind.

5 Sektorielle Beschäftigungseffekte

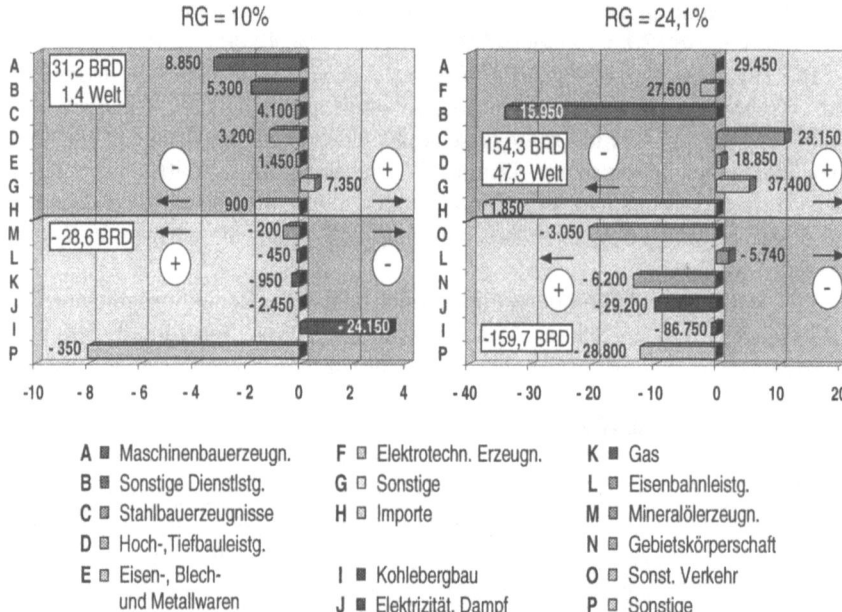

Abb. 5.2. Prozentuale Veränderungen der sektoriellen Nettobeschäftigungseffekte im Szenario II gegenüber dem Szenario I

Im einzelnen zeigt Abbildung 5.2, daß die größten negativen Veränderungen bei der CO_2-Minderungsstrategie RG = 10 % im Wirtschaftsbereich „Maschinenbauerzeugnisse" mit ca. – 3,5 % auf durchschnittlich ca. 8.850 neu Beschäftigte und im Sektor „Sonstige Dienstleistungen" mit rund – 2 % auf rund 5.300 neue Arbeitsplätze auftreten. Während nahezu alle Sektoren aus dem Bereich der Energiewirtschaft bei dieser gemäßigten Strategie zur Minderung der CO_2-Emissionen dadurch profitieren, daß sich die Arbeitsplatzverluste leicht verringern, ist im Sektor „Kohle, Erzeugnisse des Kohlebergbaus" infolge des verstärkten Rückgriffs auf die Steinkohlesubventionen mit einer weiteren Verschlechterung der durchschnittlichen Beschäftigungseffekte zu rechnen. Dabei ist ein weiterer Rückgang der negativen Arbeitsplatzeffekte um rund 3 % auf dann ca. – 24.150 Arbeitsplatzverluste zu erwarten.

Insgesamt lassen sich in diesem Szenario im Durchschnitt über den auf 20 Jahre angesetzten Umbau der Energieversorgungsstruktur ca. 31.200 positive und ca. 28.600 negative Beschäftigungseffekte quantifizieren, so daß auch in diesem Szenario die Beschäftigungsbilanz leicht positiv sein wird. Von diesen rund 2.600 Arbeitsplatzzugewinnen werden ca. 900, d.h. rund ein Drittel, durch verminderte Primärenergieimporte und das dadurch im Inland verbliebenen Kapital ausgelöst.

Hinsichtlich der Strategie RG = 24,1 % fallen die sektoriellen Veränderungen weitaus höher aus, wobei auch in diesem Fall der Sektor „Sonstige Dienstleistungen" mit ca. – 34 % auf durchschnittlich rund 16.000 zusätzlich Beschäftigte die

5.1 Nettobeschäftigungseffekte

größten Verluste gegenüber dem Szenario I zu verzeichnen hat. Darüber hinaus können infolge verminderter Primärenergieimporte in der bundesdeutschen Wirtschaft nur noch rund 1.850 neue Arbeitsplätze erwartet werden, was einem Defizit im Vergleich zum Szenario I von rund 35 % entspricht.

Positive Veränderungen lassen sich bei einer maximalen CO_2-Reduktion für nahezu sämtliche Wirtschaftsbereiche quantifizieren, für welche im Szenario I negative Beschäftigungseffekte berechnet wurden. Für den Sektor „Dienstleistungen des sonstigen Verkehrs" kann beispielsweise eine Veränderung von rund + 22 % quantifiziert werden, und im Sektor „Dienstleistungen der Gebietskörperschaften" bzw. „Elektrizität, Dampf, Warmwasser" wird der negative Beschäftigungseffekt um 14 % bzw. 10 % geringer ausfallen, als im Szenario I. Die Branche „Stahl- und Leichtmetallbauerzeugnisse" wird mit rund + 10 % ebenfalls eine positive Veränderung bezüglich der Beschäftigungseffekte auf dann ca. 23.150 neue Arbeitsplätze erfahren. Aufsummiert lassen sich für dieses Szenario rund 154.000 neue Arbeitsplätze berechnen, welche ca. 160.000 Arbeitsplatzverlusten gegenüberstehen. Bilanziert würde das Szenario II im Fall der Maximalstrategie zu einem Beschäftigungsverlust in Höhe von rund 5.400 Personen führen.

Wird der in den Szenarien I und II dargestellte Umbau der Energieversorgungsstruktur nicht mit einem Mix verschiedener Finanzierungsinstrumente, sondern allein mit Hilfe einer Energiesteuer finanziert, lassen sich die in Abbildung 5.3 dargestellten Veränderungen der Nettobeschäftigungseffekte anhand der definierten Szenarien III und IV berechnen.

Aus Abbildung 5.3 wird ersichtlich, daß ein Ausbau neuer Energiesysteme in Nordrhein-Westfalen aus volkswirtschaftlicher Sicht wesentlich sinnvoller über eine Energiesteuer zu finanzieren ist als über den zusätzlichen kombinierten Rückgriff auf die freiwerdenden Mittel aus den Steinkohlesubventionen und einer Stromtarifanhebung. Es wird deutlich, daß im Durchschnitt über die angesetzten 20 Jahre des Umbaus der Energieversorgungsstruktur im Szenario RG = 10 % bilanziert insgesamt rund 30.000 neue Arbeitsplätze (Szenario III und IV) und im Falle der CO_2-Minderungsstrategie RG = 24,1 % bilanziert mit rund + 30.000 (Szenario III) bis + 40.000 (Szenario IV) neuen Arbeitsplätzen – auch bei der Durchsetzung der Maximalstrategie – positive Beschäftigungseffekte quantifiziert werden können.

Durch die Rückfinanzierung über die Erhebung einer Energiesteuer wird im Vergleich zum Szenario I und II insbesondere der Sektor „Kohle, Erzeugnisse des Kohlebergbaus" profitieren, welcher in allen dargestellten CO_2-Minderungsstrategien zwar immer noch durch einen Arbeitsplatzabbau in Höhe von rund 5.000 Beschäftigten (RG = 10 %) bzw. rund 36.500 Beschäftigen (RG = 24,1 %) belastet wird, gegenüber der kombinierten Rückfinanzierung jedoch eine um ca. + 79 % (RG = 10 %) bzw. + 58 % (RG = 24,1 %) positivere Bilanz aufweist.

Aus Abbildung 5.3 wird deutlich, daß im Vergleich zum Szenario I und II negative sektorielle Auswirkungen durch die Erhebung einer Energiesteuer bei der gemäßigten CO_2-Minderungsstrategie RG = 10 % vor allem im Bereich „Elektrizität, Dampf, Warmwasser" zu erwarten sind, da diese Wirtschaftsbranche infolge einer verminderten Nachfrage direkt durch eine Verteuerung von Energie belastet

140   5 Sektorielle Beschäftigungseffekte

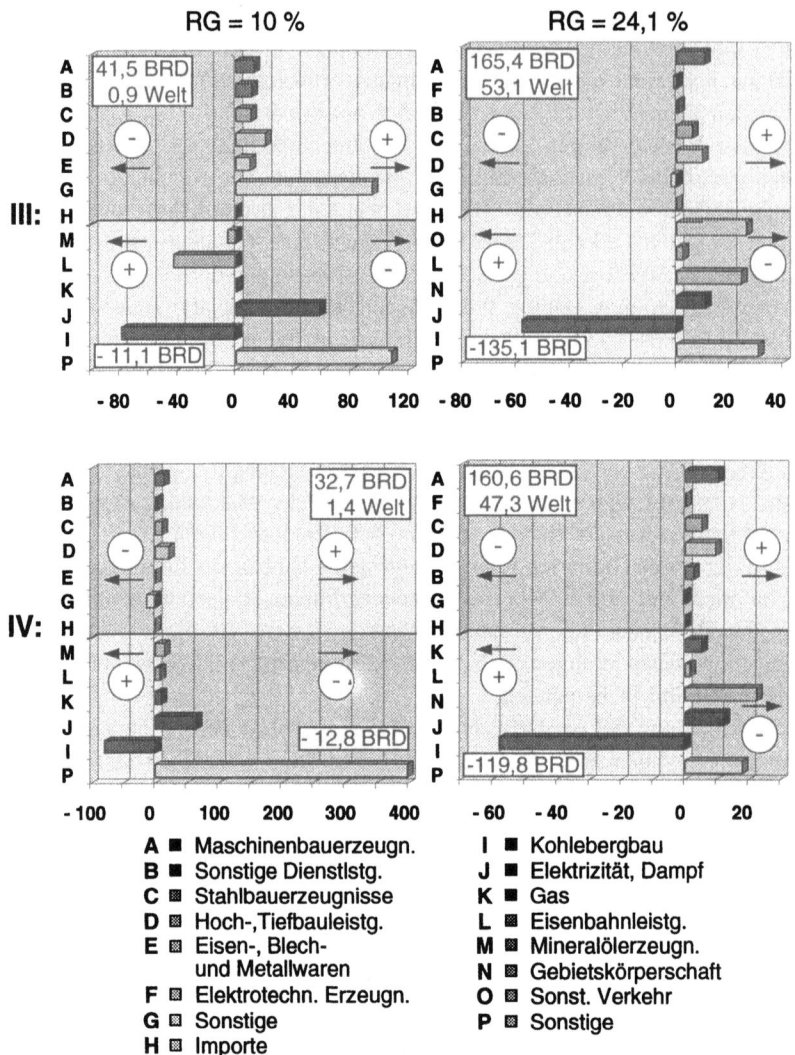

Abb. 5.3. Prozentuale Veränderungen der sektoriellen Nettobeschäftigungseffekte für Szenario III und IV gegenüber Szenario I und II bei Rückfinanzierung allein durch eine Energiesteuer

würde und die Finanzmittel aus der Rückführung der Steinkohlesubventionen anderweitig Verwendung fänden. Immerhin wäre im Sektor „Elektrizität, Dampf, Warmwasser" im Vergleich zum Szenario I bzw. II ein Beschäftigungsrückgang von rund 60 % bzw. 65 % zu erwarten, was in absoluten Zahlen zu einer Minderung der in dieser Branche beschäftigten Arbeitnehmer von ca. 4.000 Personen bedeuten würde.

Im Rahmen der Maximalstrategie RG = 24,1 % wären im Vergleich zu den Szenarien I und II negative Beschäftigungseffekte vornehmlich im Wirtschaftsbereich „Dienstkörperschaften der Gebietskörperschaften" zu quantifizieren. In diesem Sektor wären Veränderungen von rund – 24,5 % (Szenario III) bzw. – 22,5 % (Szenario IV) zu erwarten, so daß die Beschäftigtenzahl in dieser Branche um rund 8.900 bzw. 7.600 zurückgehen würde. Weitere negativ betroffene Sektoren hinsichtlich der Maximalstrategie wären wiederum die Sektoren „Elektrizität, Dampf, Warmwasser" (rund – 10 %) und die „Dienstleistungen des Sonstigen Verkehrs" mit einer negativen Veränderung der sektoriellen Beschäftigtenzahl im Vergleich zum Szenario II um rund 24 %.

Zusammenfassend wird deutlich, daß die Finanzierung eines verstärkten Ausbaus neuer Energiesysteme mit dem Rückgriff auf eine Energiesteuer (Szenarien III und IV) vornehmlich die Wirtschaftsbereiche der konventionellen Energiewirtschaft belasten würde, wobei der Sektor „Kohle, Erzeugnisse des Kohlebergbaus" jedoch wesentlich weniger betroffen wäre als durch eine ausschließliche Mittelverwendung der freiwerdenden Steinkohlesubventionen (Szenario I und II, RG = 10 %). Positive Beschäftigungseffekte sind wiederum für die Wirtschaftsbereiche „Maschinenbauerzeugnisse", „Sonstige Dienstleistungen", „Stahlbauerzeugnisse" und „Hoch- und Tiefbauleistungen" zu quantifizieren, welche bereits aus einer aus verschiedenen Finanzierungsinstrumentarien kombinierten Rückfinanzierung im Rahmen der Szenarien I und II profitieren würden.

5.2 Bruttobeschäftigungseffekte

Eine Darstellung der bilanzierten Nettobeschäftigungseffekte zeigt zwar die gesamten Arbeitsmarktauswirkungen, welche innerhalb des angesetzten Ausbauzeitraumes neuer Energiesysteme von 20 Jahren für die Bundesrepublik Deutschland zu erwarten sind, Rückschlüsse auf die Veränderungen der Wirtschaftsstruktur bzw. der zukünftig vermehrt nachgefragten Qualifikationen sind hierdurch jedoch nicht möglich. Um eine Aussage über die Art der zusätzlich nachgefragten Arbeitsplatzeffekte zu erhalten, ist vielmehr die Analyse der positiv ausgelösten Beschäftigungseffekte notwendig, ohne diese den resultierenden negativen Effekten gegenüberzustellen.

Insbesondere im Fall eines Ausbaus vornehmlich dezentraler Energiesysteme in Nordrhein-Westfalen, einem Bundesland, in welchem ein Strukturwandel nicht nur im Bereich der Beschäftigung positive Auswirkungen hätte, ist die Kenntnis über die absolute Zahl neugeschaffener Arbeitsplätze im Bereich innovativer Techniken für eine volkswirtschaftliche Bewertung eines Ausbaus neuer Energiesysteme ausschlaggebend. Da die neugeschaffenen Arbeitsplätze vor allem im Bereich der Herstellung und Wartung neuer Energiesysteme bzw. deren Zulieferbranchen entstehen würden, wäre die Gesamtzahl der ausgewiesenen Bruttobeschäftigungseffekte ein Indiz für einen ausgelösten Strukturwandel.

Abbildung 5.4 verdeutlicht die jährlichen sektoriellen Bruttobeschäftigungseffekte für die betrachteten Ausbauszenarien neuer Energiesysteme bezüglich der Gesamthöhe und der jährlichen Verteilung.

142 5 Sektorielle Beschäftigungseffekte

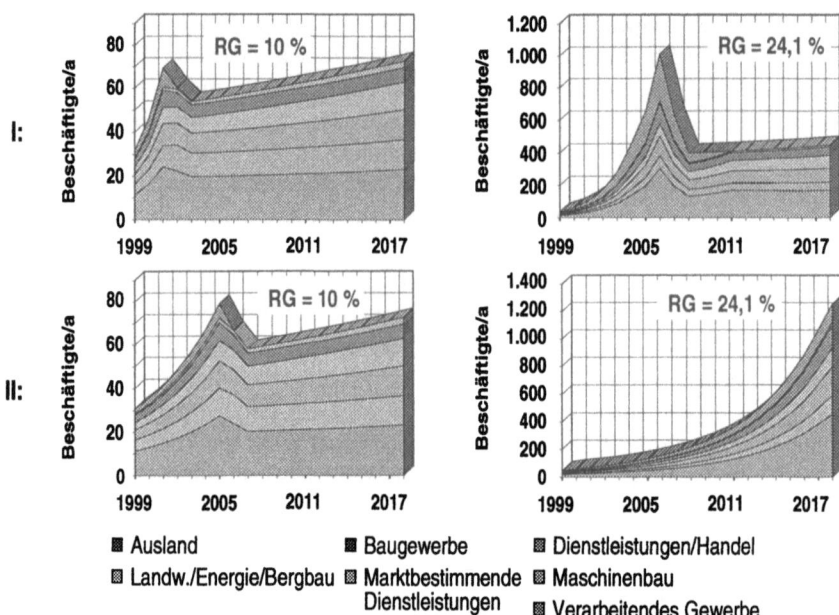

Abb. 5.4. Jährliche Bruttobeschäftigungseffekte in den Szenarien I und II für RG = 10 % und RG = 24,1 % [in 1.000 Beschäftigte]

In Abbildung 5.4 wird die Branchenaufteilung der neu geschaffenen Bruttobeschäftigungseffekte abhängig vom Jahr für die beiden CO_2-Ausbaustrategien neuer Energiesysteme in Nordrhein-Westfalen RG = 10 % und RG = 24,1 % im Rahmen der Szenarien I und II (vgl. Tabelle 4.2) dargestellt. Neben der Gesamtzahl der entstehenden Arbeitsplätze und deren sektorieller Gliederung wird in Abbildung 5.4 zudem die jährliche Verteilung der Beschäftigungswirkungen verdeutlicht. Es ist zu erkennen, daß sich innerhalb des Ausbauzeitraumes von 20 Jahren nicht nur die Höhe der resultierenden Bruttobeschäftigungseffekte, sondern auch deren Verlauf maßgeblich ändert, wobei zwischen der Höhe der CO_2-Minderung und dem gewählten Szenario unterschieden werden muß.

Die tatsächlich ausgelösten Bruttobeschäftigungseffekte belaufen sich für RG = 10 % auf durchschnittlich ca. 60.000 und für RG = 24,1 % auf durchschnittlich ca. 400.000 neu geschaffene Arbeitsplätze. Hierbei ist zu beachten, daß die Beschäftigungseffekte nicht kontinuierlich über den Ausbauzeitraum neuer Energiesysteme entstehen und bezüglich des Verlaufs der geschaffenen Arbeitsplätze große Unterschiede innerhalb der betrachteten Szenarien bestehen. Auffällig für alle Szenarien ist, daß zu Beginn des Umbaus der Energieversorgungsstruktur z.T. nur ein kleiner Teil der durchschnittlich neu geschaffenen Arbeitsplätze quantifizierbar ist, da einerseits die Zahl der Anlagen und somit auch die Höhe der durch Betriebsausgaben ausgelösten Beschäftigungseffekte über den Ausbauzeitraum kontinuierlich

5.2 Bruttobeschäftigungseffekte

wächst und andererseits die z.T. fehlenden Fertigungskapazitäten zu einer zeitlichen Verschiebung der Investitionen führen.

Im Szenario I zeigt sich, daß sich bei der Strategie RG = 10 % die Zahl der neu geschaffenen Arbeitsplätze innerhalb von 3 Jahren auf rund 70.000 mehr als verdoppelt, wobei ein kleiner Teil der Arbeitsplätze infolge der Kapazitätsengpässe im Bereich der solarthermischen Energiesysteme und der dadurch bedingten zusätzlich erhöhten Importquoten für derartige Anlagen im Ausland entstehen werden. Nachdem alle bis zu diesem Jahr vorgesehenen Anlagen installiert sind, sinkt die Zahl der geschaffenen Arbeitsplätze auf das in diesem Jahr vorgesehene Niveau zurück, ehe die Höhe der Bruttobeschäftigungseffekte kontinuierlich – infolge der wachsenden Anlagenzahl – auf rund 70.000 neu geschaffene Dauerarbeitsplätze steigt.

Für die CO_2-Minderungsstrategie RG = 24,1 % ist der Verlauf der resultierenden Bruttobeschäftigungseffekte wesentlich verändert. Hier steigt die Zahl der neu geschaffenen Arbeitsplätze in der Bundesrepublik Deutschland bis zum Jahr 2006 auf rund 650.000, wobei der Einfluß der – auch weltweit – fehlenden Fertigungskapazitäten insbesondere photovoltaischer Energiesysteme deutlich wird. Hierdurch werden vorgesehene Investitionen auf spätere Jahre verschoben und führen dann bei ausreichenden Kapazitäten, insbesondere im Ausland (im Jahr 2006 rund 350.000 neue Arbeitsplätze), zu erhöhten Bruttobeschäftigungseffekten. Nach Ausbau der im jeweiligen Jahr vorgesehenen Anlagenzahl resultieren aus einem Ausbau neuer Energiesysteme in diesem Szenario ab dem Jahr 2008 rund 400.000 neue Beschäftigungsverhältnisse mit leicht steigender Tendenz.

Unter der Annahme geringerer Steigerungsraten der Fertigungskapazitäten solarthermischer und photovoltaischer Energiesysteme (Szenario II) zeigt sich für RG = 10 % ein ähnlicher Verlauf der resultierenden Bruttobeschäftigungseffekte wie im Szenario I, wobei das Maximum der Arbeitsmarktauswirkungen auf das Jahr 2006 verschoben ist. Im Fall der CO_2-Minderungsstrategie RG = 24,1 % zeigt sich gegenüber dem Szenario I dagegen ein deutlich veränderter Verlauf der resultierenden Beschäftigungseffekte. Hier sind die Fertigungskapazitäten unter Berücksichtigung der im Szenario II angenommenen Steigerungsraten gerade ausreichend, den Bedarf an photovoltaischen und solarthermischen Energiesystemen bis zum Jahr 2018 zu decken. Hierdurch ergibt sich ein kontinuierlich und exponentiell steigender Verlauf der resultierenden Bruttobeschäftigungseffekte, der im Jahr 2018 für die Bundesrepublik Deutschland gut 1 Mio. neue Arbeitsplätze ausweist, welche einen fortlaufenden Strukturwandel unterstützen.

Wird davon ausgegangen, daß nach Abschluß des Umbaus der Energieversorgungsstruktur (ab dem Jahr 2019) eine weitere Nachfrage nach neuen Energiesystemen bestehen wird, da einerseits Altanlagen zu ersetzen sind und andererseits Anlagen in verstärktem Umfang auch exportiert werden, ist es möglich, dieses Beschäftigungsniveau auch über das Jahr 2018 zu halten.

Hinsichtlich der sektoriellen Gliederung der in der Bundesrepublik Deutschland entstehenden Arbeitsplätze zeigt sich, daß unabhängig vom Szenario ca. 50 % der neuen Arbeitsplätze im Bereich des „Verarbeitenden Gewerbes" (insbesondere im

Sektor „Maschinenbauerzeugnisse"), ca. 40 % im Bereich der „Sonstigen Dienstleistungen" und rund 10 % in den Wirtschaftsbereichen „Landwirtschaft" und „Energiewirtschaft" entstehen. Dabei ist die prozentuale Verteilung der sektoriellen Beschäftigungseffekte nicht nur unabhängig vom gewählten Szenario, sie ist auch bei beiden betrachteten CO_2-Minderungsstrategien nahezu identisch. Lediglich der Sektor „Elektrotechnische Erzeugnisse" gewinnt im Rahmen der Maximalstrategie RG = 24,1 % im Vergleich zu RG = 10 % infolge der verstärkten Nachfrage nach photovoltaischen Energiesystemen mehr an Bedeutung.

Während die neuen Arbeitsplätze im „Verarbeitenden Gewerbe" insbesondere im Bereich der Herstellung einzelner Systemkomponenten geschaffen werden, werden die Arbeitsplatzzugewinne im Bereich der „Sonstigen Dienstleistungen" durch den dezentralen Charakter der Energieanlagen verursacht.

5.3 Abschätzung der auf Nordrhein-Westfalen entfallenden Beschäftigungseffekte

Infolge des Ansatzes zur Berechnung resultierender Beschäftigungseffekte über die Input-Output-Koeffizienten-Tabelle für die Bundesrepublik Deutschland [62] sind die berechneten Arbeitsmarktauswirkungen als Gesamteffekte in der Bundesrepublik Deutschland zu interpretieren. Zur Verteilung der Beschäftigungseffekte auf Nordrhein-Westfalen und das übrige Bundesgebiet müssen zunächst die sektoriellen Beschäftigungsanteile der in Nordrhein-Westfalen Beschäftigten an den im gesamten Bundesgebiet beschäftigten Personen eines jeden Wirtschaftszweiges bekannt sein. Mit der Kenntnis dieser Anteile (z.B. sektorieller Beschäftigtenanteil Nordrhein-Westfalens im Bereich des Sektors „Kohle, Erzeugnisse des Kohlebergbaus" ca. 85 %) [5] lassen sich grundlegende Aussagen zur Verteilung der Beschäftigungseffekte auf Nordrhein-Westfalen und das übrige Bundesgebiet treffen. Dabei muß jedoch bei der Verteilung der negativen und positiven Beschäftigungseffekte unterschiedlich vorgegangen werden. Abbildung 5.5 verdeutlicht die Vorgehensweise.

Die negativen Beschäftigungseffekte werden durch die bundesweite Bereitstellung der Zuschußmittel (unwirtschaftlicher Anteil der regenerativen Energiegestehungskosten) über die Anhebung der Stromtarife, die Erhebung einer Energiesteuer bzw. der Mittelverwendung aus der Rückführung der Steinkohlesubventionen – mit Ausnahme der Beschäftigungsverluste im Sektor „Kohle, Erzeugnisse des Kohlebergbaus" – in der gesamten Bundesrepublik Deutschland auftreten. Eine Aufteilung der negativen Nettobeschäftigungseffekte ist somit nach Abbildung 5.5 über die sektoriellen Anteile der Beschäftigten in Nordrhein-Westfalen an den Beschäftigten in der gesamten Bundesrepublik Deutschland möglich.

Bezüglich der positiven Arbeitsmarkteffekte können diese sektoriellen Beschäftigungsanteile z.T. wesentlich erhöht angenommen werden, insbesondere wenn berücksichtigt wird, daß bei einem Ausbau neuer Energiesysteme in Nordrhein-Westfalen vor allem nordrhein-westfälische Unternehmen bei der Installation und

5.3 Abschätzung der Beschäftigungseffekte

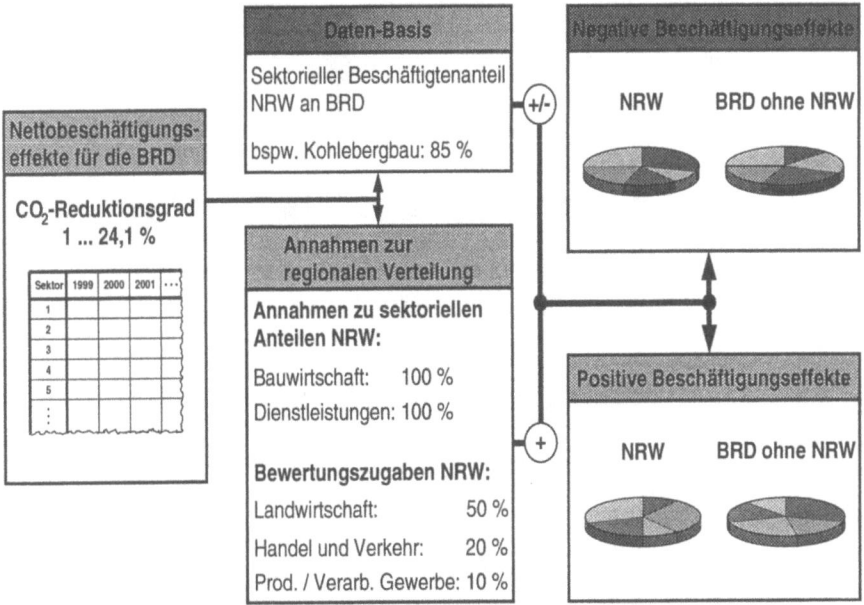

Abb. 5.5. Abschätzung regionaler Beschäftigungseffekte

Wartung der vornehmlich dezentralen Energiesysteme berücksichtigt werden. So können die sektoriellen Beschäftigungsanteile Nordrhein-Westfalens in den Bereichen „Hoch- und Tiefbauleistungen", „Ausbauleistungen" und sämtliche Sektoren aus dem Bereich „Dienstleistungen" zu 100 % angenommen werden, da der dezentrale Charakter der zu betreibenden Energieanlagen Beschäftigungseffekte in anderen Bundesländern nahezu ausschließt.

Darüber hinaus können auch in den Wirtschaftsbereichen „Produkte der Landwirtschaft" und „Handel und Verkehr" sowie im gesamten „Produzierenden" und im „Verarbeitenden Gewerbe" die landesspezifischen Beschäftigungsanteile um sogenannte Bewertungszugaben erhöht werden. Diese werden in der vorliegenden Untersuchung zwischen 10 % im Bereich des „Produzierenden" und „Verarbeitenden Gewerbes" und 50 % im Bereich der „Landwirtschaft" angenommen (vgl. Abb. 5.5). Mit dieser Anhebung der statistischen Beschäftigungsanteile wird demnach dem dezentralen Charakter der installierten Energiesysteme bzw. dem regionalen Charakter der resultierenden Kapitalflüsse Rechnung getragen.

Nach einer Verteilung der resultierenden jährlichen Arbeitsmarkteffekte auf positive und negative Nettobeschäftigungsauswirkungen können die auf Nordrhein-Westfalen und das übrige Bundesgebiet entfallenden Arbeitsplätze quantifiziert werden. Abbildung 5.6 zeigt die berechneten Ergebnisse für alle betrachteten Szenarien.

146 5 Sektorielle Beschäftigungseffekte

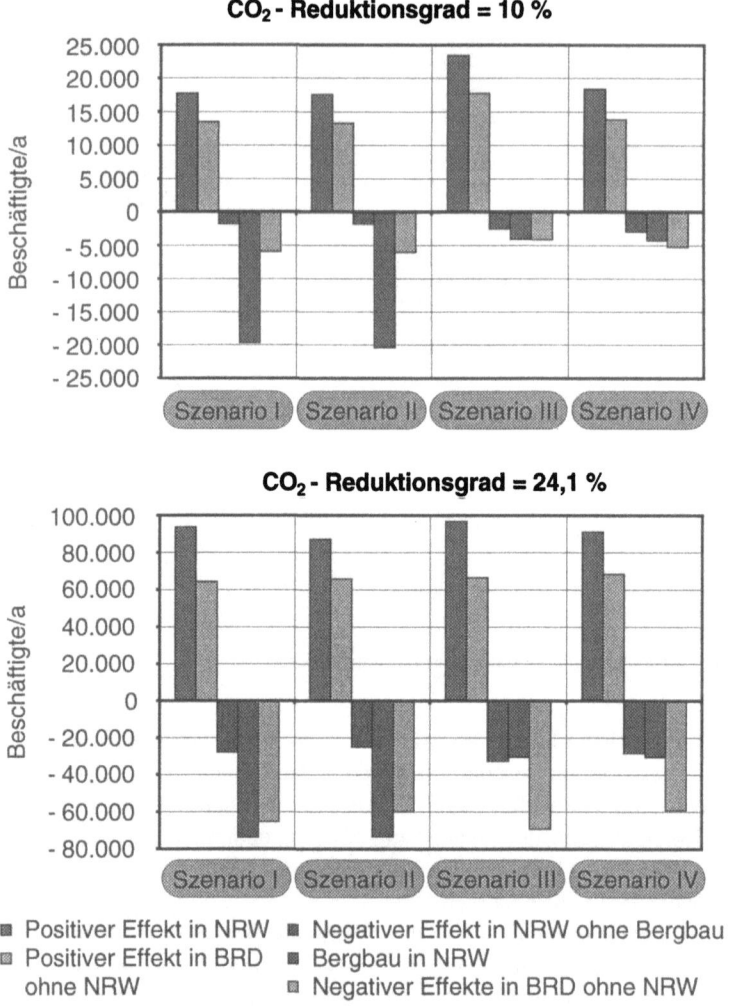

Abb. 5.6. Nettobeschäftigungseffekte von Ausbaustrategien neuer Energiesysteme für NRW und das übrige Bundesgebiet

In Abbildung 5.6 werden die resultierenden Beschäftigungseffekte getrennt nach negativen und positiven Arbeitsplatzauswirkungen für Nordrhein-Westfalen und das übrige Bundesgebiet ausgewiesen, wobei wiederum nicht nur die beispielhaften CO_2-Minderungsstrategien RG = 10 % und RG = 24,1 %, sondern auch die Szenarien I–IV unterschieden werden. Da die Rückführung der Steinkohlesubventionen und der dadurch in Nordrhein-Westfalen bedingte massive Beschäftigungsabbau im Sektor „Kohle, Erzeugnisse des Kohlebergbaus" bereits von der Bundesregierung beschlossen wurde, ist eine direkte Zuordnung der durch die Mittelverwendung berechneten negativen Beschäftigungseffekte im Bereich des nordrhein-westfälischen Bergbaus zu den resultierenden Arbeitsmarktauswirkungen problematisch. Aus diesem Grund wird in der Abbildung 5.6 im Bereich der negativen Effekte der Sektor „Kohle, Erzeugnisse des Kohlebergbaus" getrennt ausgewiesen.

Für die CO_2-Minderungsstrategie RG = 10 % zeigt sich, daß unter den o.a. Annahmen zu den landesspezifischen Bewertungszugaben der größte Teil der resultierenden Arbeitsmarkteffekte dem Land Nordrhein-Westfalen zugeordnet werden kann. Immerhin werden im Rahmen aller betrachteten Szenarien durchschnittlich rund 58 % der resultierenden Arbeitsplatzzugewinne in dem Land auftreten, in welchem die neuen Energiesysteme ausgebaut werden. Dabei werden in den Szenarien I, II und IV absolut rund 17.500 und im Szenario III rund 23.000 neue Arbeitsplätze geschaffen. Die verbleibenden ca. 18.500 (Szenario III: rund 22.500) Arbeitsplatzzugewinne werden nachfragebedingt in den übrigen Bundesländern entstehen.

Werden die Arbeitsplatzverluste im Sektor „Kohle, Erzeugnisse des Steinkohlebergbaus" zunächst ausgenommen, treten in Nordrhein-Westfalen Beschäftigungsverluste auf, welche mit einem Anteil zwischen rund 23 % (Szenario I / II) und rund 37 % (Szenario III / IV) an den negativen Beschäftigungseffekten in der Bundesrepublik Deutschland dem Anteil der in Nordrhein-Westfalen sozialversicherten Beschäftigten entspricht. Dabei fällt der auf Nordrhein-Westfalen entfallende Beschäftigtenanteil bei der Rückfinanzierung des Ausbaus neuer Energiesysteme über eine Energiesteuer höher aus, da der Beschäftigungsanteil im Bereich der konventionellen Energiewirtschaft in diesem Bundesland vergleichsweise hoch ist und durch eine Besteuerung des Energieverbrauchs der auf Nordrhein-Westfalen entfallende negative Beschäftigungseffekt dementsprechend signifikant ausfällt.

Der höchste negative Effekt tritt jedoch im Szenario RG = 10 % mit rund – 20.000 Beschäftigten im Bereich des Steinkohlebergbaus auf, da im Rahmen dieser CO_2-Minderungsstrategie von einer primären Finanzierung aus dem Mittelaufkommen der reduzierten Steinkohlesubventionen ausgegangen wird. Da in Nordrhein-Westfalen ca. 85 % der im Sektor „Kohle, Erzeugnisse des Kohlebergbaus" beschäftigten Personen arbeiten, wird in diesem Bundesland der negative Effekt eines Strukturwandels besonders ausgeprägt sein.

Bei einem Verzicht auf diese Finanzmittel zur Finanzierung des Umbaus der Energieversorgungsstruktur (Szenario III und IV) werden diese Beschäftigungsverluste zwar auch auftreten, sie werden jedoch nicht in einem Wirkungszusammenhang mit dem Ausbau neuer Energiesysteme gebracht. Infolgedessen werden die auf diesen Sektor entfallenden Beschäftigungsverluste, welche direkt dem Umbau der Energieversorgungsstruktur zugerechnet werden können, ca. 4.000 Beschäftigte betragen und damit das Niveau widerspiegeln, welches dem nordrhein-westfälischen Anteil entspricht.

Auch im Rahmen der CO_2-Minderungsstrategie RG = 24,1 % werden die resultierenden positiven Beschäftigungseffekte vor allem im Land Nordrhein-Westfalen auftreten. Dabei sind, unabhängig vom gewählten Szenario, gemittelt über den Umbauzeitraum, rund 90.000 neue Arbeitsplätze in Nordrhein-Westfalen und rund 66.000 neue Beschäftigungsverhältnisse im übrigen Bundesgebiet zu erwarten. Die auf Nordrhein-Westfalen entfallenden Beschäftigungszahlen sind bei einem schnelleren Ausbau der Energiesysteme gemäß der Szenarien I und III leicht erhöht (rund + 6.000 Arbeitsplätze) gegenüber einem langsameren Umbau der Energieversorgungsstruktur. In diesem Fall fallen die positiven Beschäftigungseffekte im übrigen Bundesgebiet leicht erhöht aus (ca. + 2.000 Arbeitsplätze).

Dieser Effekt resultiert daraus, daß bei einem schnellen Ausbau neuer Energiesysteme infolge des dezentralen Charakters der vorgesehenen Energieanlagen vergleichsweise mehr Ausgaben für Dienstleistungen vorzusehen sind. Infolge der Annahme, daß eine verstärkte Nachfrage nach Dienstleistungen jedoch hauptsächlich zu regionalen Beschäftigungseffekten führt, ist im Szenario I und III der positive Beschäftigungseffekt in Nordrhein-Westfalen höher als im Szenario II und IV.

Bei der Verteilung der negativen Beschäftigungseffekte auf Nordrhein-Westfalen und das übrige Bundesgebiet wird wiederum deutlich, daß im bevölkerungsreichsten Bundesland infolge des beabsichtigten Strukturwandels zwar insgesamt rund 100.000 Arbeitsplätze im Rahmen der Szenarien I und II verlorengehen werden, von denen jedoch rund 74 % auf die Beschäftigungsverluste im Sektor „Kohle, Erzeugnisse des Kohlebergbaus" zurückzuführen sind. Ohne diese Verluste einzurechnen, die sich auch ohne eines Ausbaus neuer Energiesysteme bis zum Jahr 2010 (Einstellung der Steinkohlesubventionen) ergeben würden, lassen sich für Nordrhein-Westfalen Beschäftigungsverluste quantifizieren, die in der Größenordnung des Anteils der in Nordrhein-Westfalen Beschäftigten liegt.

Zwar werden – abhängig vom Szenario – zwischen 25.000 und 30.000 Arbeitsplätze in Nordrhein-Westfalen verlorengehen, diese stehen aber rund 90.000 positiven Beschäftigungseffekten gegenüber, so daß der Umbau der Energieversorgungsstruktur insbesondere für Nordrhein-Westfalen arbeitsmarktpolitisch interessant wäre. Auch wenn die hohen Arbeitsplatzverluste im Sektor „Kohle, Erzeugnisse des Kohlebergbaus" im Szenario I bzw. II mit in die Beschäftigungsbilanz eingerechnet werden, wäre der verstärkte Einsatz neuer Energieträger aus Sicht der resultierenden Beschäftigungseffekte nicht problematisch, da die positiven und negativen Arbeitsmarkteffekte sich gerade aufheben würden.

Auf der anderen Seite sind die resultierenden bundesdeutschen Beschäftigungseffekte infolge eines verstärkten Einsatzes neuer Energiesysteme in Nordrhein-Westfalen unabhängig vom Szenario sehr ausgeglichen, so daß auch unter Berücksichtigung der bundesdeutschen Volkswirtschaft ein Umbau der Energieversorgungsstruktur nicht zu bedeutsamen negativen Arbeitsplatzeffekten führen würde.

5.4
Mögliche zukünftige Entwicklung der resultierenden Beschäftigungseffekte

Der auf der Basis kostenoptimaler Energiegestehungs- bzw. CO_2-Vermeidungskosten entwickelte und in Abbildung 3.16 dargestellte ökonomisch orientierte Energie- bzw. CO_2-Reduktionsmix stellt einen möglichen Ausbauzustand neuer Energiesysteme in Nordrhein-Westfalen dar. Zur Abschätzung der volkswirtschaftlichen

5.4 Mögliche Entwicklung der Beschäftigungseffekte

und arbeitsmarktpolitischen Auswirkungen einer eventuellen Realisierung wurde ein entsprechender Umbau der Energieversorgungsstruktur innerhalb eines auf die mittlere Nutzungsdauer der betrachteten Energiesysteme bezogenen Zeitraumes von 20 Jahren bezüglich der sektoriellen Kapitalflüsse entwickelt und für diskrete CO_2-Reduktionsstrategien dargestellt. Dabei wurde der Investitionsverlauf nicht nur durch die Berücksichtigung zukünftig möglicher Kostendegressionspotentiale, sondern insbesondere durch Annahmen zu Fertigungskapazitätssteigerungen innerhalb 2 verschiedener Szenarien maßgeblich geprägt.

Die in den Abbildungen 4.7 und 4.8 dargestellten Kostenverläufe spiegeln demnach unter Berücksichtigung der variablen Betriebskosten die Gesamtinvestitionen wider, welche für die vollständige Umsetzung des CO_2-Reduktionsmixes notwendig sind. Infolge der direkten Abhängigkeit der resultierenden Beschäftigungseffekte von den vorzusehenden Kosten bzw. den sektoriellen Kapitalflüssen ist aber auch davon auszugehen, daß nach dem Ausbau der vorgesehenen Energieanlagen die quantifizierten Beschäftigungseffekte nur dann als Dauerarbeitsplätze bezeichnet werden können, wenn auch zukünftig weitere Nachfrage nach Energiesystemen auf der Basis regenerativer Energieträger bzw. nach anwendungsspezifischen Dienstleistungen besteht.

Gerade hiervon kann jedoch ausgegangen werden, insbesondere wenn berücksichtigt wird, daß infolge einer zu erwartenden Energiepreisverteuerung innerhalb eines Zeitraumes von 20 Jahren die Nutzung regenerativer Energieträger zukünftig auch ohne entsprechende Fördermaßnahmen in der Bundesrepublik Deutschland wirtschaftlich sein kann. Aber nicht nur eine evtl. wesentlich verbesserte Wirtschaftlichkeit, sondern auch das in der Bevölkerung immer weiter wachsende Umweltbewußtsein, läßt den Schluß zu, daß nach dem in dieser Untersuchung dargestellten Ausbau neuer Energiesysteme zumindest Reinvestitionen in gleicher Höhe getätigt werden, um Alt- durch Neuanlagen zu ersetzen. Hierdurch könnten die in der Abbildung 4.7 dargestellten Kostenverläufe auch über das Jahr 2018 fortgeschrieben werden, und die quantifizierten Beschäftigungseffekte wären als Dauerarbeitsplätze zu werten.

Infolge der vergleichsweise großen finanziellen Anstrengungen für den Umbau der Energieversorgungsstruktur in Nordrhein-Westfalen und des hieraus resultierenden hohen Zugewinns an technischem Know-how ist jedoch auch eine weitaus positivere Annahme bezüglich der zukünftigen Entwicklung denkbar. So kann beispielsweise angenommen werden, daß im Falle einer zukünftigen Verteuerung fossiler Energieträger und einer weiter wachsenden Wirtschaftlichkeit neuer Energiesysteme wesentlich mehr neue Energiesysteme in der gesamten Bundesrepublik Deutschland nachgefragt werden, und so die dargestellten Kostenverläufe bereits während des auf 20 Jahre angesetzten Ausbaus neuer Energiesysteme evtl. wesentlich höher angesetzt werden können. Dies ist insbesondere der Fall, wenn zunächst von einer vergleichsweise geringen CO_2-Minderungsstrategie (z.B. RG = 10 %) ausgegangen wurde.

Weiterhin ist aber auch denkbar, daß in der Bundesrepublik Deutschland neue Energiesysteme nicht nur für den bundesdeutschen Bedarf, sondern im verstärkten

5 Sektorielle Beschäftigungseffekte

Maße auch für eine wachsende Nachfrage nach neuen Energiesystemen aus dem Ausland gefertigt werden. Immerhin werden im Zuge des Umbaus der Energieversorgungsstruktur in hohem Maße Produktionsstätten geschaffen, welche auch zur Deckung eines wachsenden Exports von Hochtechnologieprodukten ausreichend wären. In diesem Zusammenhang ist davon auszugehen, daß die in Abbildung 4.8 dargestellten Kostenverläufe keine signifikanten Rückgänge nach der Deckung des im jeweiligen Jahr vorgesehenen nordrhein-westfälischen Bedarfs aufweisen würden. Werden die schon heute beschlossenen Anstrengungen bezüglich des Ausbaus neuer Fertigungsstätten für photovoltaische Module (vgl. Kap. 4.1.1, [90]) berücksichtigt, ist eine derartige Entwicklung nicht nur erwünscht, sondern beabsichtigt.

Bezüglich der Beschäftigungswirkung wäre unter der Annahme einer Fortschreibung der in den Abbildungen 4.7 und 4.8 dargestellten Maxima der Kostenverläufe infolge einer gesteigerten Auslandsnachfrage ein sehr positiver Effekt zu erwarten. Hier würde sich bemerkbar machen, daß diese zusätzliche Auslandsnachfrage nicht rückfinanziert werden müßte bzw. keine negativen Kapitalflüsse in anderen Wirtschaftsbereichen auslösen würde und so mehr Kapital in der bundesdeutschen Volkswirtschaft verbliebe. Infolgedessen wären – ähnlich der zusätzlichen Beschäftigungseffekte durch verminderte Primärenergieimporte (vgl. Kap. 4.3) – in erhöhtem Maße neue Arbeitsplätze zu erwarten, ohne daß in anderen Sektoren negative Effekte zu verzeichnen wären.

6 Empfehlungen und Ausblick

Die Integration erneuerbarer Energieträger in die bestehende Energieversorgungsstruktur steht durch das vor allem in den Industrienationen zunehmende Umweltbewußtsein im Mittelpunkt energiepolitischer Diskussionen. Dabei wird als Argument für die Energieträger Photovoltaik, Solarthermie, Wind und Biomasse die mögliche Reduzierung der Emission klimawirksamer Spurengase (insbesondere Kohlendioxid) genannt, welches jedoch durch die z.T. erheblichen spezifischen Energiegestehungskosten relativiert wird.

Die möglicherweise zukünftige Bedeutung erneuerbarer Energieträger wird durch die wachsende Ungewißheit bezüglich der zukünftigen Bedeutung der Kernenergienutzung im Zuge des wachsenden Widerstandes (z.B. gegen die Castortransporte) bestimmt. Dabei ist als Orientierungshilfe zur Findung einer gemeinsamen Energiestruktur die Quantifizierung und Qualifizierung der Möglichkeiten zur Solarenergienutzung von besonderem Interesse, um ihre Spektren, Chancen und Grenzen zu verdeutlichen.

In der vorliegenden Arbeit sind daher – in Abhängigkeit vom Endenergiedeckungs- und CO_2-Reduktionsgrad (ohne Verkehr) für repräsentative Modellgemeinden in Nordrhein-Westfalen – energetisch und ökologisch sinnvolle Strategien zur Kombination der Energieträger Photovoltaik, Solarthermie, Wind und Biomasse unter besonderer Berücksichtigung ihrer Kostenaspekte erarbeitet und in Form von Diagrammen abgebildet worden. Dabei werden einerseits die spezifischen mit zunehmendem Deckungs- bzw. CO_2-Substitutionsgrad stark progressiv verlaufenden Energiegestehungskosten, andererseits aber auch die Maximalbeiträge der betrachteten Energieträger zur Endenergieversorgung und CO_2-Minderung im Energiemix transparent.

Die Entwicklung dieser kostenminimalen Ausbaustrategien in repräsentativen Modellgemeinden basiert insbesondere auf 3 voneinander nahezu unabhängigen Abschätzungen, wobei die Bestimmung der Einzelbeiträge der erneuerbaren Energieträger und die Berechnung ihrer spezifischen Kosten maßgeblich für die Ermittlung des Energiemixes ist und die Analyse des Status Quo im wesentlichen als Bezugsgröße zur Verdeutlichung ihrer relativen Bedeutung dient.

Für die Ermittlung des Beitrags aus photovoltaischen, Windenergie oder Biomasse nutzenden Systemen zur Energieversorgung bietet sich insbesondere eine Betrachtung des Energieangebots an, welches – abgesehen von der Nutzungsbeschränkung durch die Netzpenetrationsgrenze – im wesentlichen vollständig verwertet werden kann. Für die Quantifizierung der Energiegestehungsmöglichkeiten aus solarthermischen Anlagen ist diese Vorgehensweise abzulehnen, da der

6 Empfehlungen und Ausblick

Beitrag aus solaren Niedertemperatursystemen aufgrund der saisonalen Verschiebung von Energieangebot und -nachfrage im wesentlichen über den Endverbrauch berechnet wird. Dabei zeigen die Rechnungen, daß in den Gemeinden Nordrhein-Westfalens selbst bei Nichtbeachtung der Netzpenetration bezüglich photovoltaischer Systeme sowie Biomasse nutzender Konversionsanlagen insgesamt moderate Beiträge zur Energieversorgung geleistet werden können, die dennoch deutlich über denen aus Windenergie rangieren. Erwartungsgemäß höher liegen aufgrund der erheblich besseren Wirkungsgrade und der fast vollständigen Befriedigung der Nachfrage an Niedertemperaturwärme die Möglichkeiten der solarthermischen Energienutzung.

Die spezifischen Energiegestehungskosten werden maßgeblich durch die z.T. stark differierenden Lebensdauern der Systeme und Anlagenteile zur Konversion erneuerbarer Energieträger bestimmt, so daß sich ihre Berechnung über ein dynamisches Investitionsrechenverfahren (Annuitätenmethode, Spezialfall „Ewige Rente") anbietet. Vorteilhaft gestaltet sich dabei die Unterdrückung des verfälschenden Einflusses unterschiedlicher Nutzungsdauern durch die Berechnung auf einen unendlichen Zeitraum bezogener nominaler Energiegestehungskosten. Der Vergleich mit der konventionellen Energiegestehung ist aber dennoch möglich, da durch Quotientenbildung der über die Annuitätenmethode errechneten spezifischen Aufwendungen und einem in funktionalen Zusammenhang mit Kalkulationszinssatz und Preissteigerungsrate stehenden Annuitätenfaktor die realen (z.B. im 1. Betriebsjahr) Energiegestehungskosten ermittelt und denen der Nutzung fossiler Energieträger gegenübergestellt werden. Die Berücksichtigung des für Wärmeanwendungen notwendigen konventionellen Back-up-Systems fließt dabei auf Grundlage der Vollkostenrechnung in die Überlegungen zur Wirtschaftlichkeit ein, die in diesem Fall in Abhängigkeit des fossilen Brennstoffpreises und Energieinhaltes wiedergegeben wird.

Unter Zuhilfenahme des Programmoduls KEREM (Kostenorientierter erneuerbarer Energiemix) können die kostenminimalen Kombinationen erneuerbarer Energieträger für verschiedene Gesamtbeiträge zur Endenergieversorgung bzw. zur CO_2-Reduktion sowie die zugehörigen Endenergiegestehungs- und CO_2-Minderungskosten sowohl für die Energiegestehung als auch die CO_2-Reduktion untersucht werden.

Dabei wird deutlich, daß die schrittweise Einführung erneuerbarer Energiesysteme in einem ersten Stadium zwar über die Verwendung fester Biomasse erfolgt, aber auch die Wärmegestehung insbesondere aus zentralen Solarthermieanlagen und die solare Brauchwarmwassergestehung vorrangig ausgebaut werden sollten. Der Beitrag der Windenergienutzung ist wie auch der der Verwertung feuchter Biomasse aufgrund des niedrigen Potentials eher gering. Die großflächige Installation photovoltaischer Systeme ist in der Prioritätenliste trotz der Eleganz der Stromerzeugung durch die hohen Stromerzeugungskosten am Ende anzusiedeln.

Insgesamt gesehen ist eine landesweite Energieversorgung denkbar, die zukünftig auf 3 Säulen ruht: dem „Einsatz erneuerbarer Energieträger" zu einem knappen Viertel der Energiegestehung, der „rationellen Energieverwendung" zu knapp

6 Empfehlungen und Ausblick

einem Drittel und etwa zur Hälfte auf der „Verwendung fossiler und nuklearer Energieträger". Aber die Kosten, die für einen derartigen Energiemix allein für die erneuerbaren Energieträger anfallen, sind auch auf längere Sicht nicht vertretbar.

Mit der Entwicklung der kostenminimalen Ausbaustrategien ist ein wichtiger Beitrag zur energiepolitischen Diskussion auf der Ebene repräsentativer Gemeinden und auch für das Land Nordrhein-Westfalen geleistet worden. Allerdings wird gleichzeitig deutlich, daß noch weitergehende Untersuchungen sowohl zur saisonalen Wärmespeicherung als auch zur Netzpenetration notwendig sind.

Ein weiterer Schwerpunkt zukünftiger Arbeiten, die rechnergestützte Erstellung lokaler Analysen und Konzepte zur Einbindung erneuerbarer Energieträger in die bestehende Energieversorgungsstruktur, ergibt sich aus der weiterführenden Betrachtung der Bestimmung des möglichen Beitrags erneuerbarer Energiesysteme. Im Sinne einer ganzheitlichen Betrachtung nicht fossiler und nicht nuklearer Energieträger wären dabei auch die Möglichkeiten der Verwendung von Wasserkraft und Erdwärme zu beurteilen sowie die Umweltrelevanz vom (Ab)Bau bis zum Betrieb der empfohlenen Anlagen durch Schadstoffbilanzen einzuschätzen.

Um eine Aussage zu den volkswirtschaftlichen Auswirkungen einer forcierten Nutzung regenerativer Energieträger zu ermöglichen, wurden, aufbauend auf der Potentialbestimmung regenerativer Energieträger, die branchenspezifischen Beschäftigungseffekte eines Umbaus der Energieversorgungsstruktur in Nordrhein-Westfalen analysiert. Dabei wurde der für Gesamt-Nordrhein-Westfalen hochgerechnete CO_2-Reduktionsmix bezüglich eines realen – auf einen Zeitraum von 20 Jahren bezogenen (mittlere Nutzungsdauer der Energiesysteme) – Ausbaus der betrachteten Energiesysteme umgerechnet.

Es wurde deutlich, daß die jährlich anzusetzenden Kosten maßgeblich durch den vorgesehenen Zeitraum des Umbaus der Energieversorgungsstruktur, vor allem aber durch zukünftig zu erwartende Kostendegressionen einzelner Energiesysteme infolge eines Übergangs zur Serienfertigung einzelner Systemkomponenten und durch zunächst bundes- und weltweit fehlende Fertigungskapazitäten im Bereich solarthermischer und photovoltaischer Energiesysteme bestimmt werden. Durch die Wahl des Ausbauzeitraumes von 20 Jahren wurde es möglich, die resultierenden volkswirtschaftlichen Auswirkungen als nachhaltig auszuweisen, da anschließende Ersatzinvestitionen gleichen Umfangs nicht nur im Investitionsbereich, sondern auch im Bereich der laufenden Betriebskosten das Gesamtvolumen der Kapitalflüsse aufrechterhalten.

Auf der Basis der im – auf ganz Nordrhein-Westfalen hochgerechneten – CO_2-Reduktionsmix vorgesehenen Anlageninvestitionen und der heute bzw. zukünftig verfügbaren Fertigungskapazitäten wurde abgeschätzt, inwiefern der geplante Ausbau der regenerativen Energiesysteme überhaupt möglich ist, bzw. in welcher Zeit ein geplanter Ausbau unter Berücksichtigung der heute üblichen Importquoten durchführbar ist. Es zeigte sich, daß maßgebliche Kapazitätsengpässe insbesondere bei den solarthermischen und photovoltaischen Energiesystemen auftreten und somit deutliche Verzögerungen bei einem Vollausbau erneuerbarer Energiesysteme zu erwarten sind.

154　6 Empfehlungen und Ausblick

Um die tatsächlich auftretenden jahresspezifischen Kapitalflüsse abschätzen zu können, wurden die zukünftig zu erwartenden Kostendegressionen der verschiedenen Anlagen berücksichtigt. Es wurden anhand von theoretischen Betrachtungen, Analogievergleichen und Herstellererwartungen und auf der Basis von systemspezifischen Technologiefaktoren zukünftige Kostenreduktionen abgeschätzt und nach ausgereiften, konventionell aufgebauten sowie vergleichsweise jungen, aber bereits etablierten und sehr innovativen Technologien differenziert. Hinsichtlich der zukünftigen Entwicklung der mittleren jährlichen Steigerungsraten der Fertigungskapazitäten solarthermischer und photovoltaischer Anlagen wurden anschließend 2 Szenarien definiert. Für diese beiden Szenarien wurden die auf einen Zeitraum von 20 Jahren ausgelegten Gesamtkosten für sämtliche CO_2-Reduktionsgrade unter Berücksichtigung der Betriebskosten bestimmt.

Zur Abschätzung resultierender Beschäftigungseffekte wurde auf eine statische Input-Output-Analyse zurückgegriffen, welche auch unter der Berücksichtigung variierender Randbedingungen eine vergleichsweise zuverlässige bzw. stabile Abschätzung volkswirtschaftlicher Effekte zuläßt. Um nicht nur die direkten Beschäftigungseffekte infolge Investitionen und Betriebskosten sowie zusätzlicher Nachfrage in den Zulieferbranchen zu quantifizieren, sondern auch die konsumbedingten Beschäftigungseffekte aufgrund eines gesteigerten Volkseinkommens durch eine eventuelle Mehrbeschäftigung berücksichtigen zu können, wurde das verwendete Modell um den sogenannten „Keynes'schen Einkommensmultiplikator" erweitert. Weiterhin wurden die Veränderungen der sektoriellen Arbeitsproduktivitäten in die Analyse mit einbezogen, um auch für einen Untersuchungszeitraum von 20 Jahren eine zuverlässige Abschätzung zu ermöglichen.

Um nicht nur die positiven, sondern auch die negativen Beschäftigungseffekte eines Ausbaus neuer Energiesysteme quantifizieren zu können, war es notwendig, einerseits die durch den Betrieb der installierten Anlagen substituierten Energie- bzw. die entsprechenden Kapitalströme abzuschätzen und andererseits Finanzierungsinstrumentarien vorzuschlagen, mit deren Hilfe der Kostenanteil, der zu unwirtschaftlichen Energiegestehungskosten führt, bereitgestellt werden könnte. Vorgeschlagen wurden 3 Instrumentarien, welche – abhängig vom Szenario – entweder allein oder aber zumindest in Kombination ausreichend sind, die dargestellten Kosten bereitzustellen.

Auf der Basis der dargestellten Input-Output-Analyse konnten die resultierenden Nettobeschäftigungseffekte bis auf Sektorenebene disaggregiert ausgewiesen werden, wobei jeweils 2 diskrete CO_2-Minderungsstrategien (RG = 10 % und RG = 24,1%) und 4 verschiedene Umbau- bzw. Rückfinanzierungsszenarien betrachtet wurden. Es wurde deutlich, daß die Beschäftigungsbilanz für RG = 10 % mit rund 3.500 neuen Beschäftigten (Szenario I, optimistische Annahme bezüglich der Steigerung der Fertigungskapazitäten solarthermischer und photovoltaischer Energiesysteme) bzw. rund 2.600 neuen Arbeitsplätzen (Szenario II, pessimistische Annahme hinsichtlich der o.a. Steigerungsraten) leicht positiv ausfällt, während ein verstärkter Rückgriff auf importierte Energieanlagen bzw. deren Komponenten im

Fall RG = 24,1 % zu realen Verlusten in Höhe von rund 9.000 Beschäftigten (Szenario I) bzw. rund 5.400 Beschäftigten (Szenario II) führt.

Wird der Ausbau neuer Energiesysteme allein mit der Erhebung einer Energiesteuer rückfinanziert, sieht die Beschäftigungsbilanz wesentlich positiver aus. Hier wird bei RG = 10 % mit ca. 40.000 (Szenario III, Rückfinanzierung des Szenarios I durch Erhebung einer Energiesteuer) bzw. rund 20.000 neuen Arbeitsplätzen (Szenario IV, Rückfinanzierung des Szenario II durch Energiesteuer) zu rechnen sein. Infolge des maximalen Ausbaus neuer Energiesysteme lassen sich für das Szenario III rund 30.000 bzw. für das Szenario IV rund 40.000 positive Beschäftigungsverhältnisse im Rahmen der Nettobilanz quantifizieren. Bezüglich der Erhebung einer Energiesteuer ist jedoch zu beachten, daß ein nationaler Alleingang den Standort Deutschland stark gefährden würde, da ein weiteres und massives Abwandern insbesondere energieintensiver Wirtschaftsbereiche zu erwarten wäre. Im Zuge des fortschreitenden Zusammenwachsens der Länder der Europäischen Union ist es in diesem Zusammenhang unvermeidlich, von einer zusätzlichen finanziellen Belastung nur der bundesdeutschen Industrie Abstand zu nehmen und vielmehr über eine europaweite Einführung einer ökologisch sicherlich sinnvollen Energiesteuer nachzudenken.

Um eine exaktere Abschätzung eines möglichen Strukturwandels in Nordrhein-Westfalen zu ermöglichen, wurden anschließend die positiven Bruttobeschäftigungseffekte berechnet, ohne die negativen Arbeitsmarkteffekte zu berücksichtigen. Es zeigte sich, daß für RG = 10 % mit rund 60.000 neuen Arbeitsplätzen und für RG = 24,1 % mit rund 400.000 neuen Beschäftigungsverhältnissen zu rechnen ist. Zu beachten ist, daß die Beschäftigungseffekte nicht kontinuierlich über den Ausbauzeitraum entstehen, sondern die Zahl der neuen Arbeitsplätze – insbesondere durch fehlende Fertigungskapazitäten bedingt – zeitlichen Verschiebungen unterliegt.

Da die Beschäftigungseffekte infolge der Verwendung einer Input-Output-Tabelle für die Bundesrepublik Deutschland als bundesdeutsche Effekte zu interpretieren sind, wurden die berechneten Arbeitsplatzauswirkungen mit Hilfe der landesspezifischen sektoriellen Beschäftigtenanteile auf Nordrhein-Westfalen und das übrige Bundesgebiet verteilt. Es zeigte sich, daß im Rahmen aller betrachteten Szenarien ca. 58 % der resultierenden Arbeitsplatzzugewinne (negative Beschäftigungseffekte: 23 % im Szenario I und II, 37 % im Szenario III und IV) in dem Land auftreten werden, in welchem die neuen Energiesysteme ausgebaut werden. Dabei ist zu berücksichtigen, daß die z.T. erheblichen Verluste im Sektor „Kohle, Erzeugnisse des Kohlebergbaus" (rund 85 % der Beschäftigungsverluste in Nordrhein-Westfalen in diesem Sektor) aus dieser Berechnung zunächst ausgenommen wurden, da die Kürzung der Steinkohlesubventionen von der Bundesregierung bereits beschlossen wurde und mit ausgeprägten Verlusten in diesem Wirtschaftsbereich auch ohne den Umbau der Energieversorgungsstruktur zu rechnen ist.

Aus den Berechnungen wurde deutlich, daß die (auch weltweit) fehlenden Fertigungskapazitäten für solarthermische und photovoltaische Anlagen einerseits und die Annahmen zu deren jährlichen Ausbauraten andererseits die Verläufe der resultierenden Kapitalflüsse und sektoriellen Beschäftigungseffekte maßgeblich beeinflussen. So ließen sich beispielsweise infolge der unterschiedlichen Annahmen in den betrachteten Szenarien z.T. sehr hohe Beschäftigungseffekte im Ausland berechnen, welche aus erhöhten Importen von solarthermischen und photovoltaischen Energieanlagen resultieren. Da diese positiven Arbeitsplatzeffekte jedoch nicht in der Volkswirtschaft der Bundesrepublik Deutschland geschaffen werden und gleichzeitig – infolge der notwendigen Rückfinanzierung bzw. der Substitution fossiler durch regenerative Energieträger – negative Effekte in der Bundesrepublik Deutschland auftreten würden, ist trotz steigender Bemühungen um eine umweltbewußte Energieversorgung z.T. mit einer verschlechterten Arbeitsmarktsituation zu rechnen.

Diese Darstellung läßt den Schluß zu, daß ein langsamer Ausbau neuer Energiesysteme unter Berücksichtigung bundesdeutscher Fertigungskapazitäten entscheidend dafür ist, daß durch die Nutzung regenerativer Energieträger eine sogenannte doppelte Dividende aus beschäftigungspolitisch und ökologisch positivem Effekt erzielt werden kann. Bei den anstehenden Energiekonsensgesprächen sollte demnach berücksichtigt werden, daß ein Maximalkonzept bezüglich der CO_2-Reduktion durch einen verstärkten Einsatz regenerativer Energieträger volkswirtschaftlich nur dann angestrebt werden sollte, wenn die bundesdeutschen Fertigungskapazitäten im Bereich der eingesetzten Energiesysteme ausreichend sind bzw. entsprechend der vorgesehenen Nutzung ausgebaut werden.

Wenngleich der Effekt der Arbeitsplatzzugewinne eines verstärkten Ausbaus neuer Energiesysteme nicht überschätzt werden sollte, kann bei einer „Strategie mit Augenmaß", d.h. einer langfristigen Integration neuer Energiesysteme in die bestehende Energieversorgungsstruktur, dennoch zumindest von einer Sicherung der Arbeitsplätze im Energiesektor ausgegangen werden. Dabei wäre für das Land Nordrhein-Westfalen die Rückfinanzierung einer Förderung neuer Energiesysteme auf der Basis regenerativer Energieträger über die Erhebung einer Energiesteuer am sinnvollsten, wenn bezüglich der Auswirkungen auf dem Arbeitsmarkt diskutiert wird.

Literatur

[1] M. Fischedick, P. Hennicke, S. Lechtenböhmer: *Mögliche Alternativen zum Neuaufschluß von Garzweiler II – Energiewirtschaftliche und unternehmensspezifische Auswirkungen.* Wuppertal-Institut für Klima, Umwelt, Energie GmbH, Wuppertal, 1997.

[2] V. Hoffmann, G. Hille: *Solar-Jobs 2010.* Fraunhofer ISE, Freiburg, Kurzfassung zu: Studie zur Förderung der Photovoltaik und der Windenergie und der daraus resultierenden Arbeitsplätze. Hrsg.: Greenpeace, Hamburg, 1997.

[3] M. Eichelbrönner, B. Beck: *Änderung der sektoralen Beschäftigungsstrukturen durch verstärkte Nutzung erneuerbarer Energien.* Forum für Zukunftsenergien, Bonn, 1996.

[4] Bundesgesetzblatt Jahrgang 1998, Teil I, Nr. 23: *Gesetz zur Neuregelung des Energiewirtschaftsrechts.* Ausgegeben zu Bonn am 28. April 1998, Bonn 1998.

[5] Bundesanstalt für Arbeit: *Amtliche Nachrichten der Bundesanstalt für Arbeit – Arbeitsstatistik 1997.* 46. Jahrgang, Sondernummer, Bundesanstalt für Arbeit, Nürnberg, 1998.

[6] M. Mohr, D. Gernhardt, M. Skiba, H. Unger: *Konzeptionelle Grundlagen.* 1. Technischer Fachbericht zum Forschungsvorhaben IV B3 258002 „Analyse von Möglichkeiten zur praktischen Solarenergienutzung und deren Entwicklungsperspektiven in Nordrhein-Westfalen", Ruhr-Universität Bochum RUB E-18, Bochum 1991.

[7] D. Gernhardt, M. Mohr, H. Unger: *Erstellung eines solaren Flächennutzungsplans.* 2. Technischer Fachbericht zum Forschungsvorhaben IV B3 258002 „Analyse von Möglichkeiten zur praktischen Solarenergienutzung und deren Entwicklungsperspektiven in Nordrhein-Westfalen", Ruhr-Universität Bochum RUB E-21, Bochum 1992.

[8] D. Gernhardt, M. Skiba, M. Mohr, H. Unger: *Strahlungsmodellierung und Potentialflächenabschätzung an Wohngebäuden in Nordrhein-Westfalen.* 3. Technischer Fachbericht zum Forschungsvorhaben IV B3 258002 „Analyse von Möglichkeiten zur praktischen Solarenergienutzung und deren Entwicklungsperspektiven in Nordrhein-Westfalen", Ruhr-Universität Bochum RUB E-27, Bochum 1992.

[9] M. Skiba, M. Mohr, D. Gernhardt, H. Unger: *Theoretisches und technisches Potential von Solarthermie, Photovoltaik, Biomasse und Wind in Nordrhein-Westfalen.* 4. Technischer Fachbericht zum Forschungsvorhaben IV B3 258002 „Analyse von Möglichkeiten zur praktischen Solarenergienutzung und deren Entwicklungsperspektiven in Nordrhein-Westfalen", Ruhr-Universität Bochum RUB E-35, Bochum 1993.

[10] M. Iqbal: *An Introduction to Solar Radiation.* Academic Press, Inc., Orlando, San Diego, San Francisco, New York, London, Toronto, Montreal, Sydney, Tokyo, 1983.

158 Literatur

[11] F. Kasten, K. Dehne, H.D. Behr, U. Bergholter: *Die räumliche und zeitliche Verteilung der diffusen und direkten Sonnenstrahlung in der Bundesrepublik Deutschland.* Bundesministerium für Forschung und Technologie, Forschungsbericht T84–125, Juni 1984.

[12] DIN 5034, Teil 2: *Meteorologische Daten zur Berechnung des Energieverbrauches von heiz- und raumlufttechnischen Anlagen.* Beuth Verlag GmbH Berlin, Berlin November 1982.

[13] K. Blümel, E. Hollan, M. Kähler, R. Peter. *Entwicklung von Testreferenzjahren (TRY) für Klimaregionen der Bundesrepublik Deutschland.* Bundesministerium für Forschung und Technologie, Forschungsbericht T86–051, Bonn 1986.

[14] L. Foitzik, H. Hinzpeter: *Sonnenstrahlung und Lufttrübung.* Akademische Verlagsgesellschaft, Leipzig 1958.

[15] F. D. Heidt: *Vergleich stochastisch simulierter täglicher Globalstrahlung mit langjährigen in Deutschland gemessenen Zeitreihen.* 7. Internationales Sonnenforum, Vol. 3, pp. 1771 – 1779, 1990.

[16] F. D. Heidt: *Synthetische Zeitreihen der Solarstrahlung.* Festschrift aus Anlaß des 60. Geburtstages von Prof. Dr.-Ing. H. Unger, Lehrstuhl für Nukleare und Neue Energiesysteme, Nr. 1, S. 177–182, 1994.

[17] P.C. Jain: *A Model for Diffuse and Global Irradiation on horizontal Surfaces.* Solar Energy, Jg. 45, Nr. 4, S. 301–308, 1990.

[18] Strahlungsatlas NRW

[19] Landesamt für Datenverarbeitung und Statistik des Landes Nordrhein-Westfalen: *Flächenerhebung 1995.* Landesamt für Datenverarbeitung und Statistik des Landes Nordrhein-Westfalen, Düsseldorf 1996.

[20] Landesamt für Datenverarbeitung und Statistik des Landes Nordrhein-Westfalen: *Wohnungsbestand in den Gemeinden Nordrhein-Westfalens am 31. Dezember 1995.* Landesamt für Datenverarbeitung und Statistik des Landes Nordrhein-Westfalen, Düsseldorf 1996.

[21] Ministerium für Stadtentwicklung und Verkehr des Landes Nordrhein-Westfalen: *Denkmalschutz und Denkmalpflege in Nordrhein-Westfalen, Bericht 1980–1990.* Ministerium für Stadtentwicklung und Verkehr des Landes Nordrhein-Westfalen, Düsseldorf 1991.

[22] Ministerium für Stadtentwicklung und Verkehr des Landes Nordrhein-Westfalen: *Denkmalschutz und Denkmalpflege in Nordrhein-Westfalen, Bericht 1996.* Ministerium für Stadtentwicklung und Verkehr des Landes Nordrhein-Westfalen, Düsseldorf 1997.

[23] Landesamt für Datenverarbeitung und Statistik des Landes Nordrhein-Westfalen: *Baufertigstellungen und Bauabgänge in Nordrhein-Westfalen 1995.* Landesamt für Datenverarbeitung und Statistik des Landes Nordrhein-Westfalen, Düsseldorf 1996.

[24] S. Aydinli: *Über die Berechnung der zur Verfügung stehenden Solarenergie und des Tageslichtes.* Fortschrittsberichtsreihe 6, Nr. 79, VDI-Verlag, Düsseldorf 1981.

[25] A. Strehler: *Energie aus Biomasse – Potentiale, Bereitstellung und energetische Verwertung, Einbindung erneuerbarer Energieträger in die Energieversorgung.* Symposium 1./2., Oktober 1990 in der Technischen Universität in Berlin, Forum für Zukunftsenergien e.V., Bonn 1991.

[26] Rheinisch Westfälisches Elektrizitätswerk Energie AG: *Photovoltaikanlage Neurather See.* RWE Energie AG, Abteilung Regenerative Stromerzeugung, Essen 1991.

[27] H. Heß: *Energieflußbild der Bundesrepublik Deutschland 1993.* Rheinisch Westfälisches Elektrizitätswerk Energie AG, Abteilung Anwendungstechnik, Essen 1996.

[28] H. H. Ingwersen: *Handbuch der Mehrfachnutzung industrieller Prozeßwärme.* Resch-Verlag, Gräfelfing 1996.

[29] M. Grauthoff, W. Kuttner: *Windenergie in der Bundesrepublik Deutschland,* Geographische Rundschau, Jg. 40, Nr. 2, S. 14–22, 1992.

[30] Bundesministerium für Forschung und Technologie: *Energiequellen für morgen. Nichtnukleare-Nichtfossile Primärenergiequellen, Teil III: Nutzung der Windenergie.* Hrsg. BMFT durch das Programm Angewandte Systemanalyse in der Arbeitsgemeinschaft der Großforschungseinrichtungen (AGF/ASA) unter der Nr. ASA-ZE/03/75, Umschau Verlag, Frankfurt a.M. 1976.

[31] N. Allnoch, J. Werner: *Zum Windstrompotential in Nordrhein-Westfalen,* Vereinigte Elektrizitätswerke AG, Dortmund 1991.

[32] H. Gerstenkorn: *Kosten-Nutzen-Untersuchung „Anbau und thermische Verwertung von Biomasse",* Bundesforschungsanstalt für Landwirtschaft, Institut für Betriebswirtschaft, Braunschweig, Braunschweig 1992.

[33] G. C. Goy, M. Horn, P. Hrubesch, H.-J. Ziesing, J. Lang, W. Mannsbart, J. Reichert: *Kostenaspekte erneuerbarer Energiequellen,* Deutsches Institut für Wirtschaftsforschung, Fraunhofer-Institut für Systemtechnik und Innovationsforschung, Oldenbourg Verlag, Wien, München 1991.

[34] Zentrale Marketinggesellschaft der deutschen Agrarwirtschaft m.b.H. (CMA) Bonn: *Holz als Energierohstoff, Möglichkeiten der industriellen und kommunalen Wärmeversorgung.* Centrale Marketinggesellschaft der deutschen Agrarwirtschaft m.b.H. (CMA) Bonn, Bonn 1988.

[35] J. Poyry: *Holzaufkommen undn Holzverbrauch sowie Entwicklungsmöglichkeiten der holzverbrauchenden Industrie in Nordrhein-Westfalen und Nachbarländern.* Ministerium für Umwelt, Raumordnung und Landwirtschaft des Landes Nordrhein-Westfalen (MURL), Düsseldorf 1990.

[36] Landesamt für Datenverarbeitung und Statistik des Landes Nordrhein-Westfalen: *Bodennutzung in Nordrhein-Westfalen. Endgültiges Ergebnis.* Landesamt für Datenverarbeitung und Statistik des Landes Nordrhein-Westfalen, Düsseldorf 1991.

[37] Landesamt für Datenverarbeitung und Statistik des Landes Nordrhein-Westfalen: *Ernteberichterstattung über Feldfrüchte und Grünland in Nordrhein-Westfalen. Endgültiges*

Ergebnis der Getreideernte 1990. Landesamt für Datenverarbeitung und Statistik des Landes Nordrhein-Westfalen, Düsseldorf 1991.

[38] Landesamt für Datenverarbeitung und Statistik des Landes Nordrhein-Westfalen: *Ernteberichterstattung über Feldfrüchte und Grünland in Nordrhein-Westfalen. Endgültiges Ergebnis der Ölfrucht-, Hülsenfrucht-, Mais-, Rauhfutter- und Rübenernte.* Landesamt für Datenverarbeitung und Statistik des Landes Nordrhein-Westfalen, Düsseldorf 1991.

[39] A. Strehler: *Die Problematik der Biomasse aus agrartechnischer Sicht.* Internationales Forum „Umweltverträglichkeit Regenerativer Energieträger" vom 8/9 Dezember 1992 in Köln, Köln 1992.

[40] R. Braun: *Biogas – Methangärung organischer Abfallstoffe.* Springer-Verlag, Berlin, Heidelberg 1992.

[41] Landesamt für Datenverarbeitung und Statistik des Landes Nordrhein-Westfalen: *Abfallentsorgung im Produzierenden Gewerbe und in Krankenhäusern in Nordrhein-Westfalen.* Landesamt für Datenverarbeitung und Statistik des Landes Nordrhein-Westfalen, Düsseldorf 1987.

[42] Landesamt für Datenverarbeitung und Statistik des Landes Nordrhein-Westfalen: *Öffentliche Abfallentsorgung in Nordrhein-Westfalen.* Landesamt für Datenverarbeitung und Statistik des Landes Nordrhein-Westfalen, Düsseldorf 1987.

[43] B. Böhnke, W. Bischofsberger, C.F. Seyfried: *Anaerobtechnik, Handbuch der anaeroben Behandlung von Abwasser und Schlamm.* Springer-Verlag, Berlin, Heidelberg 1993.

[44] H. H. Blotevogel, N. Dohms, A. Graef, I. Stickhoff: *Zentralörtliche Gliederung und Städtesystementwickelung in Nordrhein-Westfalen.* Dortmunder Vertrieb für Bau- und Planungsliteratur, Dortmund 1990.

[45] N. de Lange: *Städtetypisierung in Nordrhein-Westfalen.* Münstersche Geograhische Arbeiten, Heft 8, 1980.

[46] G. Bahrenberg, H.-K. Barth, E. Leuze, W. Taubmann: *Bremer Beiträge zur Geographie und Raumplanung.* Universität Bremen, Schwerpunkt Geographie, Fachbereich 1, Bremen 1982.

[47] K. Backhaus, B. Erichson, W. Plinke, R. Weiber: *Multivariate Analysemethoden.* Springer-Verlag, Berlin, Heidelberg 1987.

[48] Institut für Landes- und Stadtentwicklungsforschung des Landes Nordrhein-Westfalen (ILS): *Landtag-Drucksache Nr. 9/4007, Anlage 1.* Institut für Landes- und Stadtentwicklungsforschung des Landes Nordrhein-Westfalen (ILS), Düsseldorf 1985.

[49] Bundesverband der deutschen Gas- und Wasserwirtschaft – BGW – e.V.: *113. Gasstatistik Nordrhein-Westfalen Berichtsjahr 1991.* Wirtschafts- und Verlagsgesellschaft Gas- und Wasser mbH, Bonn 1992.

Literatur 161

[50] Vereinigung Deutscher Elektrizitätswerke (VDEW) e.V.: *VDEW Statistik 1990*. Verlags- und Wirtschaftsgesellschaft der Elektrizitätswerke m.b.H. – VWEW –, Frankfurt a.M., Frankfurt a.M. 1991.

[51] Landesamt für Datenverarbeitung und Statistik des Landes Nordrhein-Westfalen: *Die Energiewirtschaft des Landes Nordrhein-Westfalen*. Landesamt für Datenverarbeitung und Statistik des Landes Nordrhein-Westfalen, Düsseldorf 1986.

[52] Enquete-Kommission „Vorsorge zum Schutz der Erdatmosphäre" des Deutschen Bundestages, Band 3: *Erneuerbare Energien*. Economica Verlag, Verlag C.F. Müller, Bonn, 1990.

[53] Gesamtverband des deutschen Steinkohlebergbaus: *Steinkohle in Deutschland, Argumente und Fakten zur aktuellen Diskussion*. Essen, 1996.

[54] A. D. Neu: *Subventionen und kein Ende? – Steinkohlebergbau und Energieverbrauch in Deutschland*. Kieler Diskussionsbeiträge 248, Institut für Weltwirtschaft, Kiel, 1995.

[55] H. Köppen: *Kohlesubventionen – unverzichtbar oder reduzierbar?* Zeitschrift Gegenwartskunde, Verlag Leske & Budrich, Opladen, 1992.

[56] Bundesministerium für Wirtschaft: *Energie Daten '96 – Nationale und internationale Entwicklung*. Bonn, 1996.

[57] E. Stratmann-Mertens: *Von der Kohle zur Sonne – Ein Aufriß zur Steinkohlekonversion*. Diskussionsschriften der Arbeitsgruppe Ökologische Wirtschaftspolitik, Ökoregio-Schriftenreihe Nr. 6, Bochum, 1995.

[58] Bundesverband der Deutschen Industrie e.V.: *BDI-Bericht 1995*. Bonn, 1995.

[59] Landesamt für Datenverarbeitung und Statistik Nordrhein-Westfalen: *Energiebilanz Nordrhein-Westfalen 1995*. Düsseldorf, 1997.

[60] S. Bach: *Wirtschaftliche Auswirkungen einer ökologischen Steuerreform*. Deutsches Institut für Wirtschaftsforschung, Verlag Duncker & Humblot, Berlin, 1995.

[61] J. Brix: *Energiebilanzen der Bundesrepublik Deutschland und Nordrhein-Westfalens 1992*. Arbeitsgemeinschaften Energiebilanzen, Verlags- und Wirtschaftsgesellschaft der Elektrizitätswerke, Frankfurt am Main, 1994.

[62] Statistisches Bundesamt: *Volkswirtschaftliche Gesamtrechnungen, Fachserie 18, Reihe 2, Input-Output-Tabellen 1986, 1988, 1990*. Metzler-Poeschel-Verlag, Stuttgart, 1994.

[63] H.-W. Holub: *Input-Output-Rechnung: Input-Output-Analyse*. Oldenbourg-Verlag, München, Wien, 1994.

[64] D. Winkler: *Nutzungsmöglichkeiten der Input-Output-Rechnung*. HWWA-Report Nr. 25, HWWA-Institut für Wirtschaftsforschung, Hamburg, 1979.

[65] V. Gretz-Roth: *Produktions- und Beschäftigungseffekte von Straßenbauinvestitionen*. HLT-Report Nr. 213, HLT Gesellschaft für Forschung Planung Entwicklung mbH, Wiesbaden, 1988.

Literatur

[66] Statistisches Bundesamt: *Volkswirtschaftliche Gesamtrechnungen, Fachserie 18, Reihe 1.3, Konten und Standardtabellen, 1993 Hauptbericht.* Metzler-Poeschel-Verlag, Stuttgart, 1994.

[67] R. Stäglin, R. Filip-Köhn: *Quantitative Analyse der wirtschaftlichen Verflechtungen von alten und neuen Bundesländern und ihrer Arbeitsmarktwirkungen.* Beiträge zur Arbeitsmarkt- und Berufsforschung 183, Institut für Arbeitsmarkt- und Berufsforschung der Bundesanstalt für Arbeit, Nürnberg, 1994.

[68] M. Mohr, M. Skiba, D. Gernhardt, A. Ziolek, H. Unger: *Empfehlungen zum Ausbau kostenminimaler Kombinatioen erneuerbarer Energien.* 10. Technischer Fachbericht zum Forschungsvorhaben IV B3 258002 „Analyse von Möglichkeiten zur praktischen Solarenergienutzung und deren Entwicklungsperspektiven in Nordrhein-Westfalen", Ruhr-Universität Bochum RUB E-18, Bochum 1994.

[69] Bundesverband Windenergie e.V.: *Windenergie 1998 Marktübersicht.* Bundesverband Windenergie e.V., Osnabrück 1998.

[70] E. Hau: *Windkraftanlagen.* 2. Auflage, Springer-Verlag Berlin, Heidelberg, New-York, 1996.

[71] VDI-Gesellschaft Energietechnik: *Markteinführung erneuerbarer Energieanlagen.* VDI-Bericht 1361, VDI-Verlag, Düsseldorf 1997.

[72] Sonnenenergie- und Wärmetechnik, verschiedene Ausgaben.

[73] Hauptberatungsstelle Energieanwendung – HEA – e.V.: *Regenerative Energien – Technik, Zahlen, Daten, Fakten.* Energie-Verlag, Heidelberg 1998.

[74] Bundesministerium für Bildung, Wissenschaft, Forschung und Technologie, Projektträger Biologie, Energie, Umwelt, Steinbeis-Transferzentrum: *Statusbericht '98, Solarunterstützte Nahwärmeversorgung, Saisonale Wärmespeicherung.* Steinbeis-Transferzentrum Energie-, Gebäude- und Solartechnik Stuttgart, Stuttgart 1998.

[75] B. Eickmeier, A. Ziolek, M. Mohr, H. Unger: *Status-quo der saisonalen Wärmespeicherung in Deutschland.* Ruhr-Universität Bochum, Bochum 1998.

[76] Öko-Institut e.V.: *Thermische Solaranlagen, Marktübersicht.* Öko-Institut Freiburg 1997.

[77] N. Nast: *Solare Nahwärmeversorgung.* IKARUS-Projektreihe, Teilprojekt-Nr. 3–03, Forschungszentrum Jülich GmbH, Jülich, 1995.

[78] W. Nelson: *Die Volkswagen-Story.* Rowohlt Verlag, Reinbek bei Hamburg, 1990.

[79] G. Fandel, H. Dykhoff, J. Reese: *Industrielle Produktionsentwicklung.* Springer-Verlag, Berlin, Heidelberg, 1994.

[80] Bundesamt für Konjunkurfragen: *Vergärung von häuslichen Abfällen und Industrieabwässern.* Bern, 1993.

Literatur 163

[81] Forum für Zukunftsenergien e.V.: *Energetische Nutzung von Biomasse.* Fachtagung vom 27. und 28. April 1992 in Freising. Technische Universität München, Bonn, 1992.

[82] M. Brenndörfer, K. Dreiner, M. Kaltschmitt, N. Sauer: *Energetische Nutzung von Biomasse.* Landwirtschaftsverlag GmbH, Münster-Hiltrup, 1993.

[83] Kuratorium für Technik und Bauwesen in der Landwirtschaft: *Kosten landwirtschaftlicher Biogaserzeugung.* Beiträge des KTLB-Fachgesprächs vom 25./26. November 1992 in Nordhausen, Landwirtschaftsverlag GmbH, Münster-Hiltrup, 1993.

[84] M. Kaltschmitt: *Biogas – Potentiale und Kosten.* Landwirtschaftsverlag GmbH, Münster-Hiltrup, 1993.

[85] M. Seidel: *Motorisch betriebene Blockheizkraftwerke.* Brennstoff-Wärme-Kraft (BWK), Band 46, S. 166–169, VDI-Verlag, Düsseldorf, 1994.

[86] K. Rehfeldt: *Windenergienutzung in der Bundesrepublik Deutschland.* DEWI Magazin, Jg. 6, pp. 14–29, Deutsches Windenergie-Institut, Wilhemshaven, 1997.

[87] L. Greiwe: *Kostensenkungspotentiale und Marktstrategien der Solarthermie.* Informationsdienst Erneuerbare Energien, Nr. 25/97, pp. 4–5, WINKRA-RECOM Messe- und VerlagsGmbH, Hannover, 1997.

[88] G. Stryll-Hipp: *Die bisherige Marktentwicklung der Solartechnik und deren Perspektive.* Deutsche Gesellschaft für Sonnenenergie, DGS-Verlag, München, 1995.

[89] P. D. Maycock: *Photovoltaic Technology Performance, Cost and Market (1975–2010).* Photovoltaic Energy Systems Inc., Old Auburn R.D., 1997.

[90] Informationsdienst Erneuerbare Energien: *Deutschland will zur Weltspitze in der Solarzellenfertigung aufrücken.* Nr. 23/97, p. 3, WINKRA-RECOM Messe- und Verlags-GmbH, Hannover, 1997.

[91] A. Ziegelmann, M. Mohr, H. Unger: *Investitionsstruktur für den Ausbau regenerativer Energiesysteme in Nordrhein-Westfalen unter Berücksichtigung von Fertigungskapazitäten und zukünftigen Kostendegressionen.* 2. Technischer Fachbericht zum Forschungsvorhaben 258 106 95 der Arbeitsgemeinschaft Solar NRW, RUB E-141, Bochum, 1996.

[92] M. Mohr, M. Skiba, D. Gernhardt, A. Ziolek, H. Unger: *Potentiale sowie ökonomisch und ökologisch orientierte Ausbaustrategien erneuerbarer Energieträger in Nordrhein-Westfalen.* Abschlußbericht zum Forschungsvorhaben IV B3-258 002 der Arbeitsgemeinschaft Solar NRW, RUB E-123, Ruhr-Universität Bochum, Bochum, 1995.

[93] Statistisches Bundesamt: *Systematik der Wirtschaftszweige mit Erläuterungen.* Ausgabe 1979, Metzler-Poeschel-Verlag, Stuttgart, 1979.

[94] T. Seemann, R. Wiechmann: *Solare Hausstromversorgung mit Netzverbund.* vde-Verlag, Berlin, Offenbach, 1993.

Literatur

[95] Bundesamt für Konjunkturfragen: *Vergärung von häuslichen Abfällen und Industrieabwässern*. Bern, 1993.

[96] R. Schüle, M. Ufheil: *Thermische Solaranlagen*. Marktübersicht 1994/95, Öko-Institut e.V., Freiburg, 1994.

[97] P. Krischel, H. Kiupel: *Solare Nahwärmeversorgung mit zentralem Kollektorfeld und Langzeitwärmespeicher*. Forschungsbericht T 86–202, Bundesministerium für Forschung und Technologie, Bonn, 1986.

[98] M. Kaltschmitt, A. Wiese: *Erneuerbare Energieträger in Deutschland*, Springer-Verlag, Berlin, Heidelberg, 1993.

[99] M. Kaltschmitt, A. Wiese: *Potentiale und Kosten regenerativer Energieträger in Baden-Württemberg*. Universität Stuttgart, Institut für Energiewirtschaft und Rationelle Energieverwendung, Stuttgart, 1992.

[100] Bayernwerk AG, RWE Energie AG, Siemens KWU, Siemens Solar GmbH: *Kostenentwicklung von Photovoltaik-Kraftwerken in Mitteleuropa*. Bayernwerk AG, RWE Energie AG, 1993.

[101] Prognos AG: *Energieprognose bis 2010 – Die energiewirtschaftliche Entwicklung in der Bundesrepublik Deutschland bis zum Jahr 2010*. mi-Poller-Verlag, Stuttgart, 1990.

[102] D. Gernhardt, M. Mohr, M. Skiba, H. Unger: *Erstellung von Modellgemeinden sowie Darstellung elektrischer und thermischer Lastganglinien für Nordrhein-Westfalen*. 6. Technischer Fachbericht zum Forschungsvorhaben: Analyse von Möglichkeiten zur praktischen Solarenergienutzung und deren Entwicklungsperspektiven in Nordrhein-Westfalen, RUB E-45, Ruhr-Universität Bochum, Bochum, 1993.

[103] Landesamt für Datenverarbeitung und Statistik für Nordrhein-Westfalen: *Energiebilanz des Landes Nordrhein-Westfalen 1995*. Düsseldorf, 1998.

[104] RWE: *Energieflußbild der Bundesrepublik Deutschland*. Verlags- und Wirtschaftsgesellschaft der Elektrizitätswerke mbH (VWEW), Frankfurt, 1993.

Springer und Umwelt

Als internationaler wissenschaftlicher Verlag sind wir uns unserer besonderen Verpflichtung der Umwelt gegenüber bewußt und beziehen umweltorientierte Grundsätze in Unternehmensentscheidungen mit ein. Von unseren Geschäftspartnern (Druckereien, Papierfabriken, Verpackungsherstellern usw.) verlangen wir, daß sie sowohl beim Herstellungsprozess selbst als auch beim Einsatz der zur Verwendung kommenden Materialien ökologische Gesichtspunkte berücksichtigen. Das für dieses Buch verwendete Papier ist aus chlorfrei bzw. chlorarm hergestelltem Zellstoff gefertigt und im pH-Wert neutral.

MIX
Papier aus verantwortungsvollen Quellen
Paper from responsible sources
FSC® C105338

If you have any concerns about our products,
you can contact us on
ProductSafety@springernature.com

In case Publisher is established outside the EU,
the EU authorized representative is:
**Springer Nature Customer Service Center GmbH
Europaplatz 3, 69115 Heidelberg, Germany**

Printed by Libri Plureos GmbH
in Hamburg, Germany